中南财经政法大学出版基金资助出版

中南财经政法大学
青 年 学 术 文 库

空间信息科学技术在城市内涝灾害数值模拟中的应用

沈 计 著

中国财经出版传媒集团
中国财政经济出版社

图书在版编目（CIP）数据

空间信息科学技术在城市内涝灾害数值模拟中的应用/沈计著. --北京：中国财政经济出版社，2021.11
（中南财经政法大学青年学术文库）
ISBN 978-7-5223-0968-2

Ⅰ.①空…　Ⅱ.①沈…　Ⅲ.①地理信息系统-应用-城市-暴雨-水灾-数值模拟　Ⅳ.①P426.616-39

中国版本图书馆 CIP 数据核字（2021）第 236572 号

责任编辑：张怡然　高　青　　　　责任印制：张　健
责任校对：胡永立　　　　　　　　封面设计：卜建辰

空间信息科学技术在城市内涝灾害数值模拟中的应用
KONGJIAN XINXI KEXUE JISHU ZAI CHENGSHI NEILAO ZAIHAI SHUZHI MONI ZHONG DE YINGYONG

中国财政经济出版社 出版
URL：http：//www.cfeph.cn
E-mail：cfeph@cfeph.cn

社址：北京市海淀区阜成路甲 28 号　邮政编码：100142
营销中心电话：010-88191522
天猫网店：中国财政经济出版社旗舰店
网址：https：//zgczjjcbs.tmall.com
北京中兴印刷有限公司印刷　各地新华书店经销
成品尺寸：170mm×240mm　16 开　18.5 印张　288 000 字
2021 年 11 月第 1 版　2021 年 11 月北京第 1 次印刷
定价：78.00 元
ISBN 978-7-5223-0968-2
（图书出现印装问题，本社负责调换，电话：010-88190548）
本社质量投诉电话：010-88190744
打击盗版举报热线：010-88191661　QQ：2242791300

前　言

随着我国经济的发展和城市化进程的加快，当城市发生高强度降雨时，由于排水管网系统设计标准和排水能力的不足，城区部分地区往往会被淹没，造成严重的内涝问题。城市暴雨内涝灾害发生频次高低及造成危害大小与城市化发展进程密切相关。城市化的建设一方面导致城市热岛效应加剧，不断诱发高强度的降水；另一方面使城市透水地表、湖泊、河流等天然蓄水面积大幅降低，导致暴雨径流量增大、峰值提前、洪峰流量升高；此外城市地下停车场、下凹式立交桥和地铁的大量修建，为城市区域带来了新的内涝潜在风险点。近年来，城市暴雨内涝灾害日趋严重，严重危害了城市居民的生命和财产安全，一定程度上制约了城市经济和社会的发展。对城市内涝灾害进行数值模拟与预测，可以依据特定研究区域的水文与物理资料，对某一降雨过程可能引发的内涝灾害影响范围、内涝积水深度和历时等信息进行模拟计算，从而为内涝灾害的管理与应急决策提供十分关键的参考资料。近年来，关于城市内涝灾害数值模拟与预测的研究众多，其相关理论与算法思想均取得了长足发展，并逐步走向成熟。然而，现有的模型与方法在部分城市区域的应用仍存在一定的问题。

城市内涝灾害数值模拟的本质是对雨水在城市地表下垫面环境及地下管网中的时空演进过程进行计算，涉及大量空间位置相关的信息和数据，这为空间信息科学技术的应用创造了良好环境。以3S为代表的空间信息科学技术能够解决与地球空间信息有关的数据获取、存储、传输、管理、分析与应用等方面的问题，其强大的空间分析与处理工具已被广泛地应用于城市管理与决策中。鉴于此，本书以空间信息科学技术与城市内涝灾害数值模拟为核心内容，从当前内涝数值模拟方法与模型存在的问题与难点出发，系统地介绍了空间信息科学技术在城市内涝灾害数值模拟中的应用手段和案例。利用空间信息多级网格、空间叠加分析、遥感影像处理与分类等空间信息科学领域的工具与方法解决城市内涝灾害数值模拟中的实际问题，进而构建基于空间信息科学技术的内涝灾害数值模拟方案。一方面对现有的模型和方法进行优化和改进，为城市内涝灾害管理与应急决策提供可靠的数据资料；另一方面为空间信息科学相关技术和工具的专题应用研究提出具体的思路与实例，扩展其在城市灾害领域的应用范围。

本书的内容围绕空间信息科学技术与城市内涝数值模拟这两个中心展开，共分为八章。第一章主要介绍城市内涝灾害与城市内涝管理的基本概念，包括城市化与城市内涝的关系、城市雨洪及内涝管理方法等；第二章对空间信息科学技术的基本概念和关键技术工具进行系统介绍，并重点阐述了空间信息科学技术在城市管理中的应用途径；第三章主要对城市内涝灾害数值模拟的研究现状进行分析，从数据获取、数据预处理、计算单元构建、产汇流及内涝积水计算等各个方面总结了现有模型和方法存在的问题，并提出了基于空间信息科学技术的城市内涝灾害数值模拟整体方案；第四章至第七章则根据整体方案的框架结构分别展开，描述了基于空间信息科学技术的地形预处理、计算单元构建、产汇流计算与内涝积水计算的理论与方法，并具体介绍了空间信息科学相关技术和工具的应用手段；第八章则通过对相关理论和方法的实际应用与对比分析，验证了本书介绍的城市内涝数值模拟方案的有效性。

除上述内容外，本书还涉及各类空间信息科学技术方法的基础概念与应用案例，包括空间信息获取、空间数据模型、空间叠置分析、缓冲区分析、统计分析、水文分析、数字地形分析、空间数据渲染与可视化表达等，还介绍了包括 ArcGIS、ERDAS、SWMM 和 LISFLOOD-FP 在内的一系列空间信息技术与水文学相关的软件平台与工具的使用方法。

本书可以作为空间信息科学技术相关领域的研究者或工作人员的参考

用书，也可以作为空间信息或水文学相关专业或课程的教材或参考资料使用。通过本书的学习，读者将对空间信息科学技术的相关概念和方法及其在城市内涝灾害数值模拟中的应用途径有一个系统的了解，并能够利用3S技术构建用于内涝灾害数值模拟的模型与系统，从而结合研究区实际水文与物理资料对暴雨内涝灾害进行情景分析，为其解决相关领域中的实际问题打下基础。

本书主要研究内容依托湖北省自然科学基金面上类项目“DEM分辨率不足条件下的城市内涝积水数值模拟研究”（2020CFB134）开展，由中南财经政法大学出版基金、中央高校基本科研业务费专项资金（项目批准号：2722020PY041）资助出版。尽管作者对本书的内容进行了反复地优化和完善，但由于水平和时间有限，书中疏漏之处在所难免，敬请读者提出宝贵意见，以便修订时更正。

作者

2021年9月

目　录

第一章
城市内涝与城市内涝管理

城市是全球各个国家、地区的政治、经济、文化的中心，也是人类活动的主要场所，在区域社会经济可持续发展中处于核心地位，发挥着举足轻重的作用。由于我国处于洪涝灾害多发地带，几乎每年都会发生不同范围、不同程度的洪水灾害，而我国城市绝大多数位于江河湖海之滨，由于城市化建设、地理位置、环境气候等因素的作用，在不同程度上遭受着江河洪水或内涝积水的威胁。其中，城市内涝是指由于强降水或连续性降水超过城市排水能力致使城市内产生积水灾害的现象，是城市洪水灾害的主要表现形式。近年来，我国极端天气事件频发，城市暴雨内涝灾害问题日益凸显。“逢雨必涝，小雨小灾，大雨大灾”，暴雨内涝灾害已经成为我国城市集体面对的现代性难题，内涝灾害引发的重大人员伤亡和财产损失已经向人类社会敲响警钟。如何针对城市内涝问题采取必要的管理措施，降低城市内涝发生的频率，减轻内涝灾害造成的损失已成为城市发展研究的重要课题。本章将针对城市内涝这一核心问题，介绍城市内涝的成因和其对社会造成的影响，并对常见的城市内涝管理方针和策略进行简要描述。

第一节　城市化与城市内涝灾害

一、城市化

目前，全球正处于一个城市化的时代，先进的工业化国家的经济和社会发展，多以城市建设为中心。一般将人口向城市地区集中，致使城市区域不断扩张的过程称为城市化。城市化是和工业化互为因果关系，代表了当今社会发展的趋势。从20世纪中叶到20世纪末全球范围内的城乡人口数据变化情况可以看出（如表1－1所示），全球人口总数一直呈上升趋势，20世纪末人口总数已超过60亿，预计2022年全球人口将超过80亿。城镇人口和农村人口分布比重的变化反映了全球城市化发展的趋势，城镇人口的总数上升明显，且占总人口的比例逐年上升。至2000年，全球城镇人口已经超过农村人口数量，城市化比率整体超过50%。同时，在发展中国家和地区城市化发展趋势更加明显，城镇人口占比和总数增长更为显著。1963—2000年，全球发展中国家城镇人口占比由22.5%激增至42.6%，城镇人口数增长了325%。

表1－1　全球人口城市化发展统计

年份		发达国家与地区			发展中国家与地区			全球		
		城镇人口	农村人口	总人口	城镇人口	农村人口	总人口	城镇人口	农村人口	总人口
1963	人口（亿人）	6.51	3.86	10.37	5.07	17.45	22.52	11.58	21.31	32.89
	占比（%）	62.8	37.2	100	22.5	77.5	100	35.2	64.8	100
1970	人口（亿人）	7.17	3.74	10.91	6.35	19.10	25.45	13.52	22.83	36.35
	占比（%）	65.7	34.3	100	25.0	75.0	100	37.2	62.8	100
1980	人口（亿人）	8.64	3.47	12.11	9.90	22.67	32.57	18.54	26.14	44.68
	占比（%）	71.3	28.7	100	30.4	69.6	100	41.5	58.5	100
1990	人口（亿人）	10.21	3.16	13.37	14.96	26.23	41.19	25.17	29.39	54.56
	占比（%）	76.4	23.6	100	36.3	63.7	100	46.1	53.9	100
2000	人口（亿人）	11.74	2.80	14.54	21.55	29.06	50.61	33.29	31.86	65.15
	占比（%）	80.7	19.3	100	42.6	57.4	100	51.1	48.9	100

数据来源：世界银行世界发展指标数据库（World Bank WDI）。

我国是世界人口大国，虽然常年来在控制人口出生率方面做了巨大努力，但自20世纪80年代以来，人口城市化进程仍不断加快（如表1－2所示）。目前，我国正处于异常迅猛的城市化进程中。表1－2中的数据显示，与1980年相比，2019年我国城镇人口从1.91亿人增长到8.48亿人，城镇人口占总人口比例从1980年的19.39%上升至2019年的60.6%。部分研究甚至认为，如果按照实际就业人口统计，我国的城市化率可能已经接近 70%，城市化已成为我国现代社会发展的必然趋势。

表 1－2　我国人口城市化发展统计

年份	城镇人口（亿人）	占比（%）	农村人口（亿人）	占比（%）	总人口（亿人）
1980	1.91	19.39	7.96	80.61	9.87
1985	2.51	23.71	8.08	76.29	10.59
1990	3.02	26.41	8.41	73.59	11.43
1995	3.52	29.04	8.59	70.96	12.11
2000	4.59	36.22	8.08	63.78	12.67
2005	5.62	42.99	7.45	57.01	13.07
2010	6.70	49.95	6.71	50.05	13.41
2015	7.71	56.10	6.03	43.90	13.74
2019	8.48	60.60	5.52	39.40	14.00

数据来源：国家统计局人口普查数据报告。

注：1985 年、1990 年、2000 年、2010 年数据为当年人口普查数据推算数，其余年份数据为推算数据；人口数据为中国大陆地区统计结果，未包括中国香港、中国澳门特别行政区和台湾省及海外华侨人数。

2012 年联合国发布的一份发展调查报告提到，中国的城市化进程极为迅速，目前全球超过 50 万人口的城市中，超过 25% 在中国。2010 年，联合国经济与社会事务部人口司在纽约总部发布了《世界城市化展望（2009 年修订版）》。时任人口司司长兹洛特尼克在发布会上说：“中国在过去 30 年中的城市化速度极快，超过了其他国家。”改革开放 40 多年来，我国正经历着城市化的重要转型。1980 年，我国只有 51 个城市人口超过 50 万人，自 20 世纪 90 年代起，我国人口超过 50 万人口的城市数量显著增加。1980—2012 年，我国共有 185 个城市人口跨过 50 万人的门槛。《世界城市化展望（2019 年修订版）》预测至 2025 年，我国又将有 107 个城市人口达到 50 万人。

随着人口的高度集中，城市面积迅速扩张，城市系统功能日趋复杂，城市居民生活方式、资产的结构形式、社会的运作机制、区域的地形地貌、环境与气候的特征、流域的水文特性、河湖的水质环境等，都在发生巨大的变化，而这一变化势必会对城市气候及地表、地下水文过程产生显著的影响。

二、城市化对城市水环境的影响

城市化是以满足人类生存与发展需求为导向的。在这一进程中，人与自然之间、区域与区域之间基于水的微弱平衡势必会遭到强烈的冲击并不断被打破，不仅在资源、环境、生态等方面产生大量的矛盾，而且会在城市洪水灾害的管理和控制方面带来众多新的问题，各种矛盾交织在一起，导致城市内涝灾害越来越严重，解决相关问题的挑战性越来越大。城市化所引起的城市及周边地区水环境和水文情势的一系列变化，也成为当前国内外城市灾害管理的重大课题之一。

城市化的发展直接或间接地改变着城市水环境，这种影响将为城市内涝灾害带来更多的致灾因子和孕灾环境，具体体现在两个方面：一是城市下垫面与降雨径流过程的改变；二是城市气候特征的变化。

（一）城市下垫面与降雨径流过程的改变

降雨径流是指雨水降落到流域地表表面后，经过流域的蓄渗等系列损失分别从表面和地下汇集到河网，最终流出流域出水口的水流，即从降雨开始到径流流出流域出口断面的整个物理过程称为径流的形成过程。降雨径流的形成和演进过程是一个极其复杂的物理过程，目前相关领域的学者研究时往往对其进行不同程度的简化。一般而言，降雨径流可被概括为产流和汇流过程，而汇流又可以被细分为地表汇流和地下径流过程。在地表产汇流过程中，流域下垫面特性对径流形成的影响极为重要。众多研究已经证实，城市化的进程会对城市流域下垫面环境造成明显的影响，进而使城市降雨径流过程发生改变。

城市流域下垫面与一般流域相比，具有地表覆盖类型复杂、时空异构性强等特点。城市化及城市建设对城市地表下垫面和降雨径流的影响过程如图 1－1 所示。

随着城市化的建设，城市地表下垫面环境发生明显改变。如城市建设过程中会清除原始地表覆盖的植被、平整土地、建造房屋和街道，同时会整理天然河流水系、兴建排水管网等，这将直接改变当地城市降雨径流的形成条件，迫使水环境发生变化。比如当原始土地被开发为各类城市用地

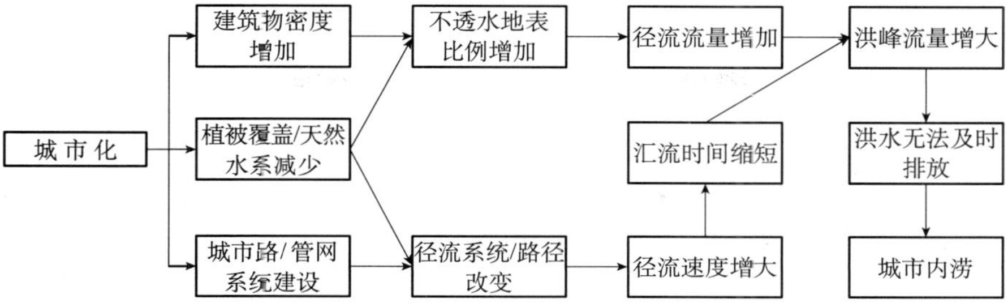

图 1－1　城市化对下垫面与降雨径流过程的影响

时，该区域便从自然状态转化为完全人工状态，流域中的不透水地表比例增加，汇流速度加大且蓄水和渗水能力降低。当混凝土、水泥建筑物和铺砌覆盖面积达到 100% 时，流域地表的植物截留、天然洼蓄和下渗几乎接近于零。因此，城市化使城市流域和自然流域的降雨径流过程存在显著的差异，如图 1－2 所示。

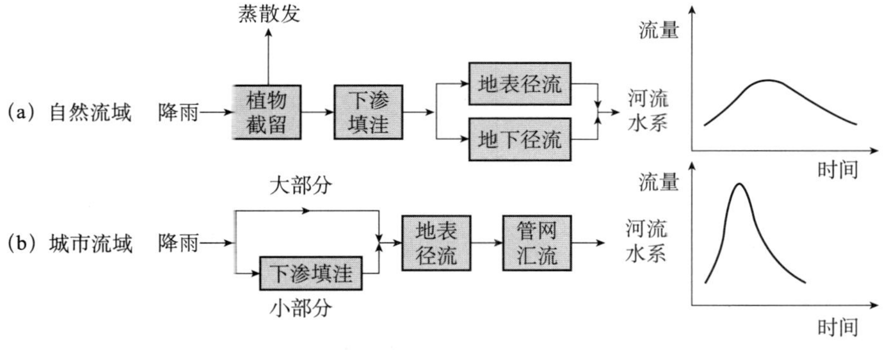

图 1－2　城市流域与自然流域降雨径流过程

对于天然流域，降雨经过植物截留和蒸散发的损失，剩余的部分到达地表，并开始地表填洼和下渗过程，当土壤饱和以及洼地蓄满后形成产流（指降雨量扣除损失形成净雨的过程），产流分别通过地下和地表径流两种方式到达河流水系，上述过程中流域各处流量变化较为平缓，历时较长，如图 1－2（a）所示。

对于城市流域，由于大范围地表被不透水的建筑或者水泥铺砌覆盖，植被土壤较少，极大地减少了地表土壤吸收水分的能力，因此绝大部分的降雨直接转化为径流，仅有小部分的降雨经过下渗和洼蓄损失开始产流。此外，城市化建设对流域自然水环境造成极大改变，降雨径流方式包括地表径流和管网径流，壤中流几乎忽略不计。天然河流水系被人工排水网络取代，城市街道和管网代替天然河道完成集水和排水工作。人工排水网络使地面径流汇流距离更短，光滑的人工地表铺砌对雨水径流的阻碍效果更低，进而改变了流域宽度带来的滞后时间以及暴雨径流单位过程线的峰值，让流量峰值更大，出现时间更快，整个产汇流过程历时更短，如图 1－2（b）所示。

为了验证流域不透水面积比例对洪水（降雨）径流过程的影响，部分相关领域的研究者试验了透水面积为 0.5% 和 100% 时在相同降雨强度情景下的径流过程变化。研究结果（徐光来等，2010）表明，当不透水面积占比增大时，降雨径流涨洪段变陡，洪峰滞时缩短，退水段历时也随之减少。部分研究（张建云，2012）进而讨论城市化对地表径流过程的影响，并对城市化建设过程的不同阶段中城市洪水流量单位线的变化过程进行分析，其结果为城市化完成后单位线的洪峰流量值约为城市化前期的 3 倍，涨洪段历时缩短了约 30%。

除不透水比例的变化外，部分学者还对地表及地下径流方式变化对径流过程产生的影响进行研究。如安德森（Anderson，1970）在研究美国弗吉尼亚州北部地区后指出，城市排水系统的建设，使城市地表/地下径流滞水量减少到天然河道的八分之一，由于滞留时间缩短和不透水表面导致的径流量增加，使洪峰流量增大为原来的 2～8 倍。另外我国学者（梁灵君，2021）对北京通惠河乐嘉花园水文站的历史记录进行了分析。该水电站汇水面积为 98.8km^2，是北京护城河出水口，也是城区径流主要的控制站。分析发现随着北京市城市化建设的深入，相似暴雨情形下径流峰值明显增大；如 1963 年 8 月 9 日降雨 107.7mm，记录洪峰流量值为 193m^3/s，而相近雨型和降雨量的另一暴雨事件（1983 年 8 月 4 日，降雨量 97.3mm），记录到的洪峰流量高达 398m^3/s，相比 20 年前增大了 2.06 倍。

（二）城市气候特征的变化

城市社会经济的发展除了作用于城市地表下垫面外，还会对城市气候特征产生不容忽视的影响，比较典型的表现形式为城市热岛和城市雨岛效应，如图 1－3 所示。城市化的建设，让城市区域内建筑和道路高度集中，汽车与空调排出大量废热，绿化空间和自然水系大量减少，这些因素都会导致城市地区的气温高出周围地带，形成城市热岛效应。同时，由于城市地区气温上升、空气中的粉尘增多，周边上升气流形成向城市汇聚性运动。一旦上升的热气流遭遇高空强对流的冷气团，就会形成以城市为中心的暴雨，即所谓的城市雨岛效应。在城市热岛效应与尾气颗粒的综合作用下，城市上空经过的冷空气加速凝结成降雨。因此，大型、超大型城市的市区形成暴雨的频率和强度高于周边地区的现象将会长期存在。

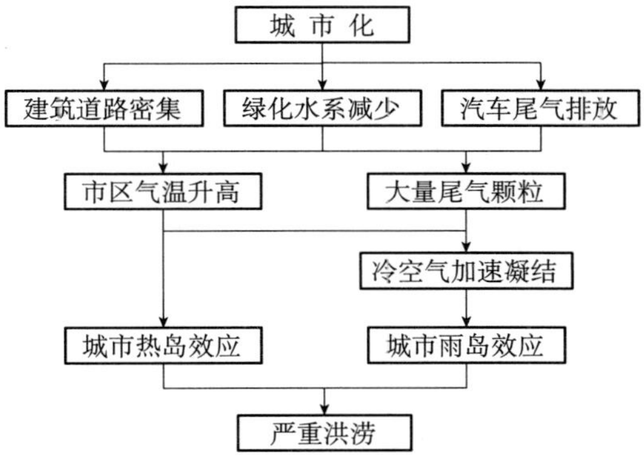

图 1-3　城市化对城市气候特征的影响

目前，针对城市热岛与城市雨岛效应的验证研究较多。2002 年，美国宇航局戈达德航天飞行中心的谢巴德（Shepard）博士及其同事对美国宇航局"热带降雨测量"卫星观测数据的分析显示，受热岛效应的影响，城市顺风地带的月平均降雨次数要比顶风区域多 28%，某些城市甚至高出 51%。此外，城市顺风地带的最高降雨强度也平均比顶风区域高 48%—116%。他们指出，受热岛效应影响，城市地区气温有可能比周围的郊区或农村高出 0.56—5.6℃，多余的热量会破坏城市地区空气循环的稳定性，并有可能促进降雨云层的形成，导致降雨量增多。[①] 2010 年，云南省水文水资源局的崔松云研究员等针对城市热岛效应日趋明显且影响气候环境变化的问题，选取了昆明气象站、松华坝水文站、海埂水文站的长系列实测短历时暴雨资料，定性定量分析了城市热岛效应对降雨量的影响程度。结

① 参考《热岛效应会增加城市降雨量》，载于《中国气象报》2002 年 6 月 27 日。

果表明，昆明城区最大历时30—180min及24h暴雨量相比郊区均有不同程度的增大，最大高出8.8%。2013年，江苏省水文水资源勘测局的孙永远等以江苏省徐州市为研究对象，收集了徐州城区及周边多处雨量站1982—2010年的雨量观测资料，计算并比较城区内、外平均降雨量的差异，得出热岛效应引起的雨量增加幅度为9.95%。

包括城市热岛效应与雨岛效应在内，城市化建设下城市区域的气候特征将发生明显的改变。以城区为中心的暴雨更为频繁，降雨强度更大，这无疑将为城市暴雨内涝灾害的防控带来更大的挑战。

三、我国城市内涝灾害成因

如前文所介绍，城市化建设将对城市水环境造成十分显著的影响，城市化带来的市区下垫面环境、气候特征的改变导致了城市内涝的日益严重。然而，城市内涝灾害是多方面因素共同作用与影响下的产物，对城市内涝灾害的成因进行系统分析，有助于更好地对其进行管理，降低其发生的概率和造成的损失。另外，我国作为全球最大的发展中国家，在城市化进程过程中具有自身独有的特征，这些特征也将为城市内涝的产生和发展带来新的影响要素。总体来说，我国城市内涝灾害的主要成因可以归纳为以下几点：

（1）极端气候明显增多，特大暴雨事件频发。受全球温室效应等气候变化影响，近年来我国局部超强暴雨事件频繁发生。随着城市化建设的持续推进，我国大型、特大型城市数量明显增加，城市规模、范围、人口、城市化程度不断上升，城市热岛效应和雨岛效应不断加剧，城市遭受突发强暴雨袭击的次数、暴雨强度明显上升。目前，城市暴雨事件普遍具有小尺度、短历时、高强度等特征，其预测难度大、精度低、预见期短，常常猝不及防，在一定程度上引发城市内涝灾害的频繁发生。

（2）城市气候和下垫面发生了变化。随着我国城市化的进程，城市气候特征、下垫面环境和降雨径流过程均发生明显变化。城市热岛效应和雨岛效应，增加了降雨强度和频率。另外，城市土地利用方式发生了结构性的变化。城市建设过程中硬化道路、建造房屋、平整土地、清除树木等行为，大大增加了地表不透水面积，雨水下渗大为减少，加快雨水在城市地表的汇集。城市发展和扩张过程对土地的大量需求，导致天然水体、洼地、河滩等被大量侵占，削弱了流域调蓄洪水的能力。这些因素的变化都使相同量级降雨形成的径流洪峰增大、峰形变陡，地表径流增加，加大了城市遭受内涝灾害的风险。

（3）城市自身排水能力不足。城市化进程导致原有天然水系大量消失，暴雨径流主要通过人工排水系统排放。然而，近年来我国大量城市结合人居、生态环境改造，大量兴修城区段堤防，防御外河洪水的能力大大提高的同时却忽视了城区排涝设施的建设。加之城市化导致雨水产流量增大，雨水汇集速度加快，城市排水系统压力明显加大。目前我国省会以上城市的排水标准一般只有一年一遇到两年一遇；其他城市的排水标准更低。许多城市的排水沟渠、管网、泵站等规划存在明显缺陷，排水体系缺乏科学设计，整体规模偏小、标准偏低。部分城市老城区排水系统老化失修、淤积堵塞严重，一些城市改造过程中甚至截断了排水管网，破坏了城市排水系统，导致排水能力明显下降，城市防御内涝灾害的脆弱性增加。

（4）城市内涝灾害管理薄弱，居民防灾意识欠缺。目前，我国城市防洪规划、防洪非工程措施及防洪应急机制等方面管理薄弱，变向加大了城市内涝灾害造成的危害。截至 2010 年，我国仍有 22% 的城市尚未编制完成或报批城市内涝防洪排涝预案。[①] 一些城市防洪排涝预案措施不具体、针对性不强、可操作性差。部分基层单位防洪排水预案不完善，责任不明确，应急防护抢险措施未能落实。不少城市居民防灾警惕性不高，应对突发性城市内涝灾害的意识淡薄，缺乏相应的防灾、避险、自救、互救知识与能力。部分城市经常出现内涝的低洼地带和下凹式立交桥处没有必要的警示标记，导致遭遇突发特大暴雨时极易引发人员伤亡事件。此外，一些城市的防洪非工程措施如内涝实时监控及通信系统、水文及气候预报系统、灾害情景模拟与仿真系统、防洪决策支持系统、防洪管理法规等还未得到充分重视，亟待完善。

（5）部分新城区防洪设施建设滞后。我国城市建设的总体规划具有全面性、长期性，因此在设计中很容易忽略在建设过程中没有出现的问题。

① 参考时任水利部部长、国家防汛抗旱总指挥部副总指挥陈雷 2010 年 7 月在全国城市防洪工作视频会议上的讲话。

另外，我国众多大型城市空间和规模正处于急剧扩张的阶段，新城、新区不断建设和涌现。在城市扩张和建设的规划过程中，由于建设的前后顺序问题，一些新城区还没有建设或者规划防洪除涝的相关标准，这也是产生城市内涝的重要原因之一。随着我国城市人口的增加和经济发展的需求，城市的发展空间不断扩大，许多城市在现有防洪设施保护范围以外或防洪标准较低的地区发展，防洪设施的建设、内涝灾害预案赶不上城市发展的速度。一些新城区建设为了降低成本和缩短工期，存在“重地上，轻地下”的问题，排水系统建设严重滞后，导致许多新建城区未得到有效的保护，成为“不设防”城区。

第二节　城市内涝灾害对社会的影响

随着社会经济的发展步伐，城市化的进程也随之加快，城市人民生活质量不断提升的同时也暴露出自身在防御气象灾害方面的脆弱性。城市暴雨内涝灾害日益严重是城市经济高速发展与洪涝防灾体系建设滞后这一矛盾关系所带来的必然结果。近年来，我国城市内涝灾害频发，尤其是大型、特大型城市普遍遭受严重内涝灾害的侵扰（如图 1－4 所示）。

图 1－4　城市内涝灾害

我国住房和城乡建设部2010年发布的中国城市内涝灾害专项调研结果表明（如表1-3所示），2008—2010年全国351个大中城市里，有213个发生过积水内涝，占总数的62%；内涝灾害一年超过3次以上的城市就有137个；超过九成的城市出现过深度超过0.15m的积水（即可能淹没小轿车的排气管），超过七成的城市出现了积水深度超过0.5m的严重内涝灾害；积水时间逾半小时的城市占79%，超过50个城市的最大积水时间超过12小时。水利部数据显示，2010—2016年，我国平均每年有超过180座城市进水受淹或发生内涝。2017年，国务院确定了近年来内涝灾害严重、社会关注度高的60个城市名单，要求这些城市抓紧编制完成城市排水防涝补短板实施方案。在这份名单中，安徽上榜城市数量最多，达到14个，包括合肥、蚌埠、淮南等；湖北居次，有10个城市上榜，包括武汉、黄石、荆门等；湖南有9个城市上榜，包括长沙、益阳、常德等。

表1-3 住房和城乡建设部2010年城市内涝灾害统计数据

内涝		城市数量（个）	占比（%）
事件数量（件）	1~2	76	22
	≥3	137	40
	合计	213	62
最大积水深度（mm）	15~50	58	16.5
	≥50	262	74.6
	合计	320	91.1
积水持续时间（h）	0.5~1	20	5.7
	1~12	200	57.0
	≥12	57	16.2
	合计	277	78.9

目前，暴雨成灾已成为我国城市集体面对的现代性难题，大城市、老城市显得尤其脆弱，若发生十年一遇、百年一遇的特大暴雨则会大概率发生严重内涝灾害事件。2012年7月21日，北京市遭遇60年一遇的特大暴雨，全市19小时平均降雨量170mm，造成了极为严重的城市内涝灾害。据统计，此次暴雨事件中，北京市受灾人口164万人，因暴雨内涝灾害死亡79人，紧急转移安置近10万人，房屋倒塌1万余间，直接经济损失高

达 116.4 亿元。武汉一直是我国暴雨内涝最为严重的城市之一，自 2011 年武汉“6·18 特大暴雨事件”以来，武汉市开始大力开展城区排水系统的改善工作，仅 2012 年投入的资金就超过 80 亿元。然而，近年来武汉内涝灾害仍不断发生。2016 年 6 月 30 日晚，武汉遭遇 1998 年以来最强暴雨袭击，累计降雨量达到 315.8mm。暴雨灾害导致全市受灾人口 355273 人，紧急转移 55193 人，农作物受损 62037.7hm^2，倒塌房屋 1190 户 3529 间，直接经济损失 22705.9 万元。2019 年 6 月 21 日，武汉迎来当年入梅以来第二轮强降雨，24 小时平均降雨量达 150mm，最大量达 208mm。受暴雨影响，武汉城区多处道路渍水严重，5 条公共交通线路停运，早高峰交通状况受到不同程度影响。同时，暴雨还导致当日武汉市中考时间推迟 1 小时，这是武汉市中考近十余年来首次因天气原因推迟考试时间。2020 年广州“5·22”特大暴雨，全市共 443 处积水，多地出现严重内涝灾害，增城广汽本田生产基地被积水淹没，广州地铁增城官湖站、新沙站严重浸水导致地铁 13 号线停运，这场特大暴雨共造成 4 人死亡。

城市内涝灾害将导致路网、管网、电网、交通、通信等系统无法正常运转，社会经济活动中断，公共安全受到威胁，不仅为城市居民的日常生活带来极大的不便和危害，大范围的内涝积水还会引发各类公共设施和物资的损坏，造成巨大的经济损失。如今，特大暴雨内涝灾害引发的诸多社会经济问题已经严重地阻碍了人类社会的发展进程。整体来说，城市内涝灾害主要通过以下几个方面对社会发展造成影响：

（1）对城市基本机能和日常秩序的影响。城市内涝发生时，受影响最为直接的是城市交通系统。研究证实，当积水深度达到 20cm 时，行人步行困难；积水超过 30cm 时，自行车、小汽车难以行驶；积水超过 80cm 时，交通完全瘫痪。暴雨内涝使地下商场、停车场和轨道交通等地下设施积水倒灌浸泡的隐患空前增大，积水还会造成房屋损坏、物品浸泡，造成财产损失，甚至会威胁生命安全。除影响居民的正常出行外，暴雨内涝灾害导致的积水还可能导致生产制造业效率降低甚至停工，公共基础设施和市政服务设施的正常运转受到阻碍，如供水供电系统等，进而导致城市基本机能瘫痪，严重影响社会日常秩序。

（2）对社会经济和财产的影响。城市内涝灾害对社会经济造成的影响往往直接破坏性更大，其中包括城市公共和个人财产的损失和毁坏，内涝引起的电力系统故障导致的生产停滞、食品毁坏等。此外，还包括紧急服务的提供、社区的支持以及伤病治疗等所产生的费用。内涝灾害对商业和生产造成的影响取决于产品的类型和提供服务的性质。其中小商业受到的影响往往更为严重，如内涝带来的贸易损失和库存损失，以及在内涝积水期间和恢复期由于营业时间缩短所带来的损失等。研究显示，除了直接遭受内涝灾害的地区，城市内涝造成的社会经济损失还会影响更大范围内的区域，且经济损失持续时间要比内涝灾害本身更长。内涝灾害不仅可能对地方和区域经济产生危害，甚至还将对国家经济命脉造成一定影响。

（3）对居民生命健康安全的影响。由城市内涝洪水自身的破坏性造成的居民生命危害毋庸置疑，此外由于内涝导致的污水汇集和排放不畅引发的居民健康问题也不容忽视。城市地表径流本身含有很少的病原体，然而如果径流中混有下水道、化粪池、垃圾填埋坑的废水和粪便污泥时，它将向周围环境散布传播病原体，其传播肠道寄生虫病、呼吸道疾病和其他水生疾病的风险会急剧增大。因此，城市内涝灾害所引发的居民健康卫生问题通常十分突出，它与排水不畅导致的卫生和环境健康条件恶化直接相关。“大涝之后大疫”已成为影响城市居民生命健康安全的重要威胁。

（4）对城市居民心理健康的影响。除造成生命和财产损失等直接影响外，城市内涝灾害对居民心理健康造成的损害也应该予以重视。城市内涝对居民造成的心理影响较为复杂，难以用货币形式来衡量。这些影响大多与疏散之前和疏散期间的不确定性和混乱以及个人性格的脆弱性等有关。内涝灾害造成的创伤，灾害过后不得不居住在潮湿破损的房屋中，缺乏具体可行的忠告建议和情感慰藉，以及担忧增加经济负担，上述因素都会引发心理上不同程度的苦恼和悲伤。世界卫生组织指出，健康问题，尤其是心理健康问题，会在一场灾害过后持续很长时间，而这些问题常常在内涝灾害后的损失评估中被低估。因此，需要改善社会支持系统，以提高对内涝灾害影响心理压力和健康影响的应对能力。

第三节 城市雨洪及内涝管理

如前面相关小节所述，伴随着全球化、城市化进程的加速，城市人口不断攀升，建筑密度逐步上升，不透水地表比例持续增加，地表“光滑度”增大，导致城市降雨径流量增大，汇流时间大幅缩减，洪水峰值增加，出现时间提前，显著增加了城市排水负荷，给受纳水体乃至城市安全带来巨大隐患。近年来，北京、上海、南京、武汉、重庆、广州、昆明等各大城市相继遭受暴雨袭击，并引发了严重的雨洪内涝灾害，导致城市基本机能的瘫痪和市民生活的极大不便。目前，暴雨频繁导致的城市内涝灾害已经向各大城市敲响了警钟，内涝灾害的防治已经成为我国社会保障和改善民生工作的重要内容。城市的防洪除涝工作是一个持久之战，为了打赢这场战争，必须要改变老旧思维，实现从“内涝防控”到“内涝管理”的战略转移。城市雨洪及内涝管理是综合运用工程、法律、行政、经济、技术、教育等手段，形成完善的城市防洪安全保障体系和管理机制，从而达到防涝减灾、促进社会经济可持续发展的目的。具体而言，城市雨洪及内涝的管理包括城市排水管网系统、城市雨洪综合利用、海绵城市、内涝数值模拟与预测等方面的内容。

一、城市排水管网系统

城市排水管网系统是重要的城市基础设施，也是最传统、最常用的城市雨洪和内涝管理手段。城市排水管网不仅可以收集、输送城市降水、融雪产生的径流，还承担着收集、处理和排放城市各种生活、商业和工业活动产生的污水的任务，具有保护环境和城市减灾的双重功能。城市排水管网系统主要由地下管道、暗渠和地表的明渠以及城市内的天然河流水系及人工防洪设施等组成，包括污水管网、雨水管网、合流制管网以及城市内河与防洪设施。利用城市排水管网系统对城市雨洪与内涝进行管理，就是通过各类管网及时可靠地排除城市暴雨产生的地表径流，让城市免受暴雨内涝积水之害，同时解决城市生活污水、工业废水的处理问题，从而给城市创造一个舒适安全的生存和生产环境，使城市生态系统的能量流动和物质循环能够正常运行，维持生态平衡，保证可持续发展。本小节将对城市排水类型、城市排水系统体制、排水系统构成、排水系统布置与构建及其局限性进行介绍。

（一）城市排水类型

城市排水主要可以分为天然降水、生活污水和工业废水三类，其中前者是造成城市内涝灾害的最主要原因，后两者则是城市污水的主要来源。

1. 天然降水

城市天然降水是指形成地表径流的雨水和冰雪融化水。城市天然降水一般比较清洁，但可能会夹带大气、地面和屋面上的各种污染物质，应予以控制和排放。更重要的是，天然降水形成的径流量大，如果不及时排泄，将形成内涝积水，致使交通系统瘫痪、生产生活停顿、基础设施损毁、居民生活受困，威胁人类的生存和城市的发展。城市天然降水的排放特点是时间集中、排量很大、危害严重。

2. 生活污水

生活污水是指城市居民在日常生活中产生的水，包括从住宅、机关、学校、医院、商店、公共场所等处排出的水。生活污水含有大量腐败性的有机物，如蛋白质、动物脂肪、碳水化合物等，还含有许多人工合成的有机物如各种肥皂和洗涤剂等，以及常在粪便中出现的病原微生物，如寄生虫卵和传染病菌等。此外，生活污水中也含有为植物生活所需要的氮、磷、钾等肥分。这类污水需要经过处理后才能排入水体、灌溉农田或再利用。

3. 工业废水

工业废水是指在工业生产中排出的废水和废液，其中含有随水流失的工业生产用料、中间产物、副产品以及生产过程中产生的污染物。由于各种工程的生产类别、工艺过程、使用原材料和用水成分不同，工业废水的水质变化非常大，按照污染程度不同，工业废水又可分为生产废水和生产污水两类。其中生产废水是指在生产过程中受到轻度污染或水温稍有增高的水，这类水经过简单处理后即可在生产中重复使用，或直接排入水体。

生产污水是指在生产过程中受到较严重污染的水，这类污水有的含有大量有机物，如食品工业废水；有的含有有毒物质，如矿物加工产生的重金属废水；有的具有放射性物质，如核电站产生的放射性废水等。生产污水都具有危害性，需经过适当处理才能排放。

（二）城市排水系统体制

对城市天然降水、生活污水和工业废水所采取的不同的收集和排泄方式所形成的排水系统，称为排水系统的体制，具体可分为合流制和分流制。合流制排水系统是将三种类型的城市排水混合在同一套管网系统内排出的排水系统；分流制则是将生活污水和工业废水用一套或一套以上的管网系统，而雨水用另一套管网系统排出的排水系统，一般包括污水管网和雨水管网。两种不同的城市排水系统体制如图 1－5 所示。

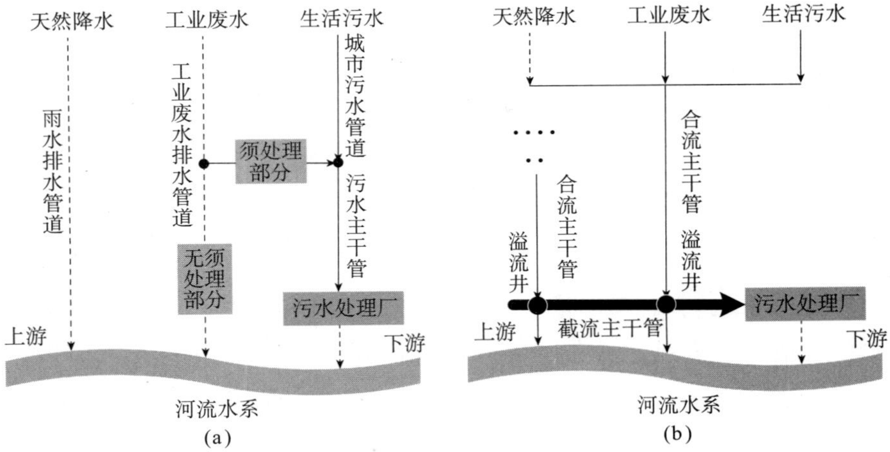

图 1－5　城市排水系统体制［（a）完全分流制排水系统；（b）截流式合流制排水系统］

1. 分流制排水系统

分流制排水系统根据排除雨水方式的不同，又分为完全分流制和不完全分流制。完全分流制排水系统具有完整的污水排水系统和雨水排水系统，如图 1－5（a）所示。完全分流制排水系统包含三个组成部分：

（1）城市污水管道。城市污水管网包括收集和输送城市生活污水和工业废水的管道系统，主要由室内污水管道系统和设备、室外污水管道系统和附属建筑物、污水提升泵站及压力管道、排入水体的出水口等组成。

（2）工业废水排水系统。工业废水排水系统将工厂车间及其他排水对象所排出的废水收集起来，送至回收利用和处理构筑物或排放，主要由车间内部管道系统和设备、厂区管道系统及附属构筑物、必要的污水处理系统、污水泵站及压力管道和接入城市排水系统的管网组成。

（3）雨水排水系统。雨水排水系统是收集并排出降雨径流和融雪径流的管渠系统，主要由房屋雨水管道系统和设备、道路排水系统、街道或厂区雨水收集和管渠系统、道路雨水管渠系统、雨水泵站及压力管道、出水口及排洪沟等组成。不完全分流制只有污水排水系统，雨水管道系统有待建立。在该体制中，雨水沿自然地面、街道边沟、沟渠等原有雨水渠道系统排泄，或者在原有渠道排水能力不足之处修建部分雨水管道，待城市进一步发展或资金条件满足时再修建雨水排水系统，从而逐步改造成完全分流制排水系统。

2. 合流制排水系统

合流制排水系统是指将天然降雨、生活污水和工业废水汇集到同一管渠内来输送和排出的系统。根据对污水的收集和处理方式不同，可以分为直排式合流制、截流式合流制和全处理式合流制三种。将城市的混合污水不经任何处理，直接就近排入水体的排水方式称为旧合流制或直排式合流制。国内外老城区的合流制排水系统均属于此类。由于污水对环境造成的污染越来越严重，必须对污水进行处理才能减轻城市对环境造成的污染和破坏，为此产生了截流式合流制。截流式合流制是在旧合流制基础上，修建沿河截流干管，在城市下游建立污水处理厂，并在适当位置上设置溢流井，如图1－5（b）所示。在干旱季节或所排的污水流量小于截流能力时，所有截流干管内的污水将全部送往污水处理厂进行处理后排入河流水体；在暴雨洪水时期，当雨水、生活污水和工业废水的混合排水流量超过截流能力时，超出的部分将直接从溢流口溢出，直接排入受纳水体。由于截流式合流制在排水压力较大时会将部分污染物未经处理直接排放，因此在降雨量较小或对水体水质要求较高的地区，可以采用全处理式合流制，这种方式将天然降水、生活污水和工业废水全部送到污水处理厂处理后再排放，是城市排水工程中较为提倡应用的方式。

合理选择排水系统的体制是城市和工业排水系统规划设计的重要问题。它不仅从根本上影响排水系统的设计、施工和管理，还对城市和工业企业的规划和环境保护有着重要的影响，同时也在一定程度上决定了排水系统的工程总投资以及运行与维护管理费用。因此，应在满足环境保护要求的基础上，根据当地条件，通过经济、技术的比较来确定排水系统的体制。一般而言，分流制排水体制在保护环境卫生、防止水体污染等方面具有明显的优势，且由于分流制排水将污水和雨水分开，各自设置一套排水管网，在雨水的再利用方面也更加易于操作和实现。因此，目前国内外城市新建的排水系统多考虑采用分流制体制。只有在附近有水量充沛的河流或邻近海洋而发展又受到限制的小城镇地区，或街道较窄、地下设施较多、修建污水和雨水两条管线有困难的地区才考虑选用合流制排水系统。同时，为满足城市生态化建设和可持续发展的需要，国内外各大城市也在积极推进老旧城区原有排水系统体制的改造，如我国各大城市当前大力开展的雨污分流改造工程等。此外，由于分流制排水系统体制建造工期、造价一般明显高于合流制，大部分城市从节省工程投资的角度考虑，采用了混合式排水系统，即合流制、完全分流制、不完全分流制同时存在。在大型城市中，因各区域的自然条件以及修建条件有很大不同，混合式排水系统具有实施工期短、发挥效益快等独有优势。对于排水排涝压力较大的区域构建完整的雨水污水排放和处理系统，对于其他地区则优先构建污水管道系统，雨水可通过道路、天然沟渠进行排放，后续再建设完善的雨水管网体系。

（三）城市排水系统构成

现代城市排水系统主要由人工形成的引导水流的各类不透水通道（如路沿、边沟、衬砌的水道、铺砌的停车场、街道等）和地下通道（如雨水排水管、污水排水管、合流式排水管等）组成。此外，还包括用于引导、控制或改变水道、水质等的所有附属设备，如截留水池、蓄水池、下水道的进水口、检查孔、沉淀井、堰和出口溢流建筑等。一般情况下城市排水系统主要包括三个子系统：地表径流子系统、传输子系统和受纳水体子系统。

1. 地表径流子系统

地表径流子系统一般指城市降雨通过地表坡面汇流至排水系统集水口的过程。典型的城市集水区的地下排水管网一般沿道路和街道设置。区域的地表径流子系统由若干个小区组成，每个小区包括庭院场地和街道、街沟和小型小水道组成的网络。地表径流一般通过雨水口汇集进入地下排水管网，其分区出水口即为雨水口，分区边界则由雨水口周围地面地形所决定。各分区范围内，一般存在多种不同的利用类型，其水文特性可区分为不透水地表（如屋顶、沥青或水泥、路面等）和透水地表（如绿化地和裸露土地等）。在降雨径流数值模拟计算过程中，通常需要给出各分区内不透水面积所占的份额，有时还需要了解不透水面积的分布，以便计算各分区产流量及地表径流过程中的入渗情况。关于地表径流数值模拟方法的详细介绍见第六章。

2. 传输子系统

传输子系统是指城市地表和地下排水系统。传输子系统从各雨水口将降雨径流及其中的污染物荷载通过排水沟渠或地下管网逐级输送到一点或多点（出水口）排放出去。在传输过程中，不断地汇集区间入流或其他支管的入流，这将使管网中的流量和水质不断发生变化。

3. 受纳水体子系统

城市排水系统的受纳水体可能有多种不同类型，如河流、湖泊或海洋。由排污口或合流制排水系统的溢流口所排出的水流及污染物成分会随时间发生变化，进入受纳水体后，由于受到重力和分子力的作用向四周扩散。评价城市排水系统对受纳水体的影响需要测定、分析和预报各种污染物成分的浓度及其在时空上的分布和变化情况，以确定各计算节点处水质超标的频次、历时等特征。由于水流受当前地形、流速、风速、风向、温度和潮汐等众多因素的综合作用，使受纳水体子系统的水文过程变得比较复杂，因此要对其进行精确数值模拟和计算则需要分析和建立受纳水体的二维或三维非恒定流模型。

（四）城市排水系统的布置和构建

城市排水系统的布置和构建，与当地的地形、土壤情况、城市规划、排水容泄区、污水处理厂的位置、河流位置、污水种类和污染程度等因素密切相关，一般会根据具体条件因地制宜地综合考虑。城市排水系统的布置和构建形式众多，常用的包括：正交式布置、截流式布置、分区式布置、环绕式布置、平行式布置和分散式布置。具体情况如图 1－6 所示。

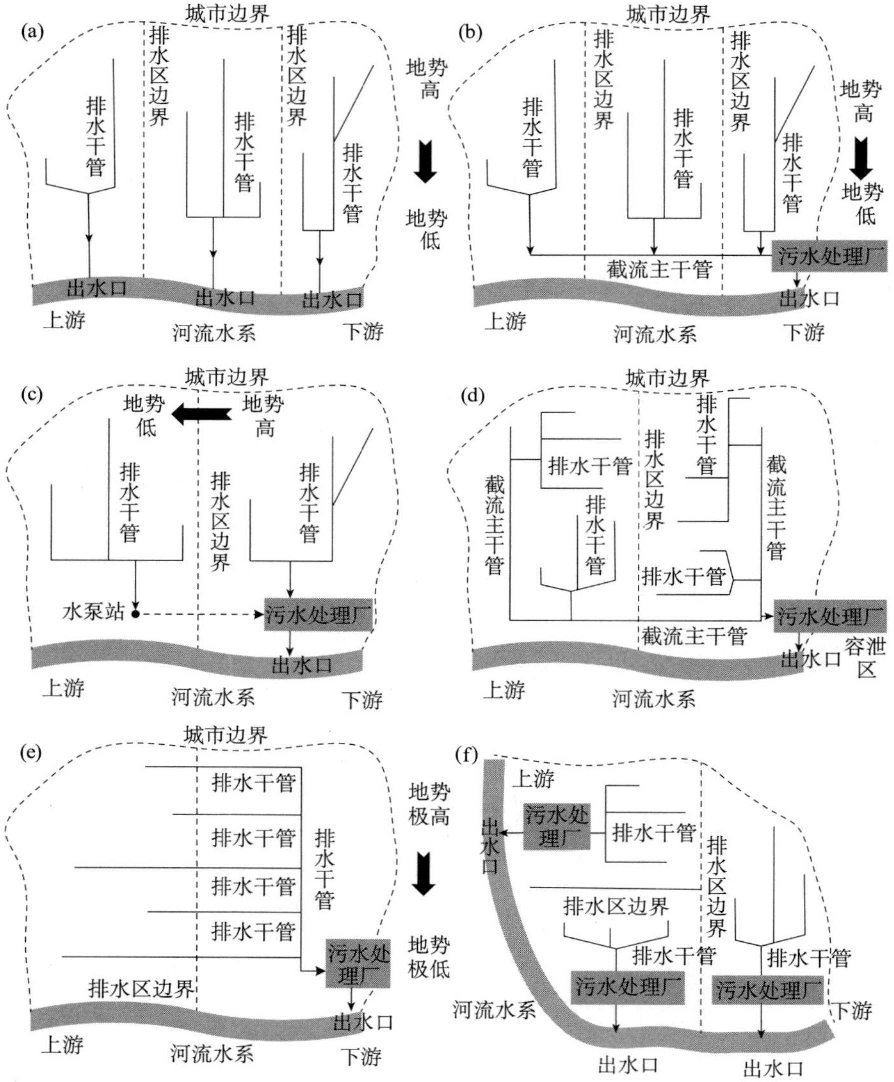

图 1－6　城市排水系统布置［（a）正交式布置；（b）截流式布置；（c）分区式布置；（d）环绕式布置；（e）平行式布置；（f）分散式布置］

1. 正交式布置

当城市地势向河流方向一侧倾斜时，可以将各排水区域的排水系统以最短距离的原则，按照与河流垂直相交的方向布置，这种布置方式成为正交式布置，如图 1 – 6（a）所示。正交式布置的排水干管长度短、管径比较小，污水的排放速度也比较快，是比较便捷经济的排水系统布置方式。但由于污水在排放前未经过任何处理，必然会导致受纳水体的水质遭到严重污染，进而对城市水环境造成不良影响。因此，这种布置方式在现代城市排水工程中一般仅用于分流式雨水管网系统。

2. 截流式布置

在正交式布置的基础上，在城市河道沿岸敷设截流总干管，从而将各排水干管的污水截流并输送至污水处理厂，经过处理后再排放至受纳水体，这种布置方式称为截流式布置，如图 1 – 6（b）所示。由于截流式布置会对污水进行集中处理后排放，因此对减轻水体污染、改善和保护城市生态环境具有重大意义，适用于分流制排水系统中生活污水和工业废水的排水系统布置。

3. 分区式布置

在地势未向河流方向倾斜且高低差异较大的城市地区，各排水区域的污水可能无法靠重力流汇聚至污水处理厂。此时可以采用分区式布置方式，如图 1 – 6（c）所示。分区式布置将分别在地势较高和地势较低的排水区域根据各自的地形和路网情况设置独立的排水管网系统。地势较高地区的污水靠重力流直接流入污水处理厂，地势较低地区则通过水泵站抽送至地势较高地区的排水干管或者污水处理厂。分区式布置方式一般用于个别阶梯地势或地形起伏较大的城市地区，其优点是可以充分利用地形的变化，分别采用自流和水泵抽水的方式排水，可以节省能源，因此经济实用。

4. 环绕式布置

如果城区面积较大，排水容泄区只有一处，或者为了减少建筑用地、节省污水处理厂的建设投资和运行管理费用，整个城市区域内仅设置了一个污水处理厂。此时可将整个城市划分为几个区域，分别设置排水管道系统，最后环绕城市边缘敷设一条绕城截流主干管，将各区域排水系统干管中的污水截流后集中输送至污水处理厂，处理后再排入容泄区，这种布置方式成为环绕式布置，如图1-6（d）所示。

5. 平行式布置

在地势向河流方向有较大倾斜的城市地区，使用正交式布置可能导致排水干管坡度和管内流速过大，使管道受到严重冲刷。此时可以按照排水管网与地形等高线及河道平行、排水主干管与等高线和河道形成一定斜角的方式敷设，从而降低管网内流速，这种布置方式即为平行式布置，如图1-6（e）所示。

6. 分散式布置

当城市一侧被河流环绕，或城市中央地区海拔较高、地势向四周倾斜，各个排水区域干管常采用放射状分散式布置，各排水区域拥有独立的排水系统和污水处理设施，这种布置称为分散式布置，如图1-6（f）所示。这种布置具有干管长度短、管径小、管道埋深浅等优点，但污水处理厂和泵站的数量将会增多，排水系统构建和维护成本增大，适用于地形比较平坦的大型城市。

（五）城市排水系统的局限

城市排水系统作为最简单直接的雨洪与内涝管理手段，在全球各个国家和地区的城市内均得到了广泛的应用。经过多年的研究和发展，城市排水系统相关技术、工艺水平都已经相对成熟，然而城市灾害控制和水生态系统维护方面仍存在一定的局限。国内外实际运用效果均表明，无论是分流制还是合流制排水系统，均不能一劳永逸地解决城市水污染问题。城市水污染源除工业废水和居民生活污水外，地面积蓄的垃圾、落叶和大气尘埃也是重要的污染源，污水管网可以控制点源污染的排放，但雨洪所夹带的面源污染物仍然很多，特别是久旱无雨后首次受雨水冲洗后对受纳水体的水质构成严重威胁。

但是，城市排水系统的普遍使用在一定程度上固化了城市雨洪及内涝管理的思维和路径，一味地增大排水系统的容量，提升排水管网的设计标准，并不符合城市生态文明建设与可持续发展战略。实际上，在城市降雨径流的不同阶段，有多种潜在的城市降雨径流控制方案和措施可供选择，如图 1－7 所示。长期以来，我国城市的雨水多数是直接径流排放，不仅会加剧水体污染和河道洪涝灾害，同时也是对水资源的一种浪费。近年来，由于城市水污染加剧，水资源日益紧张，城市雨洪综合利用理念及相关方法被重新认识。采用不同方式提升城市地表雨水下渗能力、丰富降雨径流的滞蓄手段，可以在对城市内涝灾害进行管控的同时充分利用雨洪资源解决城市用水困难。城市雨洪综合利用的相关概念和方法将在下一小节详细介绍。

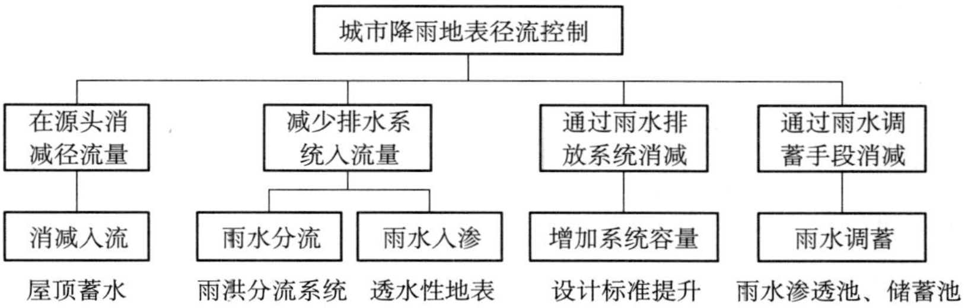

图 1－7　城市降雨径流控制方案和措施

二、城市雨洪综合利用

以往传统的城市雨洪和内涝管理思路是基于防灾为目的的“防”和“排”，力求将雨水在最短的时间内从城市中心区域输送至受纳水体。然而，考虑到城市化进程和发展速度越来越快，“以排为主，单纯排放”的城市内涝灾害管理理念已经无法满足现代城市的内涝管理需求。同时，受到历史、经济、社会等诸多客观条件的约束和限制，绝大多数城市在短时间内很难对已有的城市人工排水系统进行彻底的升级和改造。鉴于此，从 20 世纪末开始，越来越多的国内外学者开始认识到雨水调蓄和综合利用在城市雨洪和内涝管理中的重要作用和意义，并开始探索和应用新的内涝管理理念进行城市雨水的统筹管理调度和水资源综合利用，通过灵活多样的工艺与措施实现雨水的储蓄、处理和再利用，进而缓解当前城市排水管网系统的压力，同时降低对城市地表和地下水体的污染。

（一）城市雨洪综合利用的意义

随着城市规模的迅速发展，人口激增和水资源的严重污染，水资源体量和质量的缺乏，已经成为众多大中型城市普遍面对的突出问题。城市作为人口高密度聚居区域和社会经济文化的中心区域，必然要消耗大量的淡水资源。一直以来，大多数城市均以天然河流水系资源、地下水资源和天然降水资源作为城市水资源供应的主体，而上述三种资源都可以借助包括雨洪在内的天然降水加以补充。城市雨洪作为一种宝贵的水资源，在城市水循环系统和流域水循环系统中起着十分重要的作用。然而在城市区域内，人类活动造成植被减少或者破坏，城市建设过程中道路的扩宽和新城区的扩建导致大面积的土地硬化，不透水地表面积大幅增加，导致雨洪流失量增多和水循环系统的平衡遭到破坏。天然降雨不仅无法很好地对城市水资源进行补充，反而会引发内涝积水灾害，导致城市基本机能丧失、交通受阻，进而引发一系列的环境和生态问题。调查显示（赵飞等，2017），我国许多城市水资源严重不足，而大量的雨洪资源却白白流失，雨洪资源的整体利用率不到10%。因此，对城市雨洪资源进行综合运用和科学管理，充分利用天然雨洪资源可以有效地补充城市各类水资源，是缓解城市用水紧张的重要途径，也是解决城市内涝问题的有效手段，是现代化城市建设的重要战略。

（二）城市雨洪综合利用的主要内容

城市雨洪综合利用是针对城市开发建设区域内的屋顶、道路、庭院、广场、绿地等不同下垫面降水所产生的径流，利用透水性地表、雨水调蓄池等雨洪利用设施（如图1－8所示），采取相应的集、蓄、渗、用、调等方式，以达到充分利用雨洪资源、改善生态环境、减少外排径流量、减轻区域防洪排涝压力的目的，是寓资源利用于灾害防范之中的系统工程。城市雨洪综合利用通过采取工程性和非工程性的措施，分散实施、就地拦蓄、集中收集、储存和利用城市雨洪，避免和减轻城市内涝灾害，补充城市水资源，改善城市水环境，从而营造一个亲水、爱水、节水、用水的城市环境，这是一种从水文循环中获取水资源为人类所用和造福的方法。

（三）国外城市雨洪利用现状

近年来，由于全球各国城市普遍存在的水资源短缺和暴雨内涝灾害频

(a)　　(b)

图 1-8　城市雨洪综合利用设施［（a）透水性地砖；（b）雨洪调蓄池］

繁等问题，人类对有效利用雨水资源的重视程度越来越高。1982 年第一届国际雨水集流会议在夏威夷召开，并成立了国际雨水集流系统协会。至今国际雨水集流系统协会已多次召开雨水集蓄利用学术会议，促进了国际城市雨洪综合利用的交流与研究。城市雨洪综合利用研究从应用推广逐渐向理论研究、学科建立方向发展，成为当今生态保护和水资源利用研究的前沿课题。目前，美国、日本、德国等世界发达国家相继开展了城市雨洪综合利用的研究与实践（刘经强等，2014），它们将城市雨洪综合利用作为解决城市水资源和内涝灾害问题的战略措施，建立起了完善的雨水收集利用体系及相关的规范制度，并开始走向系统化、集成化和规范化，为发展中国家树立了良好的榜样。

美国在城市雨洪调蓄利用方面一直走在世界各国的前列。早在 20 世纪 70 年代起，美国已经转变过去单纯解决城市雨水排放问题的观念，认识到雨洪资源对城市的重要性。美国雨洪资源的利用以提高天然入渗能力为宗旨，各州普遍推广屋顶蓄水和由入渗池、井、草地、透水路面组成的地表回灌系统，让雨洪迂回滞留于曾经被堤防保护的土地中去，既利用了城市雨洪的生态功能，又减轻了其他重要地区的防洪压力。如美国加利福尼亚州的弗雷斯诺市，城市年回灌量占该市年用水量的五分之一。在城市雨洪管理方面，美国不单重视工程管理措施，而且还制定了相应的法律法规对城市雨洪利用给予支持。如科罗拉州（1974）、佛罗里达州（1974）和宾夕法尼亚州（1978）就分别制定了《雨水利用条例》。这些条例规定所有城市新开发区域必须强制实行就地滞洪蓄水策略，新开发区的暴雨洪水洪峰流量不能超过开发前水平。

德国在20世纪80年代起就开始全面开展城市降雨的收集利用相关研究和实施工作，成立了专门的城市水资源回收和雨水综合利用的部门和机构，并对雨水的收集、过滤、存储、运输设备进行标准化设计制造。1992年和2002年德国又先后发展了“第二代”和“第三代”雨水利用技术，经过30余年的发展，德国的城市雨洪资源利用已经迈入标准化、产业化阶段，开始向集成化、综合化方向发展。在德国大部分城市，雨水的收集和再利用技术被应用于工业、公共场所、家庭等诸多领域。德国城市普遍采用底层过滤加紫外线消毒的方法存储和处理高密度居民区和道路表面的雨水，从而满足了相当比例的家庭用水需求，如厕所冲洗、洗衣物、地板清洁、花园浇灌等。对雨洪资源的充分利用，让德国城市家庭用水平均节省超过50%，同时还降低了排水管道的压力和负荷，成为城市雨洪管理和内涝防治的有效方式。1989年，德国出台了《雨水利用设施标准(DIN1989)》，该标准针对住宅、商业和工业领域的雨水利用设施的设计、施工和运行管理方面提出了十分详细的要求。此外，德国还出台了一系列政策法规要求各个城市在新建城区内必须要设计雨水利用设施，如果没有雨水利用设施，政府将专门征收雨水排放设施费和雨水排放费。

日本从20世纪70年代起就开始采用各种渗透设施截留城市雨水以对其进行综合利用。半个世纪以来，日本各大城市完成了大量的研究和示范工程，使多功能雨水调蓄设施得到了广泛的推广应用。长时间的努力和积累使日本在雨洪综合管理和雨水调蓄方面取得了丰硕成果，部分雨水调蓄技术和调蓄设施已处于世界领先水平。日本建设省早在20世纪80年代就开始推行雨水渗透储蓄计划，通过滞纳、调蓄雨水来补充城市地下水资源、恢复天然河川基流，从而达到消减洪峰流量，减少城市内涝的危害，改善城市水生态环境的目的。在日本，城市雨水渗透储留的场所一般为绿地、公园、停车场、建筑物、道路等，采用的渗透设施包括渗透池、渗透管、渗透井、透水性铺砌、调节池等。1992年起日本推行“第二代地下水总体规划”，将雨水渗沟、渗塘及透水性地面作为城市规划的一部分，要求新建或改建的大型建筑设施必须有雨洪收集设施或就地下渗设施。在日本东京，已有超过8%的人行道采用了透水性柏油路面。雨水可以通过透水性路面渗入地下，经过收集处理后加以利用。

（四）国内城市雨洪利用现状

20 世纪 80 年代起，我国已在部分缺水地区开展了一些小型、局部的非标准性城市雨洪综合利用研究与应用。如山东长岛县、大连獐子岛和浙江舟山葫芦岛等雨水集流利用工程。至 20 世纪 90 年代，部分大中型城市开始对城市雨洪利用进行初步的探索，如北京、上海、大连、哈尔滨、西安等城市相继开展研究和应用。进入 21 世纪后，随着高度城市化发展带来的水资源紧张和内涝灾害问题愈发严重，生态文明建设、人与自然和谐发展的理念越发深入人心，我国城市雨洪综合利用也进入高速发展时期。近年来，我国众多城市结合自身特点，开展了一系列雨洪资源利用的研究和应用工作，其中以北京市进展最为明显。

自 2000 年起，北京市启动了中德科技合作项目“北京城区雨洪控制与利用技术研究与示范”，建设了分别代表老城区、新建城区、将建设区、公园和校园雨洪利用模式的 6 个雨洪利用示范区和 1 个实验中心，总面积达到 $60hm^2$。通过试验研究，构建了包含雨水收集与传输、雨洪处理与利用、雨洪回补地下水和雨洪控制系统等内容的完整城市雨洪控制与利用技术体系。同时，该项目还通过示范工程验证，探索了雨洪控制与利用的工程形式，开发了一系列雨洪控制与利用设备，形成了配套工程技术。该项目的实施为加强城市雨洪综合利用与内涝灾害管理提供了相应的控制指标和管理措施，为北京市乃至我国北方地区其他城市的雨洪利用研究提供了方法、依据和途径。此外，北京市从 2003 年就制定并执行了《关于加强建设工程用地内雨水资源利用的暂行规定》，要求以后所有新建、改建、扩建工程均应加入雨水利用工程的建设，否则有关部门将不予验收。在《北京城市总体规划（2004—2020 年）》中也明确提出，以雨水为代表的再生水资源将成为城市用水的重要来源，到 2020 年，中心城区和新城区内的雨水管道覆盖率应达到 90% 以上，同时应完善污水处理设施和回收系统，建立再生水资源回用系统，使再生水成为城市绿化、道路浇水、生活杂用和工业冷却等市政系统的主要水源。

2006 年，依据《国家中长期科学和技术发展规划纲要（2006—2020

年)》，科技部在“十一五”国家科技支撑计划中设立了“雨洪资源利用技术研究及应用”重点项目，并委托水利部作为项目的组织部门。项目由科技部组织实施，共设立“洪水资源化利用评价技术开发及应用”“现有防洪工程洪水资源利用关键技术开发”“城市雨水资源利用”“地下水储水空间雨洪资源利用技术开发及应用试验”“雨洪资源利用的风险与效益评估技术研究”“流域雨洪资源利用技术研究及应用研究”六个子课题，分别由南京水利科学研究院、清华大学、北京市水利科学研究所、吉林大学、大连理工大学、水利部海河水利委员会牵头承担，这是我国在城市雨洪综合利用方面首次开展的大规模系列研究活动，同时也表明了我国对城市雨洪综合利用的高度重视。

2010 年以来，随着我国城市雨洪综合利用研究的不断深入，相关应用成果的逐步丰富，项目实施经验的持续积累，一些新的城市雨洪利用理念也被不断提出，其中以“海绵城市”这一新兴城市雨洪管理理念最具代表性。

三、海绵城市

当前，我国城市发展已面临巨大的环境和资源压力，外延增长式城市发展模式已难以为继，《国家新型城镇化规划（2014—2020 年)》明确提出，我国的城镇化必须进入以提升质量为主的转型发展新阶段。因此，坚持新型城镇化的发展道路，协调城镇化与环境资源保护之间的矛盾，实现可持续发展路线显得尤为关键。党的十八大报告也明确提出“面对资源约束趋紧、环境污染严重、生态系统退化的严峻形势，必须树立尊重自然、顺应自然、保护自然的生态文明理念，把生态文明建设放在突出地位”。在此背景下，我国住房和城乡建设部于 2014 年发布了《海绵城市建设技术指南——低影响开发雨水系统构建（试行)》，明确提出“建设具有自然积存、自然渗透、自然进化功能的海绵城市是生态文明建设的重要内容，是实现城镇化和环境资源协调发展的重要体现，也是今后我国城市建设的重大任务”。本小节将从海绵城市的概念、建设途径、低影响开发雨水系统等方面对其进行介绍。

（一）海绵城市的概念

顾名思义，海绵城市是指城市能够像海绵一样，在适应环境变化和应对自然灾害等方面具有良好的“弹性”，下雨时吸水、蓄水、渗水、净水，需要时将蓄存的水“释放”并加以利用，如图1－9所示。海绵城市是城市雨洪综合利用思想的延伸与体现，其建设应遵循生态优先等原则，将自然途径与人工措施相结合，在确保城市排水防涝安全的前提下，最大限度地实现雨水在城市区域的积存、渗透和净化，促进雨水资源的利用和生态环境保护。在海绵城市建设过程中，应统筹自然降水、地表水和地下水的系统性，协调给水、排水等水循环利用各环节，并考虑其复杂性和长期性。

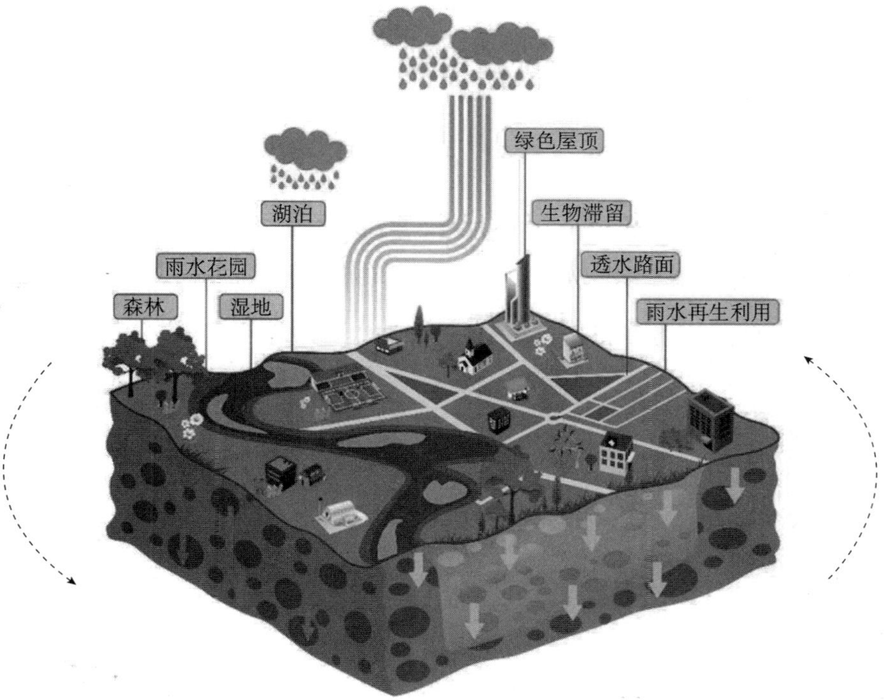

图1－9　海绵城市

（二）海绵城市的建设途径

海绵城市的建设途径主要有以下几个方面：

（1）对城市原有生态系统的保护。最大限度地保护原有的河流、湖泊、湿地、坑塘、沟渠等水生态敏感区，留有足够的涵养水源、应对高强度降雨的林地、草地、湖泊、湿地，维持城市开发前的自然水文特征，这是海绵城市建设的基本要求。

（2）生态恢复和修复。对传统粗放式城市建设模式下已经受到破坏的水体和其他自然环境，运用生态的手段进行恢复和修复，并维持一定比例的生态空间。

（3）低影响开发。按照对城市生态环境影响最低的开发建设理念，合理控制开发强度，在城市中保留足够的生态用地，控制城市不透水面积比例，最大限度地减少对城市原有水生态环境的破坏。同时，根据需求适当开挖河湖沟渠、增加水域面积，促进雨水的积存、渗透和净化。

海绵城市建设过程中应重点开展低影响开发雨水系统、城市雨水管渠系统和超标雨水径流排放系统的建设。低影响开发雨水系统可以通过对雨水的渗透、储存、调节、传输与截污净化等功能，有效控制径流总量、径流峰值和径流污染。城市雨水管渠系统即传统排水系统，可以与低影响开发雨水系统共同组织径流雨水的收集、传输与排放。超标雨水径流排放系统用来应对超过雨水管渠系统设计标准的雨水径流，一般通过综合选择自然水体、多功能调蓄水体、行洪通道、调蓄池、深层隧道等自然途径或人工设施构建。上述三个系统并不是孤立的，也没有严格界限，三者相互补充、相互依存，是海绵城市建设的重要基础元素。下面将对低影响开发雨水系统进行重点介绍。

（三）低影响开发雨水系统

海绵城市与国际上的低影响开发（Low Impact Development，LID）概念关系十分密切，低影响开发是指在场地开发过程中采用源头控制、分散式措施维持场地开发前的水文特征，也称为低影响设计（Low Impact Design，LID）或低影响城市设计和开发（Low Impact Urban Design and Development，LIUDD）。其核心是维持场地开发前后水文特征不变，包括径流总量、峰值流量、峰值出现时间等。从水文循环角度而言，要维持径流总量不变，就要采取渗透、储存等方式，实现开发后一定量的径流量不外排；

要维持峰值流量不变，就要采取渗透、储存、调节等措施削减峰值、延缓峰值出现时间。对于西方大部分发达国家而言，由于人口较少，土地开发强度较小，绿化率较高，在场地源头有较为充足的空间来消纳场地开发后径流的增量。然而对于我国大部分城市而言，由于土地开发强度普遍较大，仅在场地采用分散式源头削减措施，难以实现开发前后径流总量和峰值流量等维持基本不变，所以还必须借助于中途、末端等综合措施，来实现开发后水文特征接近于开发前的目标。

低影响开发理念的提出，最初是强调从源头控制降雨径流。但随着低影响开发理念及其技术的不断发展，加之我国城市发展和基础设施建设过程中面临的城市内涝、径流污染、水资源短缺、用地紧张等突出问题的复杂性，在我国低影响开发的含义已经延伸至源头、中途和末端不同尺度的控制措施。城市建设过程应在城市规划、设计、实施等各个环节纳入低影响开发内容，并统筹协调城市规划、排水、园林、道路交通、建筑、水文等专业，以共同实现低影响开发控制目标。因此，从广义的角度来说，低影响开发指在城市开发建设过程中采用源头削减、中途转输、末端调蓄等多种手段，通过渗、滞、蓄、净、用、排等多种技术手段，实现城市良性水文循环，提高对径流雨水的渗透、调蓄、净化、利用和排放能力，维持或恢复城市的“海绵”机能。

《海绵城市建设技术指南——低影响开发雨水系统构建（试行）》明确指出，海绵城市——低影响开发雨水系统的构建需要统筹协调城市开发建设的各个环节。在城市各层级、各相关规划中均应遵循低影响开发理念，明确低影响开发控制目标，结合城市开发区域或项目特点确定相应的规划控制指标，落实低影响开发设施建设的主要内容。设计阶段应对不同低影响开发设施及其组合进行科学合理的平面与竖向设计，在建筑与小区、城市道路、绿地与广场、水系等规划建设中，应统筹考虑景观水体、滨水带等开放空间，建设低影响开发设施，构建低影响开发雨水系统。一般而言，低影响开发雨水系统的构建与所在区域的规划控制目标、水文、气象、土地利用条件等关系密切。因此，选择低影响开发雨水系统的流程、单向设施与其组合系统时，需要进行技术经济分析和比较，优化设计方案。低影响开发设施建成后应明确维护管理责任单位，落实设施管理人员，细化日常维护管理内容，确保低影响开发设施正常运行。

前文已经对几种重要的城市雨洪及内涝工程性管理措施和手段进行了介绍，实际上，以城市内涝数值模拟与预测、内涝防控决策支持模型等为代表的非工程性措施同样在内涝管理中发挥着重要作用，下面将对其进行重点介绍。

四、城市内涝灾害数值模拟与预测

在我国目前的经济条件下，通过工程手段让所有城市的内涝防灾标准都达到较高的标准并非一日之功。因此，除建设完备的防洪防灾工程体系外，通过非工程措施减轻城市内涝灾害的损失变得尤为关键。随着现代通信、计算机、风险管理等新技术、新理论的出现，在城市内涝防灾减灾工作中也出现了全新的技术方法，城市内涝灾害的数值模拟与预测及相关模型与方法便是其中的代表。近年来，在突发的城市内涝灾害过程中暴露出来的城区内涝灾情模拟分析难、内涝风险与隐患推演难等问题越来越突出，成为城市防涝减灾与应急决策的瓶颈，是危及城市公共安全与城市安全运行的不利因素，是亟待解决的重大问题。国务院办公厅在2011年印发的《国家综合防灾减灾规划（2011—2015年）》中指出要进一步完善自然灾害监测预警预报能力、不断提高灾害风险评估和应急管理能力。《国家中长期科学和技术发展规划纲要（2006—2020年）》也强调了公共安全是国家安全和社会稳定的基石。因此，深入研究城市内涝的机理，根据城市流域物理特征和雨洪水文过程的特点，设计应用于城市雨水产汇流及积水过程计算的城市内涝灾害数值模拟和预测模型，对不同重现期暴雨在城市流域内造成的灾害和损失进行预测和评估，一方面能够确保城市内涝灾害发生时，可以第一时间展开应急响应，最大限度地降低城市内涝灾害造成的经济、生命和财产损失，另一方面能够实现城市现有排水管网系统的风险管理，便于及时处理城市雨水排放系统中的薄弱环节，尽可能地控制城市内涝风险，具有很强的现实意义。本小节将对城市内涝灾害数值模拟与预测的定义、模型结构、模型算法分类等内容进行介绍，关于城市内涝数值模拟与预测的建模、应用与实现等详细内容，将在第六至八章中进行介绍。

（一）城市内涝灾害数值模拟与预测的定义

城市内涝灾害的数值模拟与预测属于城市水文模拟计算方法的一种，其本质是根据城市降雨径流规律，利用现代水文学和水动力学知识，建立相关的数学物理模型对不同重现期的暴雨（1 年、5 年、10 年、50 年、100 年等）水文过程和水力要素进行模拟与预测，计算并分析城市地表雨水口、雨水管网系统各连接点、管段内的流量和水位变化过程线，获取暴雨内涝积水的淹没范围、深度、时长等信息，从而为城市规划、海绵城市及低影响开发建设、城市排水设施的改造和标准设计提供科学合理的指导和有力的支撑。例如，通过模型模拟得到城市遭遇 50 年一遇暴雨时易产生积水内涝的区域及其分布，以便指导工程建设和应急物资的选址。模型核心是研究降水（主要形式为降雨，少数为融雪）作用于城市下垫面后，城市空间内雨水的分配形式和运动状态。通过模型算法的设计与执行计算不同强度暴雨来袭时城市街道路面、草丛土壤、河湖水体、地下管网等的产汇流情况，并以之为基础推演低洼易积水区域的积水淹没过程。

（二）城市内涝灾害数值模拟与预测模型结构

城市内涝灾害数值模拟与预测模型一般分为两个部分，即降雨径流模型和积水淹没模型，如图 1－10 所示。

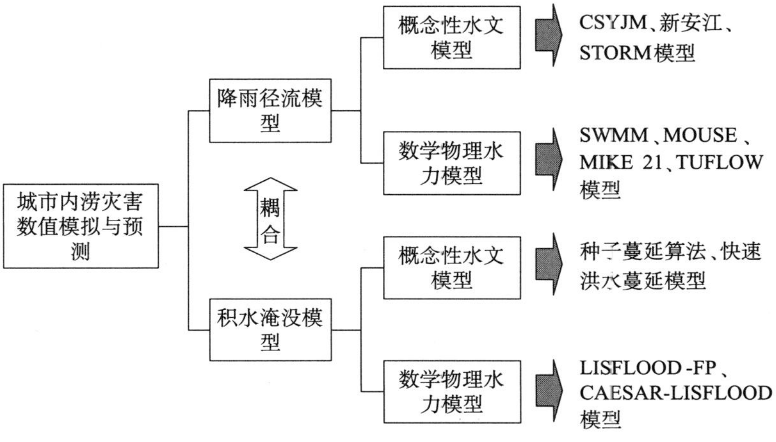

图 1－10　城市内涝灾害数值模拟与预测模型结构及算法分类

1. 降雨径流模型

降雨径流模型主要研究降雨量与径流量之间的关系，是水文分析计算中最基本最重要的内容。降雨径流模型的系统输入一般包括降雨和融雪等降水过程、城市下垫面截蓄流和蒸散发参数、地表类型和地面高程、地下排水管网等基础信息。模型输出是城市地表汇流的流量过程和蒸散发量，以及排水管道控制点的流量及运行状态、汇流出口断面的流量过程等。径流模拟运算过程通常分为产流和汇流，因此模型也被称为降雨产汇流模型。前者指每次降雨预报的产流量（净雨量）扣除渗透截蓄的部分，又称为扣损计算；后者是将产流量验算成出口（排水管道）汇流断面的流量，如果考虑城市管网地下汇流过程，则还包括各管段、控制点、排水口的流量过程。

2. 积水淹没模型

积水淹没模型为降雨径流模型提供的城市管网各控制点、集水口和雨水口的流量过程和运行状态输入，根据城市地下管网与地表的水量交互确立淹没洪水水量，再结合地形起伏等信息描述积水在城市地表的演进过程。积水淹没模型输入包括各地表雨水口的入流量及变化过程、超载管网节点分布及溢流水量、地面高程模型、地表水文要素等。模型输出为淹没积水地表演进过程，包括内涝积水漫延及退却过程中淹没范围、深度的时空分布信息。上述结果是城市内涝灾害数值模拟与预测的主要产出物，也是城市雨洪与内涝管理的重要决策依据。

城市降雨径流模型与积水淹没模型在结构上相互独立，但在应用时存在较强的耦合关系。在城市内涝灾害数值模拟与预测模型的构建过程中，两者可采用类似的模型建立步骤：

（1）确定模型的总体结构，即宏观组成，一般包括输入输出、模拟运算、服务模块等；

（2）确定模型的微观结构，如降雨产汇流各个环节、积水淹没地表演进过程的基本算法和结构；

（3）确定模型所需参数，选用有效的参数估算方法，并对模型进行参数率定和验证，以保证模拟的效果和精度。

（三）城市内涝灾害数值模拟与预测模型算法分类

在城市内涝灾害数值模拟与预测研究与应用中，采用的降雨径流和积水淹没模拟算法及模型众多，根据不同的建模基础理论，主要有概念性水文模型和数学物理水力模型两类，如图 1－10 所示。

1. 概念性水文模型

概念性水文模型是根据水量平衡原理，利用模型结构和参数反映降雨经过截蓄入渗、地面径流、管网汇流、积水淹没等环节的水流运动过程。主要依据流域系统输入（净雨过程）、输出（出流及淹没过程）的实测资料，分析各个具体过程中的产汇流特性（系统的功能函数及其算法），根据建立的参数、公式、模型预测或计算一次降雨内涝过程。概念性水文模型发展较早，结构较简单，能大幅度降低模型计算复杂度，因此应用十分广泛。对于降雨径流计算，具有代表性的概念性水文模型有周玉文等（1997）提出的城市雨水径流模型（CSYJM）、新安江模型和陕北模型，美国的暴雨模型（STORM）等。对于积水淹没计算则包括刘仁义等（2001）提出的种子蔓延算法，古尔德比和塞耶斯等（Gouldby. B & Sayers. P et al.，2008）提出的快速洪水蔓延模型等。

2. 数学物理水力模型

数学物理水力模型是依据物理学质量、动量与能量守恒定律以及产汇流特性，推导出描述地表径流、管网汇流和积水地表演进过程的微分方程组，通过输入参数求解方程，模拟或预报水流的运动过程。该类模型的理论基础主要建立在圣维南方程组上，根据模拟维度不同，可分为一维（1D）水动力模型、二维（2D）水动力模型和一维二维耦合（1D－2D）模型。一维水动力模型具有计算稳定、精度高、可靠性强等特点，能灵活地模拟雨水在管网、水渠、闸门、水泵等各类水工建筑物中的汇流过程。二维水动力模型则主要模拟地表雨水径流过程，其计算相对复杂，一般应用会采用不同手段对其进行简化处理以降低模型复杂度。对于降雨径流模拟而言，常见的水力模型包括 SWMM（1D）、MOUSE（1D）、MIKE 21（2D）和 TUFLOW（2D）等。对于积水淹没模拟，常见的水力模型则有 LISFLOOD-FP（2D）、CAESAR-LISFLOOD（2D）等。

第四节　本章小结

本章对城市内涝的相关概念及城市内涝管理方法进行了系统介绍，包括城市化对城市内涝灾害的放大作用、城市内涝灾害对社会的影响、城市内涝工程性与非工程性管理办法等。当前，对于城市内涝的管理愈发强调可持续发展的理念和战略。在内涝灾害的防控过程中保护城市水生态的完整性和平衡性，使用低影响开发手段建设海绵城市，从而科学合理地管理和利用城市雨洪资源，更好地解决城市内涝灾害和水资源匮乏等问题。

此外，城市内涝本质上是雨水在地形起伏和各类水文要素的作用和影响下在城市空间内的运动过程与分配状态，具有较强的时空属性和特征。在城市内涝管理过程中引入3S为代表的空间信息科学技术，能够丰富和优化城市内涝的管理模式和防治效果。第二章将详细介绍空间信息科学技术的相关内容。

第二章
空间信息科学技术

空间信息科学技术是当代发展最快、影响国民经济发展与人们日常生活最为深刻、应用最为广泛的学科领域之一。它被看作继生物技术与纳米技术之后，21 世纪发展最为迅速的第三大新技术。一般而言，凡是涉及对地理空间信息数据进行自动获取、存储分析以及信息提取的技术都称为空间信息科学技术。作为集测量学、地理学、制度学、计算机科学等多学科为一体的学科交叉融合成果，空间信息科学技术已经渗透到了科学研究和生产、生活的各个部门、各个领域甚至社会的各个角落，包括城市暴雨内涝灾害的管理与防治。本章将从空间信息科学的基本概念和主要内容、核心理论和关键技术等方面对其进行介绍，并详细讨论空间信息科学技术在城市管理中的应用方法和途径。

第一节　空间信息科学技术概述

空间信息科学技术涉及航天航空遥感技术、卫星定位技术、地理信息系统技术、计算机技术和网络通信技术等专业领域，是当前人类快速获取大区域地球动态和定位信息的重要手段，也是一个国家科技发展水平的重要标志。借助航天、航空对地观测平台，人类实现了对地球的不间断观测，并通过信息的处理快速地再现和客观地反映地球表层的现象、状态、过程及其时空的分布特征和定位，从而为人类社会的发展和经济建设提供有力支撑。空间信息科学技术是对空间数据进行采集与组织、存储与管理、统计与分析、显示与发布的有效技术途径，是实现数字地球和智慧地球战略目标的重要技术基础。在人类解决全球性环境问题，实现经济与信息的全球化，对国家的经济战略、安全战略、可持续发展战略和政治战略的研究与决策，自然资源的调查开发与科学利用，区域与城市的规划与管理，自然灾害的预测与灾情的监控，应急调度与管理，工程设计，环境监测与治理，数字战场与作战指挥自动化等诸多方面，空间信息科学技术都有着十分广泛的应用。本小节将对空间信息科学技术的主要概念、内容及相关工具进行概述。

一、信息与空间信息

（一）信息体系

在知识爆炸的信息时代，信息非常易于访问和获取，而在海量的、杂乱的数据面前人们往往也会无所适从。如何在大量的数据中提炼重要有用的信息，从信息中找到知识，进而从知识中找到智慧，是人们在信息时代需要不断探索的问题。在信息科学领域中一般将信息的不断加工、理解与转化的过程成为信息体系。信息体系也被称为 DIKW（Data Information Knowledge Wisdom）体系或“信息金字塔”，能够较清晰地反映“数据—信息—知识—智慧”之间的关系，其结构如图 2－1 所示。

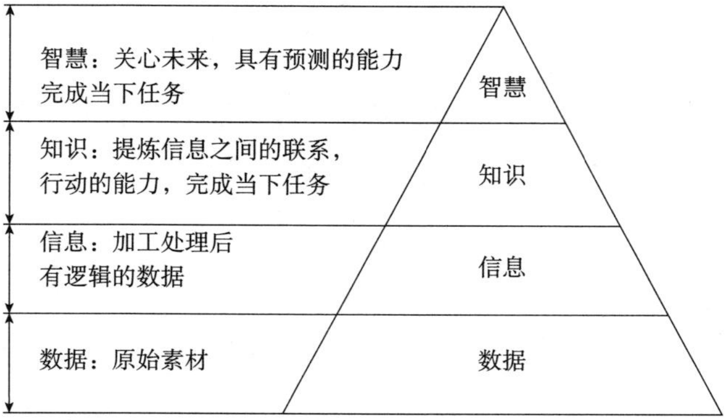

图 2－1　信息体系结构

1. 数据

数据是指那些未经加工的事实或着重对某一特定现象的客观描述，也是人们为了反映客观世界而记录下来的可以鉴别的符号。数据是客观世界实体的性质、属性、位置、状态及相关关系的抽象表示，是构成信息和知识的原始素材。数据是一种最普通的信息，也同样是一种最关键的信息，其普通在于它的广泛存在性，其关键则是由于它是形成信息、知识和智慧的源泉。数据可以是数字、字母和其他符号，也可以是图像、声音或者味道。比如“2020 年 1 月 31 日武汉城市轨道交通线网客运量（含换乘）为 148. 16 万乘次”即为十分常见的城市交通数据。数据的载体是多种多样的，且随着信息技术的发展不断更新和变化。如在计算机及相关工具普及以前，数值、字符、图表类型的数据一般以纸张和照片等形式出现，而声音、视频数据则多保存在磁带中。计算机的出现推动人类社会进入了数字化时代，也使得数据的表现形式迎来了巨大变革。当前绝大多数类型的数据，如数字、文字、符号、声音、图像等，都可以转化为二进制编码形式被计算机存储和管理。

2. 信息

有关信息的定义有很多种，它们都从不同的侧面、不同的层次揭示了信息的特征和性质，但同时也都有一定的局限。一般而言，信息一词有狭义和广义之分。狭义的信息可以理解为与数据相同。广义的信息指可以数字化的一切事物。数据和信息的关系可以解释为：数据是描述客观事实、概念的一组文字、数字或符号等，它是信息的素材，是信息的载体和表达形式；信息则是经过加工了的用于帮助人们做出正确决策的有用数据，它的表达形式是数据。根据不同的目的，可以从原始数据中得到不同的信息，同时也不是一切的数据都能够产生信息；可以将数据理解为信息处理过程的输入参数，而信息则是输出结果。日常生活中所提到的信息往往指信息的交流，信息只有通过交流或者传播，才能够被人们所利用。信息交流的范围、速度、形式及信息容量都产生了巨大的变化，这些变化不可避免地带来了信息量爆炸性的增长，促使人们发明更快、更有效的方法去处理和传播信息，由此推进了当前热门技术如大数据、云计算等的飞速发展。信息的生产成本通常很高，但一旦经过了数字化，其生产和分发就很简单和便宜。如本章随后要重点介绍的空间信息和数据，其采集获取成本很高，但拷贝和传播成本相对要少很多。信息的另一个特性就是在处理或与其他信息合并时容易产生新的信息。空间信息科学技术的代表——地理信息系统就提供了一系列多源信息融合处理的工具和方法。

3. 知识

知识是基于某一种特定的经验、目的或者应用而人为地解译了的信息。需要明确的是，知识并非简单地从大量信息中提取出来。比如本书中的信息只有经过读者的阅读和理解之后才能变为相关的知识。不同的读者对象，基于其自身理论积累、经验累积和使用需求的不同，对信息的解译和使用方式也存在很大的不同。如空间信息学科初学者可以将本书的信息作为理解空间信息科学相关概念及应用工具的基础，而城市灾害管理专业的老师可以将本书的内容作为相关课程的参考资料完成教学准备。

知识分为两种类型：隐性知识和编码知识。如果知识能够记录下来并能够很容易地传播给其他人，此类知识就是编码知识。编码知识可以通过一定的信息技术手段转化为能为计算机加工处理和传递的信息单位——比特。相对地，隐性知识不易获取且较难传播，包括信仰、隐喻、直觉、思维模式等，其特点是：①无意识性，即知识的拥有者常常并没有意识到自己拥有该知识；②环境依赖性，即知识作用的发挥依赖特定的环境和氛围；③个体性，指知识的主要存在载体是个体；④来源于长期的经验体验，如技能知识和人力知识等。与编码知识不同，隐性知识无法根据目前的理解和技术手段进行编码和估量。

4. 智慧

相对于数据、信息和知识，给出智慧的定义则更加困难。一般而言，智慧是用于基于可用知识和证据，且具有意见分歧的决策或策略的制定。智慧是高度个性化的，很难在群体中达成共识。在图 2-1 所示的信息系统结构中，智慧所在的位置反映了其在决策制定的层次结构中处于最高层次，也是人类认知的知识层次中的最高一级。智慧同时也是人类区别于其他生物的重要特征。应明确的是，由知识到智慧的转化是相对复杂、由多种因素共同影响决定的，不能单纯地依靠知识的多少确定是否能够产出智慧。比如有些人满腹经纶，拥有很多知识，但不通世故，被人称作“书呆子”；另一些人可能只读过很少的书，却能力超群，能够解决棘手的问题。显然，我们会认为后者具有更多的智慧。现实生活中，由数据层层转化最终成为智慧的过程十分普遍，大部分复杂问题的处理和解决方案的确立都会经历这一过程。表2-1从城市内涝应急响应管理的角度给出了数据、信息、知识和智慧的比较及转化过程。

表2-1　城市内涝应急响应管理中的信息体系结构

信息体系内容	共享程度的难易	城市内涝应急响应管理实例
数据	易于共享	城市内涝事实及测量结果
信息	易于共享	由内涝淹没范围、深度过程测量数据构建的数据库
知识	很难共享，尤其是隐性知识	由测量数据得到的区域内涝风险等级及区划分布
智慧	几乎无法共享	城市内涝灾害应急响应策略，防汛救灾应急预案

综上所述，数据是使用约定俗成的关键字，对客观事物的数量、属性、位置及其相互关系进行抽象表示，以适合在各个领域中用人工或自然的方式进行保存、传递和处理；信息是有一定含义的、有逻辑的、经过加工处理的、对决策有价值的数据流；人们通过归纳、演绎、比较等手段对信息进行挖掘，使其中的关键价值的部分沉淀下来，并与已存在的人类知识体系相结合，这部分有价值的信息就会转变为知识；智慧则是人类基于已有的知识，针对物质世界运动过程中产生的问题，根据获得的信息进行分析、对比、演绎并找出解决方案的能力，这种能力运用的结果是将信息有价值的部分挖掘出来并使之成为知识架构的一部分。

（二）空间数据与空间信息

空间数据是指以地球表面空间位置为参照的自然、社会、人文、经济数据的集合，其表达形式可以是图形、图像、文字表格和数字等。空间数据所表达的信息即为空间信息，反映了空间实体的位置以及与该实体相关的各种附加属性的性质、关系、变化趋势和传播特性等的集合。在实际应用过程中，可以将空间数据与空间信息等同看待。空间信息描述的是现实世界中的对象实体，具有定位、定性、时间和空间关系等特性。其中定位是指在已知的坐标系里，空间目标都具有唯一的空间位置；定性是指与目标地理位置有关的空间目标的自然属性（如在城市空间内的一条道路，其自然属性包括道路名称、长度、材质、建造时间等）；时间是指空间目标是随着时间的变化而变化的；空间关系通常用拓扑关系表示。在数学的二维空间中，空间信息的基本类型可以用点、线、面来表示；在三维空间中，空间信息的基本类型则包括点、线、面和体。

（三）空间信息的主要类型和特征

1. 空间信息的主要类型

地理事物和地理现象错综复杂，对其进行描述和表达的空间信息也多种多样。从不同的视角出发，空间信息可以被描述为不同的类型，如图 2－2 所示。

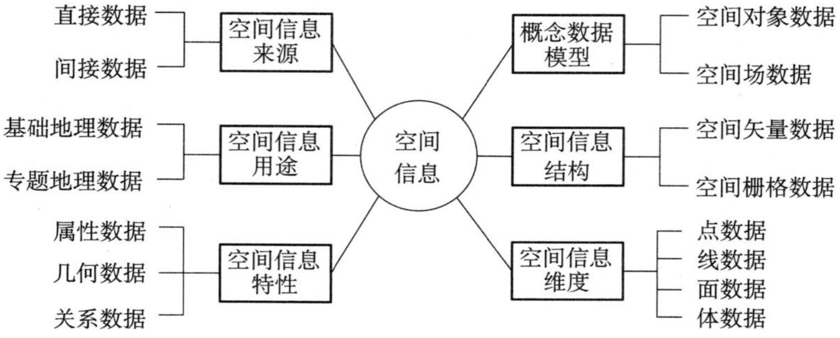

图 2－2　空间信息的主要类型

（1）从概念数据模型的角度，可以将空间信息分为两种主要类型：空间对象数据和空间场数据。空间对象数据是对呈离散分布、具有明确几何边界的空间实体（地理要素）的表达形式，空间实体可以被抽象为点、线、面或体对象（即空间点、线、面和体要素）。空间场数据是对一定范围内连续变化的地理现象的表达，如描述地形起伏特征的数字高程模型数据（DEM）等。

（2）根据空间信息的数据结构，可以将空间信息分为矢量空间数据和栅格空间数据。矢量空间数据能对点、线、面和体的地理要素的空间位置和几何特征进行精确的描述和直观表达，同时还能与各个要素对应的属性信息进行关联，甚至能够表达部分空间关系，实现图属一体化管理。栅格空间数据以规则栅格阵列表示地理现象，阵列中每个栅格单元的值表示地理现象的属性特征，而地理现象的空间位置则蕴含在每个栅格单元的行、列号中。

（3）根据空间信息的维度，可以将空间信息分为四种基本类型：点数据、线数据、面数据和体数据。其中点数据代表零维空间信息，线数据为一维空间信息，面数据为二维空间信息，体数据则代表三维空间信息。

（4）根据空间信息的特性，可以将空间数据划分为三种类型：属性数据、几何数据和关系数据。属性数据描述的是空间地理要素的属性特征参数，如类型、等级、名称和状态等。几何数据则描述空间地理要素的空间特征参数，如位置、形状等，用不同坐标系下的位置参数描述。关系数据描述的是空间地理要素之间的空间位置关系，如拓扑关系、方位关系和度量关系等。

（5）根据空间信息的用途，可以将空间信息分为基础地理数据和专题地理数据。基础地理数据是指通用性强、共享需求大并能作为统一的空间定位框架和空间分析基础的地理数据，具有基础性、权威性、普适性等特点，且使用频率高。如某城市区域内的河流水系数据、地形起伏数据等。专题地理数据是针对不同领域或行业的应用需求对专业领域所涉及的自然或社会经济要素的空间分布及其演化过程进行表达的数据，具有专业性、统计性等特点。如某城市在某次暴雨事件过程中的内涝淹没分布及深度数据等。

（6）根据空间信息的来源，可以将空间信息分为直接数据和间接数据。顾名思义，直接数据可以通过直接观测获得，如航天遥感影像数据、内涝深度测量数据等。间接数据则需要通过对已有数据进行加工处理或者转化来获得，如城市规划设计数据、城市管网汇流区间分布数据等。

2. 空间信息的主要特征

由于空间信息分布的广度和复杂度以及观测方式和尺度的多样性，空间信息呈现出多方面的特征，包括：空间特征、属性特征、时间特征、多尺度与多态性特征、多维性特征、非结构化特征。其中前三个为基本特征，如图 2－3 所示。

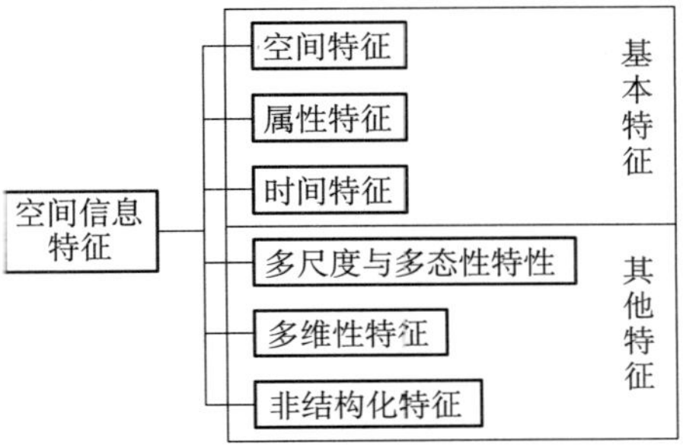

图 2－3　空间信息的主要特征

（1）空间特征。空间特征是地理要素的位置、形状和大小等几何特征以及与相邻地物的空间关系。空间位置可以通过坐标描述，形状和大小可以利用几何顶点为位置坐标进行计算获取。空间关系则相对复杂，有些空间数据库除存储地理要素的空间坐标外，还存储了部分空间关系信息（如邻接、包含、相交、连通等），且大部分空间关系可以通过空间坐标进行运算获取（如方位关系、距离关系、穿过关系等）；而有些空间数据库则仅存储了地理要素的空间坐标，所有的空间关系都需要利用空间坐标进行计算。对每个地理要素进行空间位置和空间关系的描述和表达是空间信息区别于其他类型信息的最重要特征。

（2）属性特征。属性特征为称为“非空间特征”或“专题特征”，它是与地理要素相联系的、描述地理要素本身性质的质量和数量特征，如要素的类型、语义、定义、量值等。属性的类型又可以分为定性和定量两类，前者包括名称、类别、等级等；后者包括可测量的数量特征，如排水管网的长度、管径等。有些空间数据库还会将时间特征作为属性数据进行记录和存储。

（3）时间特征。时间特征是指采集空间信息或空间实体发生、发展的时间。空间信息总是在某一特定时间或者时间段内通过采集或计算获取。比如城市中的某一片区域，由于当前城市化建设的飞速发展，可能某一时刻该区域仍是未开发用地，而过了一年就变为一片商业区或者居民小区。又如在一次暴雨内涝灾害的不同时刻，内涝淹没范围和深度分布在空间尺度上会发生变化。可见，空间信息具有时间变化特征，其内容会随时间的推移发生变化，即使在某些情形下，该特征会因空间信息随时间变化相对较慢而被忽略。在很多情形下，空间信息用户会把时间处理成专题属性，即在设计属性时考虑多个时态的信息，从而记录空间信息的时态特征。

（4）多尺度和多态性特征。观测距离和尺度的不同，会导致对相同地理要素进行描述和表达的空间信息呈现出多尺度和多态性特征。空间信息的多尺度特征表现为在不同尺度上同一地理要素在几何形态、定位精度等方面存在的差异。例如在中国地图上，一座大型城市（如武汉）被表示为一个点要素，其他小型城镇可能没有任何标注，但在湖北省或者武汉市内地图中，武汉市则为一个面要素。正因为此，在使用地图进行空间信息表达时，比例尺与图例是必不可少的辅助信息。空间信息的多态性特征表现为在不同的尺度上同一地理要素的表达方式（如维度）可能存在差异。如从太空观察地球上的某一条河流，其可能呈现为一个一维线对象，而近距离观察时却是一个二维面对象甚至为一个三维空间体对象。

（5）多维性特性。由于多种地理对象或地理现象之间相互联系和相互作用，在同一空间位置上往往存在着多种现象，其具体表现为在某一坐标位置上可以有多个专题和属性数据。例如在某一个地点，可以观测到高程、土地利用类型、卫星遥感影像、大气污染浓度等数据。在实际应用过程中，一般使用不同的空间数据图层来描述不同维度上的空间信息，并通过空间位置信息彼此关联。

（6）非结构化特征。在关系型数据库中，每一个数据记录都要满足结构化的要求，即记录是定长的且数据项不能再分，也不允许出现嵌套记录。而地理要素的复杂性会导致对其进行表达和描述的空间信息无法满足这种结构化要求。例如城市中的某一条道路，如果道路是笔直的，则仅需要通过起点和终点位置的两对坐标就可以表达；但若道路是弯曲的，则可能需要通过数百甚至更多的坐标对才能表达。此外，一个地理要素可能包含一个或多个其他要素。比如一个城市居民小区中，可能包含若干栋居民楼、一块运动场、两片绿地和若干条道路，若采用多边形面要素表示这个小区，则其记录中就会嵌套居民楼、运动场、绿地等面要素和道路线要素记录，这显然不能满足关系型数据库关于记录的非嵌套要求。

二、空间信息科学技术的主要内容

空间信息科学技术大致可以分为空间信息与数据的采集、整合、分析以及表达 4 个主要内容，分别通过 3 项核心技术来实现，它们是遥感技术（Remote Sensing，RS）、全球定位系统（Global Positioning System，GPS）和地理信息系统（Geographic Information System，GIS），如图 2－4 所示。其中遥感技术主要承担对广域空间信息数据的采集与分析任务；全球导航卫星系统（Global Navigation Satellite System，GNSS）是具有全球导航能力的卫星定位系统，主要承担对地表物体精准空间位置数据的采集任务，其典型代表是美国的全球定位系统（GPS），因此在空间信息科学领域常用

GPS 指代 GNSS；地理信息系统主要承担对信息数据的整合、存储、分析以及输出表达任务。由于这三项技术相互补充、紧密结合，在实际应用中常常进行集成，因而将这三项技术的集合称为“3S”技术。3S 技术是支撑空间信息科学技术的主要内容，因此有时也直接将空间信息科学技术称为 3S 技术。

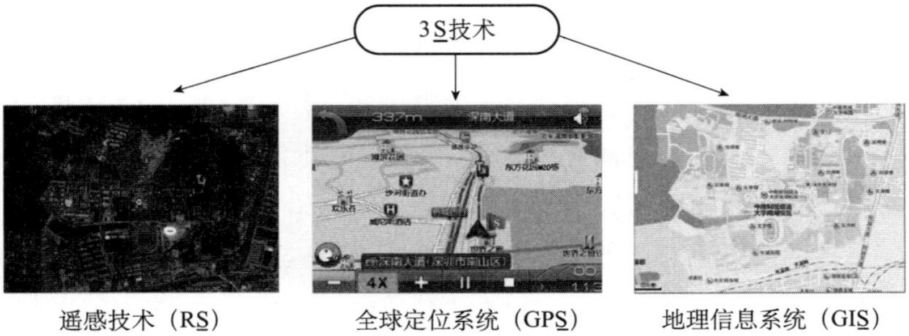

图 2－4　空间信息科学技术的主要内容：3S 技术

（一）遥感技术（RS）

遥感技术是 20 世纪 60 年代兴起并迅速发展起来的一种综合性探测技术。它是在航空摄影测量的基础上，随着空间技术、电子计算机技术等当代科技的迅速发展以及为了满足地学、生物学等学科发展的需要而形成并发展起来的一门新兴技术。遥感技术广义上泛指从远处探测及感知物体或事物的技术，即不直接接触物体本身，而从远处通过传感器来探测和接收来自目标物体的信息（如电场、磁场、电磁波、地震波等），然后经过对信息的传输及处理分析后识别物体的属性及其分布等特征。遥感一般指空对地的遥感，即从远离地面的不同工作平台上（如高塔、气球、飞机、火箭、人造地球卫星、宇宙飞船、航天飞机等）通过传感器来对地球表面的电磁波信息进行探测，经过对信息的传输、处理和判读分析后对地球的资源与环境进行探测和监测。

从学科内涵分析，遥感涵盖了辐射物理学、计量光谱学、天体运动学、测量学、数理统计、计算机图形学以及图像处理等学科的相关领域。它可以延伸到农学、气象学、地质学、地理学、管理学、计量化学、天体物理学信息学、电磁场论、电子技术等基础科学与应用科学的相关领域。

遥感是航空、航天技术以及电子技术和计算机技术发展的结果，它既受制于这些学科的发展情况，又能对这些学科的发展起到重要的推动作用。

遥感在学科内容上可大致分为遥感物理基础、遥感技术基础、遥感影像处理、遥感应用4个组成部分。遥感物理基础包括辐射理论、物理光学、几何光学、天体运动学、微波电磁场理论等。遥感技术基础包括遥感平台及传感器技术。上述两个内容为遥感影像的生成过程分析、遥感影像几何误差与辐射误差的产生机理分析、遥感影像的目视解译与计算机解译奠定了理论与技术基础。遥感影像处理包括光学图像处理和数字图像处理（如色度学、图像几何和辐射校正、图像增强、数字滤波、数字图像融合、纹理分析、图像分类与识别等），它为遥感技术与地理信息系统的衔接奠定了基础，也为这门技术的应用创造了条件。遥感技术也有自身独立的应用，主要包括农业、林业、地质、气象、水利、国土资源管理、环境、海洋以及军事等领域，这些领域各有不同的应用需求，在技术上各有特点，所涉及的理论也各有不同。

（二）全球定位系统（GPS）

全球定位系统最初是由美国国防部研制的以空中卫星为基础的无线电导航定位系统，具有全天候、全球覆盖、高精度、快速高效的无线定位功能。在海空导航、精确定位、地质探测、工程测量、环境动态监测、气候监测以及速度测量等方面应用十分广泛。

全球定位系统由卫星星座、地面监控系统和GPS信号接收机三部分构成。GPS卫星星座共有24颗卫星，其中21颗是工作卫星，3颗为备用卫星。这些卫星分布在6个倾角为55°的圆形轨道上。卫星的平均高度为2万km，运行周期为12恒星时（718min）。星座的这种分布确保地球上任何地点都能同时在地平线10°以上区域内，接收到导航定位必需的所有卫星的GPS信号，从而实现全球的三维定位和导航。在地面监控系统的支持下，GPS星座的卫星向GPS信号接收器持续不断地发送全球定位信息并报告自己和其他卫星的位置。由于GPS卫星在空间的位置是已知的，GPS接收只需要同时测得某一时刻接收机到视场中三颗GPS卫星的距离，就可以采用距离交会法求出用户所在地的三维坐标。而在实际导航定位过程中，由于卫星信号的传播时间测量误差可能被放大，因此一般会使用第四颗GPS卫星的距离信息进行校正，以确保定位的精准度，如图2－5所示。

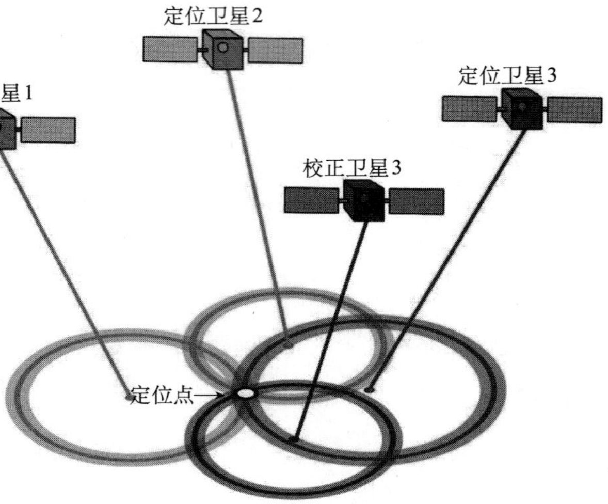

图2－5　GPS定位过程

GPS能够准确地确定某一实体的空间位置，从而为该实体获得信息源的定位提供强有力的技术手段。在利用GIS系统建立矢量地图时，必须使用GPS定位技术进行现场定位。另外，遥感解译结果的野外校正也需要精确的空间位置。在城市规划与管理中，目前GPS已广泛应用于地形测量、江河水系测量、规划图设计与绘制、工程监管等多个领域。

（三）地理信息系统（GIS）

地理信息系统是一种决策支持系统，具有信息系统的各种特点。与其他的信息系统相比，地理信息系统的主要区别在于其存储和处理的信息是经过地理编码的，包含地理位置及与该位置有关的地物属性信息。在地理信息系统中，现实世界被表达成一系列的地理要素和地理现象，这些地理特征至少包括空间位置参考信息和非位置信息这两个组成部分，而地理信息系统可以实现这两部分信息的关联表达、查询检索和一体化管理。地理信息系统的定义由两个部分组成：一方面，地理信息系统本身是一门学科，它是一门关于描述、存储、分析和输出空间信息的理论和方法的新兴交叉学科；另一方面，地理信息系统是一个技术系统，它以地理空间数据库为基础，采用地理模型分析方法，适时地提供多种空间和动态的地理信息，是为地理研究和地理决策服务的计算机技术系统。

地理信息系统可以被看作是整合了遥感技术、全球定位系统以及其他多种测绘技术的计算机系统。它不是简单地将这些技术手段相加，而是以一种全新的组织形式将复杂的、海量的数据有序且有机地组织在一起，从而将时空地理信息定量、全方位、可视化地展示在人们面前，向人们提供对时间与空间进行分析的功能，支持人们发现未知的知识与信息，让人们对各种与地理相关的时空现象与事件做出科学、合理的反应与分析。

地理信息系统是利用解析几何与数字拓扑学原理，按照计算机可以接受的方式并利用计算机海量数据存储管理和高速处理计算数据的功能来实现地理空间定量化分析的系统。地图学、计算机图形学、数据库（数据仓库）技术网络通信技术是地理信息系统的技术基础，地理现象的可视化、定量化以及与用户友好的界面是该系统的技术特点。地理信息系统能够向人们提供地表各种地物（如城市内的河流、林地、湖泊等）与人工建筑物的位置、面积、状态等自然属性以及价值、权属等社会属性，从而将空间信息科学技术推向更深入、更广泛的实际应用层面。

（四）3S 技术集成

在实际工作中，遥感技术（RS）、全球定位系统（GPS）和地理信息系统（GIS）单独使用都存在着一定的缺陷，如全球定位系统可以快速精确定位目标，但不能描述目标属性；遥感技术可以获得区域面状信息，但受到光谱波段限制，并且还存在许多不能处理的地物特征；地理信息系统具有较强的数据编辑、处理和分析功能，但其数据的获取必须依赖于其他手段。3S 技术的集成与综合应用正好可以克服彼此之间的缺陷，发挥更大的功能。

3S 技术的集成不是遥感技术、全球定位系统和地理信息系统的简单结合，而是将三者通过标准化数据接口严格地、紧密地、系统地集成起来成为一个大系统，集信息获取、处理、应用于一体。遥感技术可以快速、准确地提供资源环境信息；地理信息系统能够为遥感数据的加工、处理和应用创造理想开发环境；全球定位系统为空间测量、定位、导航及遥感数据校正、处理提供空间定位信息。例如，使用经过全球定位系统校正过的某城市不同年份的遥感影像数据，利用地理信息系统进行空间叠加分析，可以比较不同年份该城市某种土地类型的变化情况，如10年前的城市水体分布与现在的差异，从而分析城市化建设和人类活动对城市天然水系的影响。

三、空间信息科学技术的主要作用

空间信息科学技术作为一个跨学科的、极其广阔丰富且还在不断发展的知识领域，由于自身内容的丰富性、技术体系的交叉性、技术功能的前沿性，其作用是体现在多领域、多角度的。整体而言，空间信息科学技术在各个领域的作用就是提供优质的空间信息服务。面向不同领域的空间信息服务具有不同的特点，大致可以归纳为下面三个类型。

（一）向公众提供基本信息

这一类型的空间信息服务所涉及的应用领域主要有土地管理、农业管理、防灾减灾、城乡建设和交通运输等。这些领域采集和获取的空间信息都是人们日常生活需要的信息，如城市物流、土地利用、房地产、农业旱涝灾情、城乡土地规划、道路交通、洪涝与火灾等，这些信息通过各种媒体传播到公众，具有时效性强、定期定点更新、表达易被大众接受等特点。空间信息科学技术能够适应这些特点，而地理信息系统具有较强的输出功能（包括视频、图形、文字报表等多种形式），能够与公众用户互动、智能化理解用户指令语义等。

空间信息科学技术与人们的日常生活紧密相关。如目前城市交通拥堵已经成为居民生活和出行的苦恼，通过地图导航相关 App 查看当前交通路况信息是人们出行前的习惯，而这些交通出行信息便是空间信息科学技术所提供的服务。除个人出行服务外，基于空间信息科学技术的地图导航系统可以协助交通管理人员发现交通阻塞地点、选择交通疏导方案，及时地向公众提供出行建议和相关信息等。空间信息科学技术不仅能够实时、准确地提供地表的表象信息（如城市地表各类土地类型的几何位置、分布、面积、相互关系等），还可以提供土地及大气的潜在信息（如地面与海洋表面的温度、作物长势、地面的生物量、作物的营养亏缺、大气污染等)。同时，也可以连续地对地面进行长期的观测，以构成时间与空间一体化的多维信息集合。这种大面积、实时准确的多维时空信息对于深刻认识地球的自然环境、各种自然现象的发生和发展以及人与自然相互作用所产生的各种问题的演化是必不可少的。比如，可以利用空间信息科学技术检测城市中心区域地表温度进行检测，利用长历时温度时间序列数据对城市化建设对地表温度产生的作用及城市热岛效应进行分析与评估。

(二) 为社会信息化建设与管理提供数据支撑

空间信息科学技术所提供的多尺度、多层面的时空信息是人们进行社会和生产活动的基础，也是国家和地区各领域管理部门进行计划、监管、服务和决策的重要信息来源，是其完成信息化建设、履行各自管理职能的必要数据支撑。据统计，国民经济部门中有 80% 都需要以空间信息科学技术所提供的时空信息为基础来构建本行业的信息系统。1998 年 1 月，美国提出“数字地球”战略，由此在全世界掀起了社会信息化热潮；我国在 1998 年 6 月提出要发展数字地球战略。数字地球是在遥感技术的支持下适时地采集全球的地表信息并在计算机网络上构建一个虚拟地球，其反映的是现势性很强的地学空间信息，由此可以实施经济、政治、科学研究的全球战略。此后，在数字地球的基础上又衍生出了数字城市（本章后续将详细介绍)、数字农业、数字林业、数字国土、数字海洋等。空间信息科学技术的发展与普及为信息化社会的到来与发展创造了必要条件。

随着各领域管理部门管理水平的提升，大量城市建设与管理相关科学研究的前沿课题（如灾害的预测预报、污染防治、资源的综合利用、循环经济等）亟待解决，而这些问题又大多与空间信息科学技术相关。空间信息科学技术为定性、定量、定位、定时地进行自然与社会资源环境、农业生产与经济活动以及相应的科学管理研究提供了条件。如城市内涝灾害发生后，利用遥感技术、无人机航测技术及多种配套器材，可以对内涝积水区域的范围、积水深度实施监测与预警，从而为城市灾害应急救援、人员疏散进行最优路径选择、资源分配和规划。

(三) 科学研究和智能化生活

绝大部分的自然和社会现象都与时间和空间有关，在对自然物体的静态与动态都加载精细的时空坐标后，可以实现定量、定位和定时，这是科学研究深入和成熟的标志。现代的空间信息科学技术为各个领域中物体或物质的宏观或中观运动的定量、定位和定时研究提供了必要条件，加速了科学研究的发展。空间信息科学技术与虚拟现实技术的结合成为许多领域科学研究的有力工具，它使用计算机来模拟研究对象的变化规律，以声、光、影像的形式生动地展现在各种设定条件下研究对象发生、发展直到消亡的全过程。例如，气象工作者根据气象现象的成因分析，可以虚拟台风或热带风暴等灾难性气候，并对其可能生成的海啸进行模拟，根据海啸波峰高度和波速结合滨海地区的地形要素信息进行灾情预测，从而及时制定疏散避难策略。空间信息科学技术与虚拟现实技术将长期、复杂、难以重现的条件变为人工设定、计算机模拟的过程，从而大幅度地缩短了研究周期，为理论和实验研究开辟了一个新的便捷的途径。例如，需要对城市防洪抵御百年一遇洪水的能力进行评估，等待百年一遇的真实洪水发生显然缺乏可行性，利用空间信息科学与虚拟现实技术，可以根据水文资料数据人工设计不同重现期的洪水（如 100 年），为计算机提供洪水相关参数后，结合城市防洪设施信息和其他水文基础数据，即可对洪水过程进行模拟计算，从而根据结果对城市承灾能力进行测算。

智能化生活是空间信息科学技术应用的新兴领域。现在大多数汽车都带有 GPS 导航装置，只要设定目的地，就可以通过声音、屏幕来指导驾驶员沿着最短路径到达目的地。社会的发展和进步提高了人们的生活质量，各种智能化家用电器产品（如人机互动三维虚拟多种运动的游戏机）、整合 GPS 与 GIS 技术的辅助汽车驾驶设备等，都涉及深层次的空间信息科学技术。这一类型的应用向空间信息科学技术提出了更高的要求，包括精准三维信息的采集、实时三维数据的处理与变换、多角度空间信息的挖掘、动态目标的自动跟踪等，它们是空间信息科学技术发展的前沿，对空间信息科学技术的不断进步有着巨大的推动作用。

四、空间信息科学技术主要工具

随着空间信息科学技术在各学科、各行业和各领域的广泛应用，相关领域的政府部门、研究机构、商业公司对空间信息科学技术的研究不断深入，也催生出一系列空间信息科学技术相关理论方法与应用工具。若要在实际应用过程中充分发挥空间信息科学技术在空间信息采集、组织、管理和统计分析中的强大功能，选择合适的应用工具是十分必要且关键的。目前，主流空间信息领域的商业公司都开发了功能十分强大的空间信息科学技术应用软件，如 ArcGIS、GRASS、ERDAS 等。下面将分别对其进行介绍。

（一）ArcGIS

ArcGIS 软件是由美国环境系统研究所（ESRI）推出的 GIS 相关系列软件，包括地图绘制工具 ArcMap、三维地图管理工具 ArcScene、地理数据资源管理器 ArcCatalog 等。ESRI 是 GIS 的市场领军者，其 GIS 产品包括桌面 ArcGIS 和高级桌面 ArcGIS。ArcGIS 包括了几乎所有用于矢量和栅格数据的必要 GIS 操作。此外，软件用户可以输入多种不同类型的矢量和栅格数据。这些数据可以通过多种方式进行编辑、分析、查询和显示。ArcGIS 产品通常向用户提供需要单独购买的用于特定项目的扩展模块。全面且可进行高级数据库建模的空间数据库引擎也是 ArcGIS 软件的一部分。

ArcGIS 产品可以在 Windows 和 UNIX 两个操作系统上运行。ESRI 还会持续发布现有 ArcGIS 产品的改进版，截至目前其最新版本为 10.8（2020 年 2 月发行）。用户的评论和建议在更新和发布软件中起关键作用。ESRI 有一批忠实的用户，当 GIS 出现问题或困难时，他们是非常重要的资源。用户社区有很多活跃的博主，通常能快速回应 GIS 软件相关问题。此外，ESRI 随软件提供了大量的基础地理数据，作为 GIS 软件的一部分，ESRI 还提供了网页地图服务。

ESRI 已投入大量资源发展在线 ArcGIS 产品，它利用 ESRI 云设施建立基于云的 GIS 服务系统。目前，用户可以管理、创建和共享地图，并能存取 ESRI 空间数据集。未来 ESRI 将为在线 ArcGIS 增加更多的特性及功能。

（二）GRASS

地理资源分析支持系统（GRASS）作为公共领域的 GIS 软件，由美国陆军建设工程研究实验室 1982—1995 年开发，如图 2-5 所示。从那时起，GRASS 已演变为一个在许多科学领域都有广泛用户的强大 GIS 工具。这个基于栅格数据进行相关操作和管理的软件是开源的，意味着用户可以在不支付任何费用或许可费的情况下，下载、安装和使用这款软件。GRASS 适用于世界范围内的学术和商业环境。随着附加版本的发布，GRASS 变得更加完整。目前，GRASS 可以在大多数 UNIX 操作系统下运行，包括 Linux、Solaris 和 Mac OS 系统。尽管 Windows 版本的改进工作仍在进行，但 GRASS 仍然可以在 Windows 系统上运行（本地或通过可选的 Cygwin 工具）。GRASS 提供了丰富的栅格、矢量、图像处理、遥感、三维可视化和制图功能。

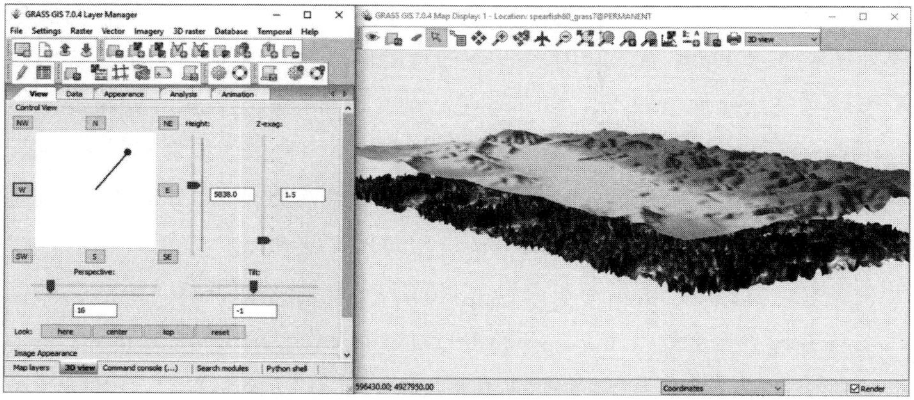

图 2-6　GRASS 软件界面

（三）ERDAS

ERDAS 主要指 ERDAS Imagine，它是由美国 ERDAS 公司开发的一款遥感图像处理系统软件，如图 2-7 所示。ERDAS 以其先进的图像处理技术，友好、灵活的用户界面和操作方式，面向广阔应用领域的产品模块，服务于不同层次用户的模型开发工具以及高度的遥感图像处理和地理信息系统集成功能，为遥感及相关应用领域的用户提供了内容丰富而功能强大的图像处理工具，代表了遥感图像处理系统未来的发展趋势。

ERDAS 一直是遥感影像处理软件业界的先驱，其功能覆盖了图像数据的输入/输出，图像增强、纠正、数据融合以及各种变换、信息提取，空间分析/建模以及专家分类、ArcInfo 矢量数据更新、数字摄影测量与三维信息提取，硬拷贝地图输出、雷达数据处理、三维立体显示分析等。ER-

图 2-7　ERDAS 软件界面

DAS 可支持所有的 UNIX 系统，以及个人计算机的 Windows XP 及以上各版本操作系统。其应用领域包括：科研、环境监测、气象、石油矿产勘探、农业、医学、军事（数字地理战场、解译等）、电讯、制图、林业、自然资源管理、公用设施管理、工程、水利、海洋、测绘勘察和城市与区域规划等。此外，通过与著名的 GIS 厂商——ESRI 公司的战略合作，ERDAS 可以与 ArcGIS 系列软件进行完整集成，同时还提供了基于 ArcView GIS V8. x 的图像分析模块——Image Analysis 和 Stereo Analyst 两个扩展模块，向用户提供 GIS/RS 一体化的解决方案。

第二节　空间信息科学核心理论与关键技术

空间信息科学及相关工具真正能够发挥其强大作用，并被广泛应用于当今各个学科和领域中解决实际问题，源于其自身核心理论体系和关键技术方法。空间信息科学技术是传统科学与现代技术相结合的产物，为各种涉及空间信息处理、分析和应用的学科提供了新的技术方法，同时这些学科又不同程度地提供了构成空间信息科学技术的理论体系与技术方法，如空间信息的获取、组织与管理、可视化表达与空间分析和统计等。本节将对上述理论与技术进行详细介绍。

一、空间信息获取技术

根据获取来源的不同，空间信息获取技术可分为间接空间信息获取技术和直接空间信息获取技术。间接空间信息获取是指数据与信息来源于早期研究或其他系统，如对历史地形图进行地图扫描和数字化等。直接空间信息获取是指通过直接测量获取数据：对于中、小比例尺地图，一般采用摄影测量与遥感方法进行数据获取；对于大比例尺地图，一般采用野外数字化测图方法获取空间数据。此外，近年来空间信息共享工作的进展迅速，因此也可以通过互联网来获取免费或收费低廉的空间信息。

（一）地图数字化

地图是一种重要的空间信息载体，是空间信息传统的表达形式。在计算机普及以前，一般使用纸质地图进行空间信息的表达与管理。然而，纸质地图存在地图效率、速度和精度较低的缺点，难以适应现代信息社会的发展。纸质地图可以通过一系列的处理转换为在屏幕上显示的数字地图，这个转换过程就称为“地图数字化”。地图数字化是比较常用的空间信息获取方法，其目的是将图形或图像转换为数字，以便计算机进行储存、识别和处理。国家基础地理信息中心将全国已经出版的基于各种比例尺的基础地形图进行了数字化扫描处理，并由此生成数字栅格图（Digital Raster Graphic，DRG）。随着计算机技术的普及与发展，数字化地图成为空间信息的主要来源之一。

（二）摄影测量与遥感

摄影测量与遥感技术是两种能够直接且快速地获取大范围空间信息的重要手段与技术，目前已成为主要的空间信息来源。一般而言，摄影测量侧重于获取量测对象的几何特性，其主要用于中、小比例尺地形测图；而遥感是以非接触方式量测对象的物理、化学或生物特性，其主要用于地表覆盖制图。摄影测量与遥感技术的一个重要特征是可以通过重叠的像对获得立体影像，而这些影像可以用来进行全数字化立体测图，以获取数字高程模型（Digital Elevation Model，DEM）、数字线划图（Digital Line Graph，DLG）或数字正射影像（Digital Orthophoto Map，DOM）等数字化测量数据。

（三）野外实测数据

通过野外实地测量获取空间信息是专业测绘单位目前使用的主要方法之一。它先利用全站仪、水准仪、GPS 接收机、掌上电脑和笔记本电脑等设备直接在野外采集各种地物、地形的特征点等，然后以编码加坐标的形式记录，最后经编辑、处理后直接生成空间数据。这种方法精度高、速度快，适用于大比例尺地图测绘及各种工程测量或局部修测等，是一种较为经济且快速的空间信息获取技术。经野外实测得到的空间信息属于第一手的原始数据，因此可用于补充其他方法获取的数据如遥感影像数据的地面控制点、模糊部分等，它是直接获得高精度空间数据的重要来源。

（四）空间信息共享

随着空间信息共享技术和方法在全球范围内的逐步推广，互联网已成为查找空间信息最便捷的方式。例如，美国的地理空间数据一站式服务（Geospatial One-Stop，GOS）使各级政府部门和民众能够更方便、更快捷地且以更低廉的价格来获取空间信息；著名的在线共享免费地图平台 OSM-OpenStreetMap 的设想是构建人人可免费使用、人人可参与制作的全世界范围的网上地图。我国科技部也推动并建立了科学数据共享工程门户网站①，研究人员和公众可以免费地获取气象、林业、水文水资源、测绘、地震等方面的科学数据。由中国科学院地理科学与资源研究所建设的资源环境科学与数据中心②则提供了用于科学研究的部分免费空间数据，内容涵盖我国行政区划、自然地理、气象、土地利用及植被、地形地貌、水系道路等各个方面。国家动态地图是基于国家基础地理信息中心中全国 1∶400 万及 1∶100 万比例尺地图的数据库，同时还结合了我国各权威部门公开发布的具有空间分布特征的专题信息以及城市、旅游等信息的数据共

① 网址：http：//www. geodata. cn。

② 网址：http：//www. resdc. cn/Default. aspx。

享网站①。

二、空间数据模型与空间数据库

空间数据模型是关于现实世界中空间实体及其相互联系的概念，它是空间数据组织和空间数据库数据模式设计的基础，也是进行空间信息处理和应用的基础。现实世界中的各种空间现象和空间对象错综复杂，从空间认知和抽象的角度来看，目前空间数据模型主要包括矢量数据模型、栅格数据模型、网络数据模型。随着空间数据模型在时间上的拓展，还形成了时空数据模型。

（一）矢量数据模型

矢量数据模型的基本类型起源于“Spaghetti”模型，是最常用的空间数据模型之一。几乎所有的交通地图集、GPS 导航设备和互联网地图引擎都采用矢量数据模型进行空间信息的组织和管理。矢量数据模型通过点、线、面来表达空间要素，如图 2-8［中国地图，自然资源部监制，审图号 GS（2016）1606 号］所示。

（1）点要素。点要素是最基本的矢量数据类型，它具有位置特征，可以用一对坐标（x，y）来进行定位。在图 2-8 中，由于地图比例尺较小，所有的省会城市都是以点要素来表示的。

（2）线要素。线要素是具有位置和长度特征的一维空间要素。线要素至少含有两个点，即起点和终点，也可称之为顶点。两条或者更多条线的交点也是顶点。位于起点和终点之间的附加点决定了线的形状，这些点常被称为节点。一般而言，可以通过包括起点和终点在内的所有节点对应的坐标对的集合（x_1，y_1；x_2，y_2；…；x_n，y_n）来描述一条线的形状。对于一些形状较为简单的线要素，也可通过数学公式来表达和存储，如样条函数。在图 2-8 中，长江、黄河就是以线要素的形式表示的。

（3）面要素。面要素也称为多边形要素，它是由连续的线所围成的二维对象，对于独立的面，其起点和终点是同一个点。共边的多边形也有公

① 网址：http：//www.webmap.cn。

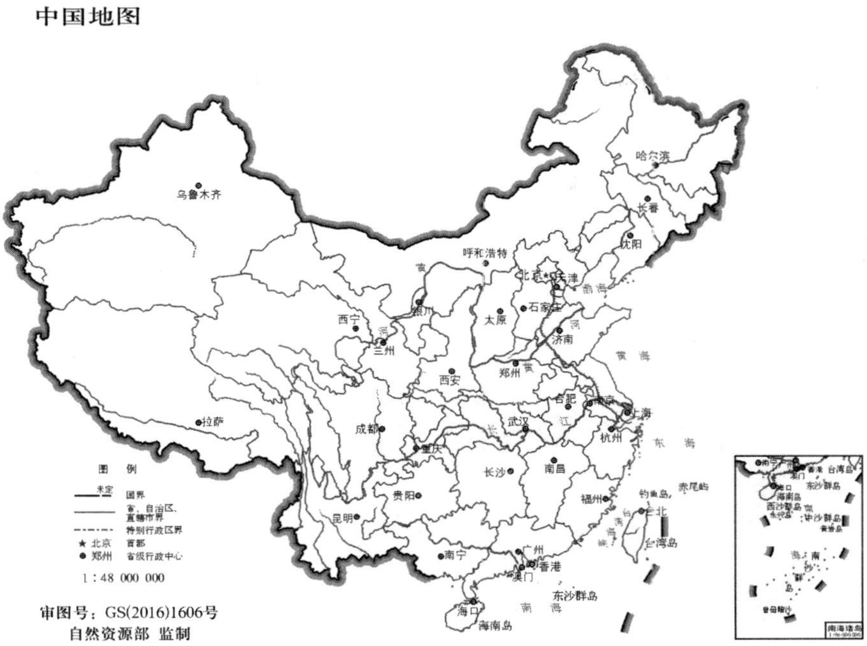

图 2－8　矢量数据模型

共顶点，这些顶点可能是两条或多条直线的交点。面要素既有大小，又有长度，可以表示各种各样的空间现象。在图 2－8 中，全国各个省级行政区及边界信息就是通过面要素的形式表达的。

整体而言，采用矢量数据模型能够非常自然地表达空间实体及其之间的相互关系，表达的空间数据比栅格数据模型占用的存储空间要少得多，比较适合用于表达地图上的图形要素、地理空间对象等。

（二）栅格数据模型

栅格数据模型用规则的正方形或者矩形栅格组成，每个栅格点或者像素的位置由栅格所在的行列号来定义，栅格的数值为栅格所表达内容的属性值。从这种意义上来讲，栅格数据可以称为“属性明显，位置隐含”的空间数据表达方式。

每个栅格点代表了实际地表上的一个区域，如果一个栅格单元代表的地表区域越小，数据越精确，但是数据量也越大。栅格单元的大小称为数据的分辨率。对于 100m 的分辨率的栅格数据而言，一个面积为 $100km^2$ 的区域就有100行100列，即10000个栅格单元。可想而知，一幅地图图像需要相当大的存储空间。随着分辨率的增大，对存储空间的要求还要成几何级数的增加。数据量大是栅格结构的一大特点，正是因为如此，它的数据结构简单，不同类型的空间数据层不需要经过复杂的几何计算就可以进行叠加操作。另外，它是某些地理空间实体和现象必不可少的表示方法。如图2－9显示了反映武汉市地形起伏的数字高程模型（DEM）数据，其采用的便是栅格数据模型，如果将图2－9不断放大，可以看到地形起伏是由海量栅格单元及其存储的高程值描述的。

图2－9　栅格数据模型

栅格数据的表达形式非常适合模拟连续变化的地理空间，特别是属性特征随空间变化程度很高的区域，例如在卫星图像上所表现的海岸带分布。栅格数据的缺点是不便于表示点、线状实体，主要是因为这两类实体没有大小，而栅格数据中的像元是有一定大小的；另外栅格数据不适合用于表达和分析地理实体之间的空间关系。此外，在栅格数据模型中，栅格点的数值含义由用户指定，一般来讲，其含义由两种类型：一种是指实际的测量数值，如温度、数字高程模型等；另一种是代表某种类型的编码，如土地利用等。

由于矢量数据模型和栅格数据模型各具特点与适用性，目前的空间信息科学技术应用及其相关软件中都同时支持矢量和栅格两种数据模型。同时，为了在同一个系统中可以兼容这两种数据，以便做进一步的分析和处理，常常需要实现这两种数据的相互转化，矢量数据的栅格化处理如

图 2-10 所示。

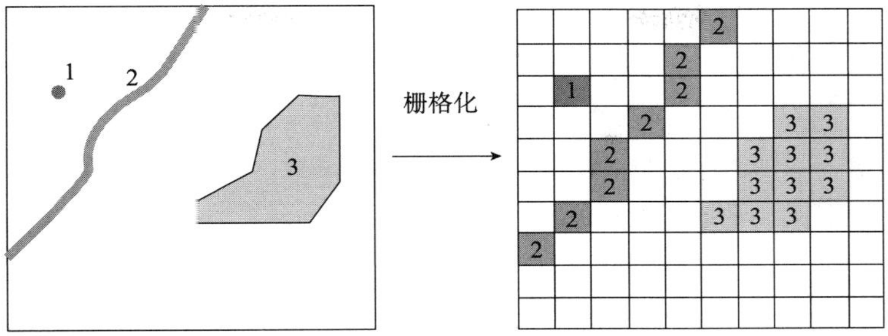

图 2-10　矢量数据的栅格化处理

（三）网络数据模型

网络数据模型是现实世界中的网络系统（如天然河网、城市交通路网、地下排水管网等）的抽象表示。网络是由若干线要素互联而成的一个系统，构成网络的最基本元素是这些线要素以及它们的链接交汇点。前者常被称为网线或链，后者一般被称为节点。如果将全国铁路线路视为一个网络，则可以用网络数据模型来表达。网络模型中的不同元素及组成成分如下：

（1）网线。网线是构成网络的线要素的集合，是资源传输或通信联络的通道，可以代表公路、铁路、航线、水管、煤气管、河流等。

（2）节点。既是网线的端点，又是网线汇合点，可表示交叉路口、中转站、河流汇合点等。

（3）附属元素。包括：①站点，是在路径分析中用来表示途经地点的，可以进行资源装卸的节点；②中心，是在资源分配中用来表示资源发散地点或资源汇聚地点的节点；③障碍，对资源传输或通信联络起阻断作用的节点。

（4）特殊的属性数据。包括：①网线的阻碍强度，为了实施路径分析和资源分配，网线数据应包含正反两个方向上的阻碍强度，如流动时间、耗费等；②网线的资源需求量，如学生人数、水流量、顾客量等；③节点资源需求量；④节点转角数据，可以更加细致地模拟资源流动时的转向特性，具体地说，每个节点可以拥有一个转向表，其中的每一项说明了资源从某一网线经该节点到另一网线时所受的阻碍强度。

（5）与中心相联系的数据。包括：①中心的资源容量；②阻碍限度，即资源流出或流向该中心所能克服的最大累积阻碍；③延迟量，表达该中心相对于其他中心的进行资源分配的优先程度。

（6）与站点相关的数据。主要指的是传输量，即资源装卸量、阻碍强度等。

（四）时空数据模型

时空数据模型的核心问题是研究如何有效地表达、记录和管理现实世界的实体及其相互关系随时间不断发生的变化，即地理信息的时间维度。这种时空变化表现为3种可能的形式：一是属性变化，其空间坐标和位置不变；二是空间坐标和位置变化，而属性不变，这里的空间坐标或位置变化既可以是单一实体的位置、方向、尺寸、形状等发生变化，也可以是两个或两个以上的空间实体之间的关系发生变化；三是空间实体或现象的坐标和属性都发生变化。

时空数据模型的特点是语义更加丰富，对现实世界的描述更准确，其物理实现的最大困难在于海量数据的组织与访问。当前，主要的时空数据模型有时空立方体模型、序列快照模型、基态修正模型、时空复合模型等。几种模型都具有自己的特点和适用范围，如基态修正模型比较适合于栅格模型的时态性功能开发等。目前，常见的时空数据组织方法有以下3种：

（1）将时间作为新的一维。在概念上最直观的方法是将时间作为信息空间中心的一维，主要有两种表示方式：①使用三维的地理矩阵，以位置、属性和时间分别作为矩阵的行、列和高；②用四叉树表达二维数据，用八叉树表示立方体，则可用十六叉树表示时空模型。

（2）基态修正法。不存储研究区域每个状态的全部信息，只存储某个时间的数据状态（称为基态）以及相对于基态的变化量，数据量可大大减少，这种方法称为基态修正法。毫无疑问，在基态修正法中，将检索最频繁的状态作为基态。但是，目标在空间和时间上的内在联系反映不直接，会给时空分析带来困难。

（3）时空复合法。将空间分割为具有相同的时空过程的最大单元，称为时空单元，每个时空单元在存储方法上被看成是静态的空间单元，并将该时空单元中的时空过程作为属性来存储。

（五）空间数据库

空间数据库（Geodatabase）是存储在数据库中的空间数据集，它提供了对世界某一方面的空间表达。空间数据库内存储的内容一般包括：①点、线和多边形等矢量要素的有序集；②数字高程模型（DEM）和影像为代表的栅格数据集；③描述性属性。空间数据库具有以下特征：

（1）空间特征。用于表示空间物体的位置、形状、大小和分布特征。

（2）抽象特征。包括建模方法和模型的抽象性，如 ArcGIS 的基于弧段/节点的几何模型。

（3）空间关系特征。表示物体的空间关系和拓扑关系的信息，以支持强大的空间分析和拓扑分析。

（4）多尺度与多态性。由于计算机中空间数据是以实际点位存储，距离就是实地距离，那么“图上距离与实地距离之比”也就失去了意义。但比例尺还有隐含的内容：比例尺隐含着对于地图的精度和详细程度的描述。现在用“空间数据尺度”来表达这种功效。它的含义是指信息被表示、分析和传输的详细程度。由于不可能观察地理世界的所有细节，因此尺度必定是所有地理信息的重要特征。

（5）多态性，即同一对象不同的表现形式。当前的空间数据库为了满足人们的不同需求，不得不为每一种比例尺创建一种库，以表达不同比例尺下地物的详细程度。这种方式的库有以下缺陷：数据重复存储，严重冗余；不利于数据更新；不利于数据综合；不利于管理和维护；不利于空间数据库的共享共用。解决难题的方法是在一定范围内建立多尺度的单一空间数据库。1∶500 为主导比例尺，1∶1000，1∶2000，1∶5000 和 1∶10000 为附属比例尺，在库中完整描述 1∶500 比例尺的空间数据以及其相关的属性信息，其他比例尺的数据是由主导比例尺数据综合模型自动综合产生。不同比例尺下，房屋点、线、面均有多态性。此外，空间信息多级网格也是处理空间信息多态性问题的方法之一。

（6）非结构化特征。空间数据记录可能存在不定长、嵌套表示等非结构化特征。

(7) 分类编码特征。不同地物可能有不同的编码方式，不同行业中对于同一个地物也可能有不同的编码方式。

(8) 海量数据特征。空间信息由于类型众多，在不同尺度和分辨率条件下，一个城市的空间数据往往可以达到几百 GB、TB 级。

三、空间信息可视化表达

可视化的本意是可以被视觉所感知，在人脑中形成对事物的图像。它是一个心理过程，其目的是促进对事物的观察及建立概念等。空间信息的可视化表达是输出空间信息成果表达形式的重要技术，是计算机图形学、图像显示技术、数字建模技术与空间信息科学技术等相结合发展的结果。

(一) 空间信息可视化表达的概念

空间信息可视化表达是指运用地图学、计算机图形学和图像处理技术，将地学信息输入处理、查询、分析以及预测的数据及结果采用图形符号、图形、图像并结合图表、文字、表格、视频等可视化形式进行显示和交互处理的理论、方法和技术。空间信息可视化表达的研究内容包括对空间客体信息的创建、组织、理解及其表示形式的计算、认知和图形设计等，其结果可以被符号化、图形化、形象化，区别于传统文字化和公式化的表述。从认知科学和视觉思维的角度出发，可把空间信息可视化表达理解为：为人类感知空间环境信息和视觉思维进行的可视图形的表示过程、方法和工具，它着重研究使计算机与空间信息之间的理解、表达和传输相互协调的人与计算机的机理。

(二) 空间信息可视化表达的类型

根据空间信息可视化表达的技术和方法，可以将空间信息可视化表达的产品归纳为如下 6 类，如图 2－11 所示。

(1) 纸质地图。包括普通地图、专题地图以及特种地图，它们既是传统地理信息的表达工具，也是在计算机环境下进行空间信息可视化表达的一种重要且基本的可视化产品类型，主要依靠计算机制图软件制作，并借助绘图机、打印机直接将结果输出在纸张上，实现“所见即所得”。

纸质地图

三维仿真地图

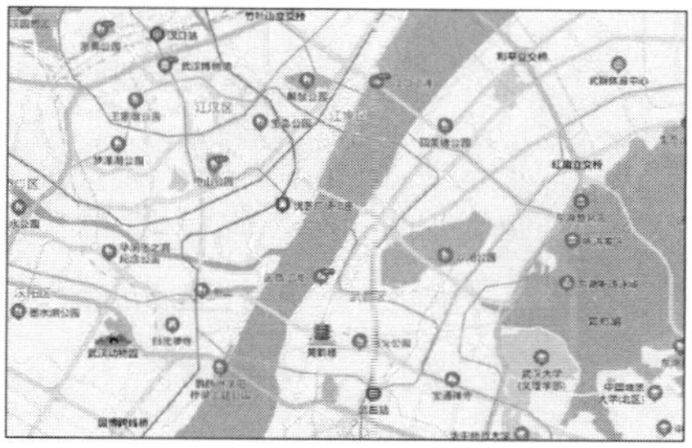

电子地图

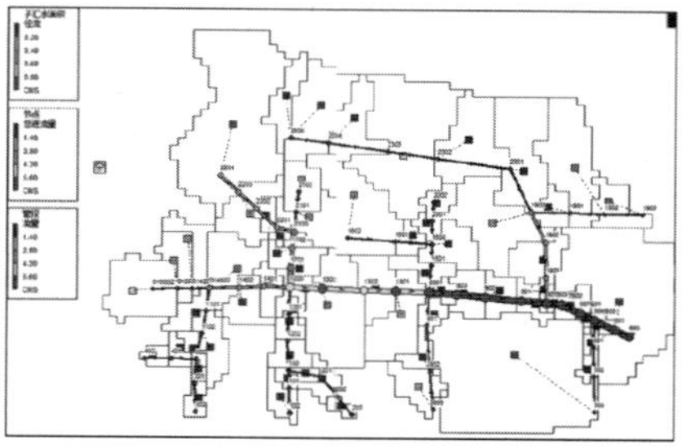

四维时空地图

多媒体地图

交互式地图

图 2－11　空间信息可视化表达类型

（2）电子地图。电子地图是基于计算机数字化处理和屏幕显示的地图。它是空间信息可视化表达的主要形式之一，大部分的空间客体信息在进入计算机后都能够以电子地图的形式直观地显示在计算机屏幕上，供用户查阅。

（3）多媒体地图。多媒体地图能够以多种媒体的集成形式综合、真实地表现空间客体和空间现象，是空间信息可视化表达的一种重要产品形式。

（4）三维仿真地图。三维仿真地图是基于仿真技术的一种三维地图，借助仿真技术将空间现象信息以三维立体或动画的形式直观、真实地表现出来，使用户有进入真实环境之感，是空间信息可视化表达的一种主要和具有发展潜力的产品形式之一。

（5）四维时空地图。四维时空地图是能够显示空间现象随时间变化的地图。在空间信息可视化条件下，它可以借助屏幕的可视化操作实现闪烁滚动、漫游、旋转等。比如，以 SWMM 为代表的城市暴雨计算模型及其软件，就可以从时间维度反映一次暴雨事件中城市管网系统的工作状态变化情况，从而直观地描述暴雨内涝积水的产生和发展过程。

（6）交互式地图。交互式地图是空间信息可视化表达的另一种产品类型，其主要功能是向用户提供灵活、主动的控制和使用空间信息的手段和方法。它具有较强的形象化操作方式，能够使非专业人员像专业人员一样操纵和使用空间信息及其相应的管理系统。比如，在城市地铁自动售票机的交互式界面中，便使用地图的方式对城市轨道交通线路和站点进行可视化表达与显示，乘客可以十分方便地通过地图交互选择目的线路和站点进行购票。

四、空间分析

具有较强的空间分析能力是空间信息科学技术中地理信息系统（GIS）技术的主要特征，有无空间分析功能是 GIS 与其他制图系统相区别的主要标志。空间分析是从空间物体的空间位置、联系等方面去研究空间事物，以对空间事物做出定量的描述。空间分析需要复杂的数学工具，其中最主要的是空间统计学、图论、拓扑学、计算几何等，其主要任务是对空间构成的描述和分析。

一般对空间分析的理解是：空间分析是基于地理对象的位置和形态特征的空间数据分析技术，其目的在于提取和传输空间信息；它是地理信息系统的主要特征，同时也是评价一个地理信息系统功能的主要指标之一；它是各类综合性地学分析模型的基础，为人们建立复杂的空间应用模型提供了基本方法。

空间分析的对象是地理空间实体。地理空间实体具有空间位置、空间形态、空间分布、空间关系、时空尺度等基本特征。其中，空间位置是最基本也是决定性的特征，空间实体的其他特征在本质上都由空间位置决定，不同类型的空间目标具有不同的形态结构，其形态蕴含了有关空间实体的诸多信息，如演化阶段、稳定性等。空间分布表达了空间实体在空间上形成的组织秩序。空间关系是指地理空间实体之间存在的空间结构关系，是对空间数据进行组织、查询、分析和推理的基础。时空尺度是任何空间实体的存在条件与描述基准。

空间分析的内容主要归纳为4个方面。

（1）空间数据操作：主要是指基于空间对象的几何特征进行的拓扑分析和叠加分析，对距离、面积和路径的计算以及基于空间关系的空间查询等；对于属性数据则主要表现为地图可视化操作。

（2）空间数据分析：主要是指对空间数据的描述性和探索性分析技术与方法。特别是对于大规模数据集，要通过将数据图形化或地图化的探索性分析技术来研究数据中潜在的模式、异常等，以为后续分析做准备，这是所有空间分析过程的首要环节。

（3）空间统计分析：主要是指用统计的方法描述和解释空间数据的性质，以及判断数据对于统计模型是否是典型或所期望的。空间数据具有空间自相关性，这一特性违背了经典统计理论中关于数据独立性的假设，因此需要发展专门用于空间数据分析的空间统计方法。

（4）空间建模：主要指依据某些理论和假设建立模型，以描述空间现象的分布模式，预测空间过程及结果。

根据空间对象的不同特征可以运用不同的空间分析方法，其核心是根据描述空间对象的空间数据分析其位置、属性、运动变化规律及与周围其他对象的相关制约、相互影响关系。不同的空间数据模型有其自身的特点和优点，基于不同的数据模型使用不同的分析方法。常用的空间分析方法包括基于矢量数据模型的缓冲区分析、叠置分析、网络分析，基于栅格数据模型的聚类分析、聚合分析、追踪分析等。本节将对其中的缓冲区分析和叠置分析进行介绍，后续章节会根据实际应用需要介绍其他空间分析方法，如地形分析、水文分析等。

（一）缓冲区分析

从数据的角度来看，缓冲区（Buffer）是给定空间对象或集合后所获得的它们的邻域范围。邻域的大小由邻域的半径或缓冲区建立条件来决定。对于一个给定的对象 A，它的缓冲区可以被定义为：

$$B = \{x \mid d(x,A) \leqslant r\} \tag{2-1}$$

式中，B 表示与 A 的距离小于或等于 r 的全部点的集合，即对象 A 的半径为 r 的缓冲区；d 一般取欧氏距离，也可以是其他的距离，如网络距离、时间距离等；r 为邻域半径或缓冲区建立的条件。

缓冲区分析可以根据空间地理要素的位置及分布信息，自动建立其周围一定宽度范围的缓冲多边形实体，从而使空间数据在水平方向得以扩展。缓冲区分析方法一般包括矢量缓冲区分析和栅格缓冲区分析两类，其中栅格方法以数学形态学中的扩张算法为代表，但该算法的运算量较大，距离精度也有待改进；矢量方法相对成熟且使用较广。矢量数据的缓冲区表示该矢量实体某种属性的影响范围，它是地理信息系统重要的和基本的空间操作功能之一。矢量数据的缓冲区分析可分为点、线、面三种基本形态，如图 2－12 所示。

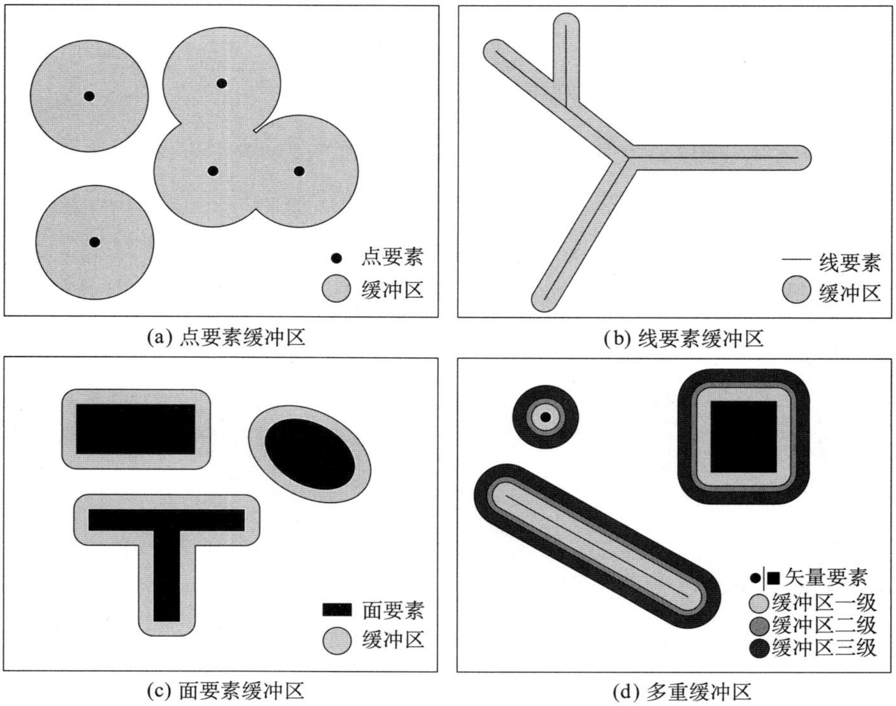

图 2－12　矢量数据缓冲区分析

（1）点要素缓冲区。点要素的缓冲区是以点要素为圆心、缓冲距离 r 为半径的圆形区域。当不同的点要素相距较近或者缓冲距离较大时，其缓冲区可能部分重叠。当不同点要素的缓冲区出现重叠时，可以选择保留各要素的缓冲区或将重叠部分进行融合，如图 2-12（a）所示。在城市内涝管理中，可以使用点要素缓冲区方法判断内涝洪水淹没源（点要素）附近的地理要素，如方圆 100m 以内的建筑物、道路、公共设施等，以便对它们可能遭受的内涝灾害影响及损失大小进行评估。

（2）线要素缓冲区。线要素的缓冲区是以线目标为轴线、两侧沿法线方向以缓冲距离 r 为平移量作平行曲（折）线并在轴线端点处用光滑曲线（或平头）连接所得到的封闭区域。与点要素的缓冲区类似，不同线要素的缓冲区也可能有重合的情况，可以选择保留或进行融合处理，如图 2-12（b）所示。在城市管理中，可以使用线要素缓冲区方法判断某条城市快速道路两侧的地理要素，如在道路两侧 50m 缓冲区范围内是否存在居民楼、学校或医院建筑，从而对该道路可能产生的噪声污染进行分析，以决定是否要在两侧加设隔音挡板。

（3）面要素缓冲区。面要素的缓冲区是以面要素的边界线为轴线、缓冲距离 r 为平移量向边界线外侧或内侧作平行曲（折）线所形成的多边形。对于不同面要素缓冲区重合的情况，可以以类似于点要素和线要素的情况进行融合处理。由于面要素是由线要素围绕而成的，因此生成面要素缓冲区的基本思路与生成线要素缓冲区基本相同。其区别在于，面要素缓冲区的边界生成问题是单线问题，即仅在非孔洞多边形的外侧［如图 2-12（c）所示］、孔洞多边形的内侧生成缓冲区，而在环状多边形的内、外侧边界都可以生成缓冲区。在城市管理中，可以利用面要素缓冲区方法判断某个天然湖泊周围的地理要素，如在湖泊边界距离 150m 内是否存在制造业、餐饮业建筑，从而对其是否会向湖泊内排放倾倒未经处理的污染物进行监管，以保护城市水生态环境。

（4）多重缓冲区。多重缓冲区是指在对象的周围根据给定的若干个缓冲距离，建立相应数据量的缓冲区，如图 2-12（d）所示。缓冲距离 r 是生成缓冲区的主要数量指标，它可以是常数，也可以是变量。例如在进行城市道路周边地理要素缓冲区分析时，对于主干道路可以以 100m 作为缓冲距离，而对于其他非主干道路则构建 50m 缓冲距离的缓冲区。空间对象可以生成多个缓冲带，如一个工厂可以分别以 500m、1km、3km 和 5km 作为多级别的缓冲区，形成缓冲环带。在不同的级别环带区域内可以设置不同的用地要求，如居民用地需要在第 4 级即距离工厂 5km 外设置以免受到工厂排放物的影响。

建立好缓冲区后，可以与其他空间图层进行叠加，从而进行空间统计、叠置分析等操作，以解决实际问题。

（二）叠置分析

叠置分析是地理信息系统中用来提取空间隐含信息的方法之一。叠置分析是将代表不同主题的各个数据层面进行叠置产生一个新的数据层面，叠置结果综合了原来两个或多个层面要素所具有的属性。叠置分析不仅生成了新的空间关系，而且还将输入的多个数据层的属性联系起来产生了新的属性关系。叠置分析要求被叠加的要素层面必须是基于相同坐标系统的相同区域，同时还必须查验叠加层面之间的基准面是否相同。从原理上说，叠置分析会对新要素的属性按一定的数学模型进行计算分析，其中往往涉及逻辑交、逻辑并、逻辑差等的运算。根据操作要素的不同，叠置分析可以分成点与多边形叠加、线与多边形叠加、多边形与多边形叠加；根据操作形式的不同，叠置分析可以分为图层相交、合并、擦除、裁剪、分割、标识和对称差等操作。

1. 点与多边形叠加

点与多边形叠加是将一个图层上的点与另一个图层上的多边形进行叠加，并为图层内的点建立新属性表。新属性表不仅保留了点图层的原有属性，还增加了各点所属多边形的标识。例如，点图层是某地区的雨量监测站分布图，多边形图层是该地区的行政区划图，将这两个图层进行叠加，可以直观地展示各个行政区内的雨量监测站分配情况，如图 2－13 所示。同时，叠加后还会得到如表 2－2 所示的新属性表，从而确定各个雨量监测站所属的行政区划信息。

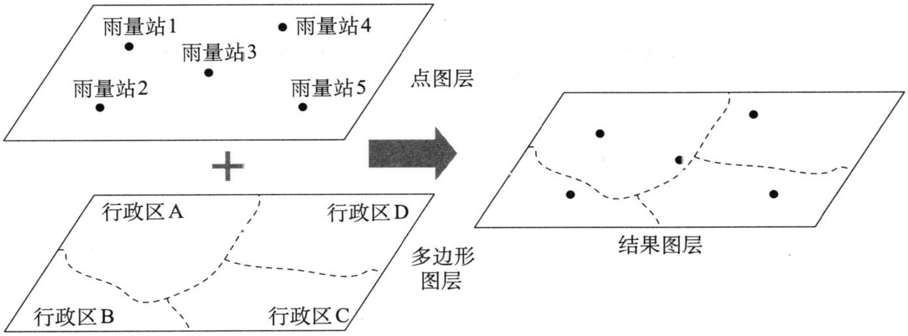

图 2－13　点与多边形的叠加

表 2－2　点与多边形叠加产生的属性

雨量站 ID	雨量站名称	其他属性	行政区 ID	行政区名称	其他属性
1	雨量站 1	……	1	行政区 A	……
2	雨量站 2	……	2	行政区 B	……
3	雨量站 3	……	1	行政区 A	……
4	雨量站 4	……	4	行政区 D	……
5	雨量站 5	……	3	行政区 C	……

2. 线与多边形叠加

线与多边形叠加是将一个图层上的线要素与另一个图层上的多边形要素进行叠加，以判断线与多边形的空间关系，确定线是否落在多边形内。由于一条线往往会跨越多个多边形，因此需要计算线与多边形边界的交点，先在交点处将线目标分割成多条线段，然后对这些线段重新进行编号，以形成一个新的线目标集合。结果图层中线目标集合的新属性表，不仅包含了原有的属性信息，还增加了线段所属多边形的标识；同时可以从多边形属性表中提取感兴趣的信息并添加到新属性表中。通过叠加分析，可以确定每条线段位于哪个多边形内，也可以查询多边形内指定线段所穿过的长度。例如，线图层描述了某城市的轨道交通线路分布，多面形图层则描述了该市区级行政区划信息。通过叠加分析，原有的轨道交通线路线要素被行政区划多边形要素分割，使叠加后线要素的数量由 2 增加至 6，如图 2－14 所示。叠加后产生的图层属性表信息如表 2－3 所示。通过上述叠加分析，可以明确每条轨道交通线路穿过了哪些行政区，或者结合各个行政区内轨道交通线路的长度及行政区人口、面积等信息，分析各个行政区的轨道交通压力。

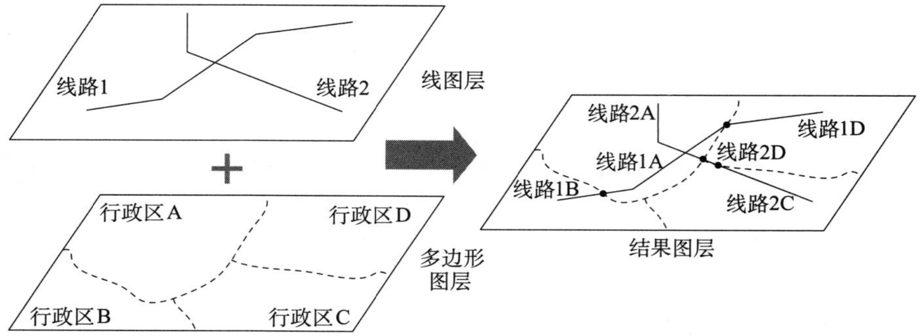

图 2 - 14　线与多边形叠加

表 2 - 3　线与多边形叠加产生的属性

线 ID	原始线名	新线名	长度	其他属性	多边形名	面积	其他属性
1	线路 1	线路 1A	……	……	行政区 A	……	……
2	线路 1	线路 1B	……	……	行政区 B	……	……
3	线路 1	线路 1D	……	……	行政区 D	……	……
4	线路 2	线路 2A	……	……	行政区 A	……	……
5	线路 2	线路 2C	……	……	行政区 C	……	……
6	线路 2	线路 2D	……	……	行政区 D	……	……

3. *多边形与多边形叠加*

多边形与多边形的叠加是将一个多边形图层与另一个多边形图层进行叠加，以产生一个新多边形图层及相关属性表的操作。例如，有一个多边形要素图层描述了某城市流域内各子汇水区的分布，另一个多边形要素图层则描述了该市不同土地覆盖类型的分布信息，将两个图层叠加后，可以获取不同子汇水区内不同土地覆盖类型的面积比例，进而确定不透水地表的占比情况。多边形与多边形的叠加形式有相交、合并、擦除、裁剪、分割、标识和对称差等，其原理如图 2 - 15 所示。具体如下：

（1）相交（Intersection）。两个多边形要素图层的相交操作基于布尔运算的 AND（与）连接器，它用来计算不同的多边形要素图层的几何交集。仅在输入图层中存在重叠的多边形要素或要素的一部分时，才会被写入输出图层，如图 2 - 15（a）所示。

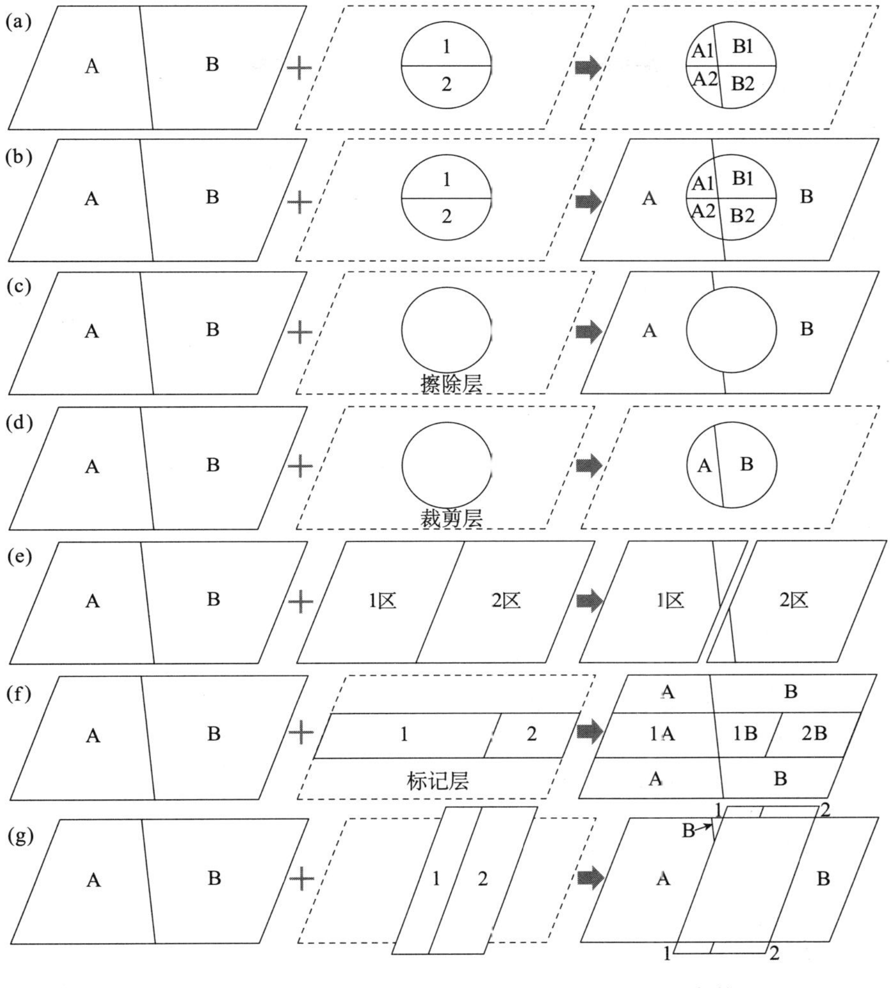

图 2－15　多边形与多边形叠加［（a）相交；（b）合并；（c）擦除；（d）裁剪；（e）分割；（f）标识；（g）对称差］

（2）合并（Union）。两个多边形要素图层的合并操作基于 OR（或）连接器，它保留了两个输入图层的所有要素。输出层的地理范围是两个输入层的结合，如图 2－15（b）所示。

（3）擦除（Erasing）。擦除操作把擦除多边形要素图层作为模板，删除输入多边形要素图层中需要删除的地理区域部分，如图 2－15（c）所示。擦除操作输出的图层只包含擦除区域以外的输入层要素，且两个图层中无属性的结合。

（4）裁剪（Clipping）。裁剪操作以裁剪多边形要素图层作为裁剪的样板来提取输入多边形要素图层的一个地理片段，如图 2－15（d）所示。裁剪使用裁剪要素层的多边形外边界，对输入图层的要素和属性进行裁剪，两个图层之间无属性结合。这种方法在屏蔽输入地理要素中的一些不需要的地理区域时很有用。

（5）分割（Splitting）。分割操作基于分割多边形要素图层的特性，把输入多边形要素图层分成若干较小的图层，如图 2－15（e）所示。每个新输出的图层只包含与分割图层多边形重叠的那部分输入层多边形要素。在图 2－15（e）中，新建了由 1 区和 2 区组成的两个新图层。

（6）标识（Identity）。标识操作的输入层可以为点、线或多边形要素，标识图层必须是多边形要素类型。该操作计算输入层要素和标识层要素的几何交集，如图 2－15（f）所示。与标识层要素重叠的输入层要素或要素部分具有标识图层要素的属性。该操作产生的输出文件与输入层有相同的地理范围。

（7）对称差（Symmetrical Difference）。对称差操作使用 XOR（异或）连接器用来检测图层之间的差异，该操作可以计算输入多边形要素图层和基础多边形要素图层的几何交集。输入层要素和更新要素中没有重叠的那些要素或要素部分会被写入输出层，如图 2－15（g）所示。在对称差操作中，输出的多边形图层的地理范围与使用相交操作得到的地理范围相反。

第三节　空间信息科学技术与城市管理

通过前面的小节可以了解，空间信息科学技术已经渗透到了科学研究和生产、生活的各个部门、各个领域甚至社会的各个角落。城市空间是地球空间上人类居住相对集中的地区，也是城市居民生产、生活所必需的活动空间。显然，城市空间中存在着海量的空间信息和数据，这些空间信息往往蕴含着巨大的价值，可以为人们解决城市管理相关的问题提供巨大的助益。因此，越来越多的相关机构、企业和研究部门开始尝试利用空间信息科学技术和方法来解决、研究城市问题，包括城市空间数据的获取、处理、管理、分析和应用等问题，并发展出一系列与城市管理相关的空间信息科学技术应用。本节相对部分典型应用内容进行介绍。

一、城市空间信息与数字城市

（一）城市空间信息

1. 城市空间信息的含义及特点

城市空间信息即是与城市这个特殊的区域相关联的地理空间信息的总称。城市空间是以地表为依托，向空中和地下略有延伸的立体空间。因此，城市空间可以划分为地表、地上和地下三个部分，相应地，可以将城市地物划分为地表地物、地上地物和地下地物：

（1）地表地物：地形、植被、建筑物、构筑物、道路等。

（2）地上地物：桥梁等。

（3）地下地物：地铁、地下管线、地下水等。

此外，城市中还有一些有意义的空间现象，如行政界线、地籍界线、温度场、降雨量和人口分布等。

这些城市空间信息具有以下一些共同的特点：

（1）城市地物一般直接与地表相连或邻近。沿地面方向上，彼此独立性较强，以关联关系为主；在垂直方向上，存在覆盖或部分覆盖的方位关系，这种关系大多数是以地表为中介进行传递，即很少存在空间地物之间的覆盖且邻接的空间关系。因此，城市空间地物之间的三维空间关系较简单。

（2）城市地物由人工地物和自然地物组成，并以人工地物为主，人工地物多为规则地物，可以方便地进行模拟，即可以利用三维造型工具进行三维建模。

（3）绝大多数城市空间地物是根据人们的不同需要而设计和建造的，因此，它们具有动态变化的特点。

（4）城市空间现象变化多为空间位置到属性值的变换函数，即空间现象也是一种空间场。

城市空间信息指的是在一定尺度下，能完整地描述城市自然和社会形态的地物地貌信息（如建筑物、道路、管网、水系、绿地等）、管理境界信息（各级行政管理单元边界，如市、区、街道办事处和重要单位界域及地理分区等）以及它们的基本属性信息。这里的空间基础信息不仅包括城市测绘所关心的地形信息，而且包含有关管理境界等信息以及它们相对应的基本属性信息。与全国范围的中小比例尺空间基础信息相比，城市空间信息具有尺度大、空间分辨率高、内容丰富、老化速度快、获取与更新所需时间长、生产费用高等特点。

2. 城市空间信息主要类型

就城市部门和行业应用所涉及的基础空间信息类型而言，共包含7类空间数据，如图2-16所示。

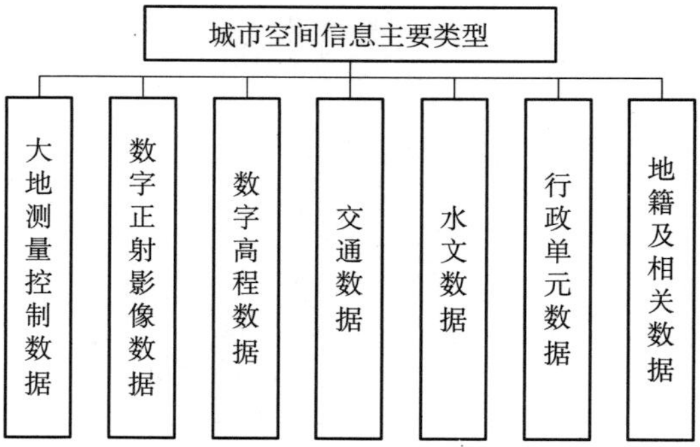

图2-16 城市空间信息的主要类型

（1）大地测量控制数据。大地测量控制点坐标是获得其他地理特征的精确空间位置的基础，大地测量控制数据包括大地测量控制点的名称、标识码、经纬度和高程值。

（2）数字正射影像数据。正射影像是指消除了由于传感器倾斜、地形起伏及地物影响等所引起的畸变后的影像，即经过几何校正和正射处理后的数字遥感影像，可以是航空影像，也可以是航天影像，数字正射影像是信息提取和制作影像地图的基础。

（3）数字高程数据。数字高程模型（DEM）是区域地面高程的数字表示，是建立在地图投影平面上的规则格网点的平面坐标（x，y）及其高程

（z）的数据集，是基础地理信息系统赖以进行空间分析的核心数据，包括陆地高程数据和水深数据。使用数字高程数据所描述的城市地形起伏信息是内涝过程模拟的基础，相关信息将在后续章节中详细介绍。

（4）交通数据。城市交通数据包括各级公路、铁路、水运中心线、机场、港口、桥梁和隧道数据。

（5）水文数据。城市水文数据包括河流、湖泊和海岸线等天然水系相关数据，也包括与水文相关的人工建筑和设施相关信息，如城市给水排水管网、泵站、堤坝等。

（6）行政单元数据。行政单元数据包括国家、省、市、区和县以及乡的行政边界和代码。

（7）地籍及相关数据。地籍数据包括土地利用类型、地籍管理数据、房产数据等。

目前，我国城市空间信息的获取和应用取得了巨大的成绩。大多数城市完成了基本地形测绘，一些城市甚至进行了几轮修测，地形图基本上覆盖了城市的建成区、规划市区和主要市郊。数字数据已经成为地形信息的主导形式。与此同时，城市空间基础信息的获取和应用也还存在着不少问题，主要包括数据种类单调，现势性差，可用性低；全国范围发展很不平衡，城市用于数据生产和更新的资金投入不足，数据生产和提供的现状仍然不能满足应用的需求。在数据应用上，空间数据的完备性依然是制约城市空间信息化建设及实际效应发挥的瓶颈。如何在数据资料相对匮乏的情况下完成城市空间信息的应用和相关的管理工作，是当前空间信息科学技术及相关学科的研究热点问题之一，本书也将在后续章节中详细研讨这一问题。

（二）数字城市

数字城市可以看作数字地球的一个组成部分，它是城市各种信息系统的有机集成和融合，信息的开放和共享是其最重要的特征。数字城市建设离不开城市空间信息的支持，空间信息科学技术在数据城市建设过程中得到了大量的应用。由于数字城市是一个正在发展演变的概念，人们对它至今没有统一的解释。不同学者对数字城市所下的定义也不尽相同。第十二届全国政协主席俞正声认为，所谓“数字城市”，与“园林城市”“生态城市”“山水城市”一样，是对城市发展方向的一种描述，是指数字技术、信息技术、网络技术要渗透到城市生活的各个方面，这将是世纪之交最重要的技术革命，将深刻改变人们习惯的工作方式、生活方式甚至风俗习惯和思维方法。中国科学院可持续发展战略首席科学家牛文元认为，数字城市是从工业时代向信息化时代转换的基本标志之一。它一般是指在城市“自然、社会、经济”系统的范畴中，能够有效获取、分类存储、自动处理和智能识别海量数据的，具有高分辨率和高度智能化的，既能虚拟现实又可直接参与城市管理和服务的一项综合工程。数字城市的功能主要包括两个方面，即数字化功能与信息化功能，如图 2－17 所示。

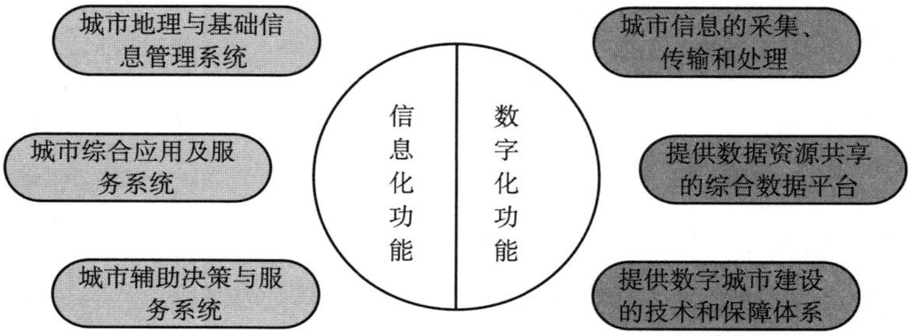

图 2－17 数字城市的主要功能

1. 数字化功能

根据信息科学的理论，数字城市以城市信息为主要研究对象，而数据是信息的载体，因此数字化是数字城市的基础功能。数字城市的数字化功能包括：

（1）城市信息的采集、传输和处理功能。数字城市是对现实城市数字化的客观反映，数字化是其基本特征，根据现代城市的层次结构，在数字城市中，综合运用以 3S 为代表的空间信息科学技术以及宽带网络、多媒体、大规模存储和虚拟仿真等技术，实现对城市的地理、基础设施和社会经济环境数据信息的采集、传输和处理是数字城市的基本功能，这一部分功能为数字城市数据平台的架构提供数据基础。

（2）提供数据资源共享的综合数据平台。整体性和资源共享是数字城市的两个基本特征，数字城市的综合数据平台是这两个特征的重要体现，也是数字城市运行的基础和前提。通过共享的数据平台实现对城市的管理、控制和协调是数字城市的目标。在数字城市的基础层，通过制定相应的标准规范，对城市中地理和社会活动等各个层次的数据进行处理和整合，为城市的运行和管理提供一个一体化的、可共享的综合数据平台，是数字城市的一个重要功能。

（3）提供数字城市建设的技术和保障体系。现代城市是一个庞大、复杂、开放的系统，是一个国家或地区的政治、经济和文化的中心。城市的建设和管理纷繁复杂，如何把城市的各个组成部分组织成一个一体化、用数字描述的系统，是数字城市建设面临的一个重要问题。在资源整合和共享的基础上实现城市各级功能的信息化，是数字城市建设的最终目标。资源的共享和整合，一般需要涉及三个方面的内容，即管理、标准与技术。数字城市的技术和保障体系是数字城市顺利建设和实现的前提和保证，主要包括技术和保障两个层面。在技术层面上，该体系为数字城市建设提供空间信息科学技术平台、管理信息技术平台和综合信息技术平台等，是数字城市建设技术上的保障；在保障层面上，为数字城市建设提供政策与法规环境、人才与管理机构体系、技术规范和标准、数据规范与标准、安全规范与标准等，是实现城市信息资源共享的重要保证和基础。

2. 信息化功能

数字城市的信息化功能是城市信息施政的实现。根据城市信息的分类可以将城市信息分为地理信息和基础设施信息、社会经济环境信息和决策信息。据此，可以将数字城市信息化功能系统分成以下几个部分：

（1）城市地理与基础设施信息管理系统。数字城市的地理与基础设施信息管理系统是指对城市自然信息和基础设施层次的基础信息进行管理和控制，并为城市的管理、控制与运行提供服务的功能系统。城市的地理和基础设施信息是城市社会经济活动的基础，也是实现城市信息资源共享的基础。该系统通过地理、房产、交通、能源、生态、综合管网和城市规划管理等子系统，对城市的自然信息和社会基础信息进行有效的管理和利用，为实现城市基础设施信息资源的共享和城市的可持续发展提供决策依据。

（2）城市综合应用及服务系统。信息的施政与应用是信息运动轨迹的重要环节，也是信息价值的重要体现。通过信息的施政为城市政治、经济、科技和文化等社会经济环境的各个领域提供服务是数字城市功能的重要体现，也是实现城市信息化的必不可少的组成部分。数字城市的综合应用及服务系统可以分成政府类应用、企业类应用和公众服务类应用三个方面，主要包括电子政务、电子商务、电子金融、数字企业和数字社会等。

(3) 城市辅助决策与服务系统。信息是科学决策的依据，决策服务是信息的重要功能之一。数字城市的决策服务系统是这一功能的具体实现。辅助决策是数字城市的最高级应用，它在城市基础设施信息系统和综合应用系统的基础上，通过对城市基础数据和应用数据的挖掘和分析，建立分析预测模型，为城市的长远规划和发展以及生态环境建设和灾害防治等方面提供决策服务，为城市的可持续发展提供支持和保障。

二、空间信息科学技术与城市规划

城市规划工作是进行城市建设和指导城市发展的“龙头”和基础，它在城市可持续发展中所起的作用日益重要。城市规划的基础平台是信息——包括城市资源、环境、物流、人力等。随着城市发展速度的加快，信息的日新月异和空间结构的复杂化，传统的信息管理手段已经难以适应城市规划管理的需要，以3S技术为代表的空间信息科学技术则是对传统城市规划信息管理手段的有力补充。目前，空间信息科学技术已被广泛应用于城市规划的辅助设计、工程选址以及城市管理的规划控制、辅助决策等工作中。空间信息科学技术在城市规划管理中的主要应用如图2－18所示。

(一) GIS技术在城市规划管理中的应用

GIS技术可以在城市空间信息的输入编辑、空间数据处理、缓冲区分析、网络分析、表面分析、流域分析、3D分析方面，帮助规划人员解决城市规划中所遇到的综合和具体问题。具体包括：

(1) 城市地形建模。在城市建设过程中，地形数据是建设实施不可或缺的基础数据之一，在地形数据完备的情况下，最为关键的工作则是对收集掌握的地形数据进行分析。运用GIS技术地面数字高程及坡度坡向分析模型，可以生成三维立体地面景观，生动形象地模拟出现实世界的城市地

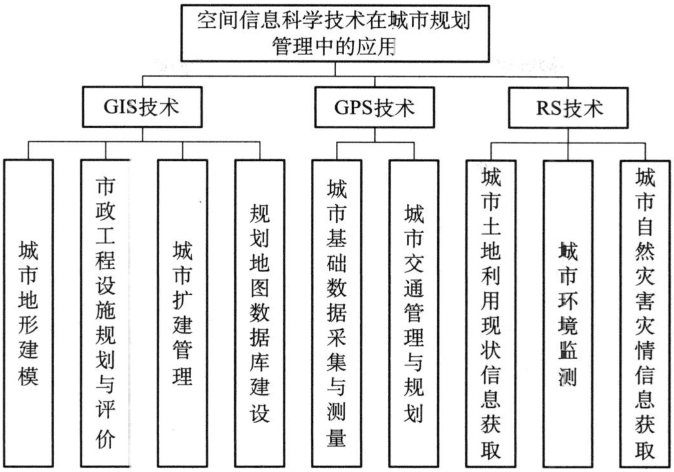

图 2－18　空间信息科学技术在城市规划管理中的应用

表起伏现状城市管理，从而根据建设实施的要求，利用 DEM 数据估算建筑工程中需要挖填的土石方量，对实施工程的费用进行预算，从而对基地进行合理改造以节省工程成本。

（2）市政工程设施和公共服务设施规划与评价。城市的市政工程设施和公共服务设施规划是城市规划的重要内容，GIS 的运用可以为工程选址、交通线路配置、地下各种管道配置等提供更为定量的分析，为规划工作提供更为科学的依据。例如，GIS 的网络分析功能可以根据网络拓扑性质，在交通网上的两点之间分析出最短路线及其长度和相关的具体信息，也可以比较分析各种管道的配置方案，确定最佳的地下管道布局方案。同时，GIS 技术不仅能在规划工作前期为规划提供分析功能，而且能在规划实施之后，对规划成果进行科学的评价分析，从而为规划提供改进和修正依据。例如，城市交通的发展常常落后于城市化的发展速度，导致城市交通拥挤和不合理，利用 GIS 技术可以对城市的交通现状进行网络分析，并对交通的可达性进行分析，从而为交通的改造工程提供指导。

（3）城市扩建管理。随着我国城市化进程的不断加快，许多非城市用地划拨为城市用地，GIS 可以在城市规划改造、道路扩建、管道埋设等领域得到充分应用，如可以运用 GIS 定距空间搜索功能和邻域分析功能对道路的扩建工程提供指导，在道路的扩建过程中，可以基于道路的现状数据进行邻域分析，得出需要进行扩建的区域，提取区域内拆迁的居民住房和商店等的信息，对拆迁的补偿费用做出预算等。利用定距空间搜索功能，可以对多种道路改线方案做出分析和评价比较，它不仅计算速度快，还可以节省城市规划的费用。

（4）规划地图数据库建设。GIS 的发展是基于地图数据库的，同时 GIS 解决了地图数据的存贮和可视化的矛盾，解决了大容量数据与高速查询之间的矛盾，大大提高了地图分析的灵活性，缩短了地图更新的周期，扩大了地图的应用范围及研究领域。利用 GIS 的可视化表达功能可以高效地在专题图上标明各类用地界线、工厂、道路、商场、管道、建筑物、公交站点、绿化用地的分布位置，并区分和显示出保留和规划的部分。对于工程设施的综合图而言，GIS 可以方便地标明各项管道的分布位置、标高、坡度、各个管道在空间的相互关系。

（二）GPS 技术在城市规划管理中的应用

GPS 技术在城市规划管理中的应用主要体现在以下两个方面：

（1）城市基础数据采集与测量。城市规划的前期工作大都是基于城市基础数据的，基础数据的收集工作是城市规划过程中不可或缺的。传统的测量工作耗费的人力大、工作周期较长，使城市规划工作的效率无法大幅提高。GPS 的精确定位功能已经被广泛地运用到数据收集工作中，它能方便、快捷、精确地定点测量高程数据，是城市规划基础数据的重要来源。

（2）城市交通管理与规划。GPS 导航功能已经被普遍运用到飞机、汽车、船只的日常运作中，提供了全新的导航和调度管理服务。如 GPS 在城市交通管理中的作用可以体现在对汽车行进进行正确指导等方面，对交通进行合理的疏导，提供实时路况信息，减少城市堵车现象，在城市交通管理和社会治安管理工作中发挥重要作用。GPS 技术也为医疗、公安、保险、银行等各类业务车辆提供了监控、调度和安全管理手段，因而有助于加强城市交通管理和社会治安管理工作。

（三）RS 技术在城市规划管理中的应用

RS 技术在城市规划管理中的应用主要体现在以下三个方面：

（1）城市土地利用现状信息获取。RS 技术用光谱扫描仪或红外扫描仪对地球表面的地物光谱或温度特征进行记录，通过计算机的数据或图像处理分析地表特征。RS 信息作为原始数据，通过 RS 技术获得的航空影像和各种分辨率的卫星图像可以快速、准确、及时、真实地提供城市规划方面的大量信息。城市规划工作者可以对获得的遥感影像数据进行判读和解译，从而快速提取城市的基本布局，了解城市建成区内各项建筑设施如工厂、学校、居民住房、商场以及水域、广场、公园、公共绿地的分布现状，这不仅有利于提高城市规划工作的效率和水平，同时还可以利用遥感监测结果检查规划的实施状况，快速找出非法建设用地。

(2) 城市环境监测。RS 技术在对城市环境的监测领域发挥着重要作用，遥感监测的区域面积大，获取环境信息快速准确。例如利用被动式遥感，根据不同水质在遥感图像上显示的亮度差别，可以及时发现陆地淡水和海水的污染情况，提取污染范围，获得环境动态观测数据，通过 GIS 的快速处理和分析，能够及时发现环境的变化城市管理，便于采取相关措施控制环境污染，从而达到保护环境的作用。空中的气象卫星可以在短时间内重复观察同一地区，为城市建设者提供实时的天气信息，指导工程的实施工作。

(3) 城市自然灾害灾情信息获取。我国是自然灾害频发的国家，如地震、洪水、干旱等对我国的经济造成重大的损失。通过主动式遥感技术可以及时调整监测区域，第一时间获取受灾地区的具体情况，对抗灾救灾工作提供决策指导，最大可能地减少损失。例如，2010 年我国青海玉树县的地震给当地造成了巨大的人员和经济损失，在无法通过人员直接掌握受灾面积和受灾程度的时候，通过及时的航空遥感影像可以快速提取出受灾地区的真实情况，为抗震救灾工作提供必要的指导，及时开展救援工作。

三、空间信息科学技术与城市交通

交通系统维系着国民经济建设和人民生活的正常运转。城市交通需求的迅速增长，同时也带来了交通拥挤、交通事故、环境污染等一系列问题，成为困扰许多大城市发展的通病，交通拥堵已成为制约城市经济和社会发展的“瓶颈”，解决交通问题已迫在眉睫。空间信息科学技术基础理论和应用技术研究的不断发展，推进了 3S 技术在城市道路交通管理、交通设施管理、公路和智能交通等方面的创新和应用，大幅度提高了城市公路建设和交通管理行业的工作效率和经济效益。具体而言，空间信息科学技术在城市交通管理中的主要应用如图 2－19 所示。

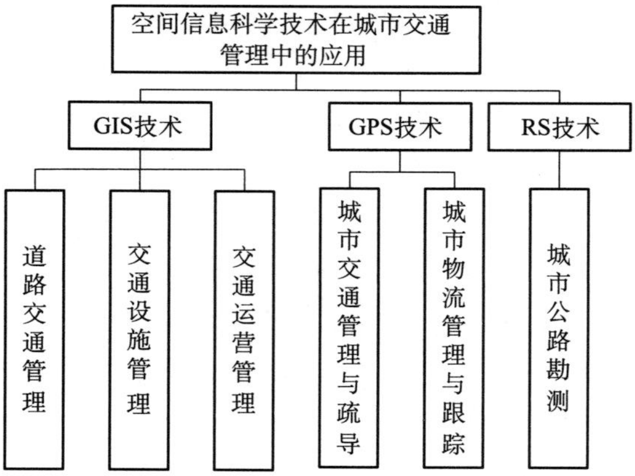

图 2－19　空间信息科学技术在城市交通管理中的应用

（一）GIS 技术在城市交通管理中的应用

1. 道路交通管理

GIS 技术具有制图及空间查询和分析的功能，并能有效地管理与地理位置有关的各种信息，所以利用 GIS 技术与相应的城市交通地图相结合，将城市交通地理图及其有关数据数字化，可以建立规定比例的可视数字地图和相应的地理信息数据库，支持并协助交通专家做出最有利的决策。

2. 交通设施管理

GIS 技术是在计算机技术和空间技术高度发展的基础上建立的，具有地理图形和空间定位等空间型数据库管理系统。因此用它来对交通基础设施信息进行管理就更为方便、全面和实用。可以采用地图、数字数据、照片、文本、录像、声音等数据记录手段记录信息的空间位置、时间分布和属性特征等，然后可以根据用户的需要显示铁路、公路、水运等线路及站点基础设施的各种信息。

3. 交通运营管理

由于 GIS 技术具有地理、地形等数据的查询、分析统计功能，所以在运输企业的运营管理当中，可以利用建立的交通地理信息系统数据库，为管理部门或用户提供各种查询要求和分析方法。例如，利用 GIS 技术实现区段、路局、站点、车次等的查询，绘制直通图、管内图、站间交流图、客流密度等专题地图，提供统计图的分析方法，为铁路、公路等客运主管部门分析客流情况、制订行车计划等业务服务。

（二）GPS 技术在城市交通管理中的应用

1. 城市交通管理与疏导

城市人口和机动车数量的急剧增加，给城市交通带来的压力越来越大。交通堵塞、交通事故相应增加，客观上要求交通管理手段必须跟上交通发展的需求，而将 GPS 技术应用于城市交通引导系统，会有效地缓解城市交通拥挤和道路堵塞以及相关问题的困扰。安装于机动车里或驾驶员手机内的 GPS 引导系统可为驾驶员指引方向，提醒驾驶员随时随地注意险情，避开拥挤堵塞路段等。在电子信息地图上只要给出出发地和目的地，计算机便可根据实时交通信息自动选择最佳行驶路线，从而快速便利地到达目的地。

2. 城市物流管理与跟踪

将 GPS 的定位信息与互联网上的物流信息平台有机地结合起来，无疑将会为物流领域带来崭新的发展思路，两者的结合会产生较多的互补优势：

（1）成本优势。通常所使用的 GPS 系统，必须具有基站、GPS 车载设备、集群通讯网以及其他设备和相应软件，而 GPS 与互联网的结合，不需要建立基站，只需支付网络服务费。

（2）范围更广阔。一般 GPS 的信息传递，仅限于基站所能及的地区范围，不能在全国范围内实施跟踪与监控。而与互联网的结合，理论上可以达到全球的任何一个角落。

（3）信息透明化。一般的 GPS 系统应用主要是对目标进行跟踪和监控。它能由发货方、承运方、收货方的其中一方对目标进行监控，而另两方都无法知道目标的信息。而 GPS 与互联网的结合很容易实现信息的透明化。只要给每一方一个权限，各方就都能够通过互联网及时了解目标的信息，这对我国的第三方物流公司尤为重要，有利于他们参与物流大市场，比较适合我国广大电商和物流仓储企业的发展。

(三) RS 技术在城市交通管理中的应用

RS 技术在城市交通管理的应用主要体现在公路勘测方面。利用 RS 技术进行公路勘测是利用航片或卫星照片上含有的丰富的地表信息，通过立体观察后，经过计算机的自动处理、自动识别，从而获得与路线相关的地质、水文、建材等资料，获取的信息具有视域广、整体性强、影像逼真、信息量大、宏观、直观的特点。因此对地形、地貌、植被等信息的反映最为直接。RS 技术应用于公路勘测设计中具有以下优点：

(1) 可以帮助设计人员了解路线所经区域的地形、地貌、河流、居民地以及交通网系等，以便了解其对路线的影响，对所选的路线进行优化。

(2) 提供详细的地质、水文、植被等资料，帮助设计人员了解不良工程地质现象对路线的影响程度，以便提早改线，避免不必要的损失和事故发生。

(3) 帮助设计人员了解沿线土壤和植被类型，了解农作物、经济作物的情况，以便为绿化设计做准备。

(4) 帮助设计人员了解沿线建筑材料的分布、储量、开挖、运输等情况，以便为施工创造良好的便利条件。

(5) 可以对所选路线线形进行二维透视，帮助设计人员把握所设计的路线是否顺畅、行车车距是否良好、与周围景观是否协调一致等。

第四节　本章小结

空间信息科学技术基于遥感技术（RS）、全球定位技术（GPS）、地理信息系统技术（GIS）、计算机技术和网络通信技术来解决与地球空间信息有关的数据获取、存储、传输、管理、分析与应用等方面的问题。本章对空间信息科学技术的相关内容进行了系统的介绍。通过本章内容的学习，可以对空间信息的概念，空间信息科学技术的内容、作用和工具，空间信息科学的核心理论和关键技术方法有一个基本的了解。最后，本章还对空间信息科学技术在城市管理中的应用进行了概述，包括数字城市、城市规划、城市交通等。

目前，以3S为代表的城市空间信息科学技术被广泛地应用于城市管理中。RS技术能快速、及时提供大量多时相、多波段的对地观测数据和信息，在地表移动、土地利用状况、城市环境污染和环境破坏监控等方面都是重要的信息源。GPS技术与现代通信技术相结合使测定地球表面的三维坐标的方法从静态发展到动态，从数据后处理发展到实时的定位与导航。GIS具有强大的空间分析功能，可广泛应用于城市信息采集、处理、分析、管理、输出及决策支持等。利用3S技术的集成，可以动态、系统地研究城市环境在不同时段的状况、变化、演变，为可持续发展提供动态基础数据和科学决策依据。除本章介绍的内容外，空间信息科学技术还能为城市灾害管理带来巨大的助益。在本书后续的章节中，将详细介绍空间信息科学技术在城市内涝灾害数值模拟与预测中的应用内容。

第三章
城市内涝灾害数值模拟研究现状与问题

城市内涝灾害数值模拟及相关模型与方法是城市内涝灾害管理与防治的重要工具。利用城市流域基本信息构建内涝灾害模型，可以根据降雨数据对特定区域的内涝情景进行模拟运算，获取内涝积水范围和深度的时空分布数据，从而确定内涝灾害的影响范围和程度，为应急响应、人员疏散和抢险救灾策略的制定提供重要的参考资料。此外，还可以利用内涝灾害模型对不同重现期的设计暴雨产生的内涝灾情进行预测分析，对研究区域的内涝灾害进行风险评估，为防洪设施标准设计、建造选址及灾害应急预案的制定提供数据支撑。近年来，随着城市内涝灾害日益严重，城市内涝灾害数值模拟研究也成为相关领域的热点议题之一。本章将对城市内涝灾害数值模拟相关研究的现状进行分析，总结目前存在的部分问题，并结合空间信息科学技术与方法提出解决这些问题的思路。

第一节　城市内涝灾害数值模拟研究现状

当前，城市内涝灾害数值模拟的研究基本围绕内涝灾害模型的建模与应用过程展开。一般而言，城市内涝灾害数值模拟模型的基本框架与结构如图 3－1 所示，具体包括：数据获取与预处理、计算单元划分、产汇流计算与内涝积水计算。基于此，本节将从上述几个方面介绍城市内涝灾害数值模拟研究现状。

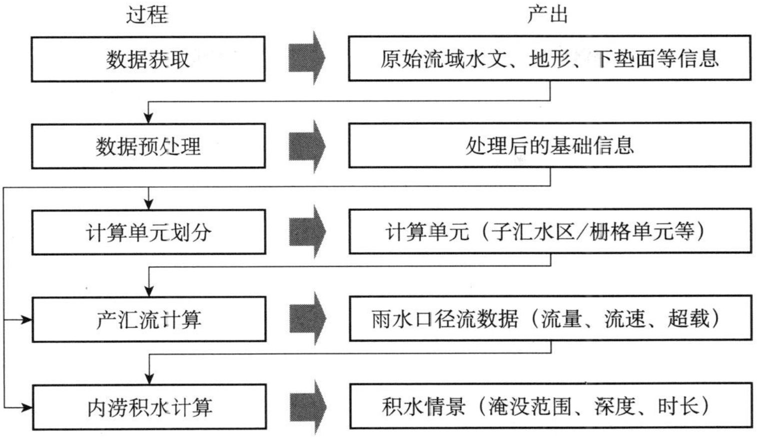

图 3－1　城市内涝灾害数值模拟模型框架

一、模型数据获取研究

城市内涝灾害数值模拟需要对应城市流域内的基础数据资料作为支撑，包括：流域基础数据（如地形地貌数据、土地覆盖与土地利用数据等）、水文数据（如天然河流水系分布等）、城市下垫面相关数据（如道路与管网数据、建筑物数据、防洪及其他人工水文要素信息等）、气候数据（如降雨数据、温度湿度信息等）等。此外，模型计算所需要的流域水文特征参数的率定还需要大量水文观测和流域历史数据资料作为参考。因此，要完成数值模拟计算，第一步需要收集足够的、准确的基础数据资料。已有众多的研究证实，城市内涝灾害数值模拟对流域基础数据的精度存在一定的依赖，当数据精度不足或下降时，模型计算结果的精确性也将受到显著的影响。因此，高精度基础数据的获取已成为当前研究的热点问题。随着信息技术的飞速发展以及测绘测量设备和方法的不断升级与改善，加之以3S技术为代表的空间信息科学技术与方法的大量应用，当前各类数据的采集方法与手段众多，相关理论与方法已经日趋成熟。然而，随着数据精度要求的增高，其获取成本也随之增大，这为众多地区的内涝数值模拟建模工作带来的巨大的挑战。

由于受到研究区域在社会经济发展和水安全保障体系中的战略地位、

地貌、气候和交通条件等多方面的影响，世界上特别是广大发展中国家仍存在较多的资料缺失或相对匮乏区域，尤其是水文观测和流域下垫面资料。资料相对不足为水文特征参数的率定带来了困难，导致内涝灾害数值模拟相关模型在此类地区的应用受到很大限制。为了解决这一问题，国际水文科学协会于2003年确定了未来十年的研究重点计划为无观测资料流域的水文预报，即PUB（Prediction in Ungauged Basins）计划。由此，国内外学者开展了大量相关研究，并取得了一系列的成果。在已有的成果中，主要采用基于流域区域化思想的参数移植法和参数回归法进行资料匮乏地区的水文参数识别。参数移植法认为对于两个相似的流域，其水文参数应该具有相似的取值，因此可以将与资料匮乏流域相似的有资料流域作为参证流域，把参证流域的水文参数移植到资料匮乏流域完成建模。参数回归法则认为水文参数代表了流域的物理特征，因此可以分析有资料流域的模型参数和流域物理属性之间的定量关系，建立两者之间的回归方程，再将其套用至资料匮乏流域，利用流域基本物理属性推导其水文参数。

地形数据是城市内涝灾害数值模拟过程中最重要的基础性数据，在计算单元划分、产汇流计算和内涝积水计算中都发挥了极为重要的作用。现有的应用研究大多使用数字高程模型（DEM）数据描述流域内的地形起伏信息，其精度可以通过分辨率来描述（分辨率30m即代表每个DEM栅格的边长为30m）。一般而言，高精度的DEM数据（空间分辨率10m及以下）能够更好地反应真实的地表起伏信息。反之，当DEM分辨率不足时，通过其获取的坡度等地形参数将出现不同程度的失真，进而对内涝数值模拟模型的构建与预测的效果造成负面影响。要获取高分辨率DEM数据，最直接有效的方法就是改善测量手段和技术，如使用航天激光雷达（LiDAR）进行测量等，需要使用价格高昂的测量设备和配备专业的测绘人员，这在我国大部分地区是难以实现的。此外，利用现有的低分辨率DEM数据，通过建立提高DEM分辨率的模型和算法，也能够达到提高DEM数据应用精度的目的。这种方法由于成本相对较低，可操作性较强，受到了国内外众多研究者的青睐，并形成了大量的研究成果。如刘学军等指出常用的DEM尺度转换模型（最邻近采样、线性插值、双线性插值、三次卷积插值等）均存在一定的缺陷，包括不能很好地恢复中低分辨率DEM的细节信息，边缘轮廓处有明显的锯齿失真等，并利用点扩散函数的图像模糊特性，提出了一种利用点扩散函数进行数字高程模型尺度转换的方法。魏士俨等提出了一种基于压缩感知的超分辨率DEM重建方法，对月球虹湾DEM低分辨率数据进行尺度变换后得到了高分辨率DEM数据。李晓丽等基于泊松偏微分方程提出了一种保持特征的变尺度DEM泊松重构算法，该算法能够重构出精度明显改善的多尺度DEM数据。武海文使用了一种端对端的全卷积神经网络对低精度DEM进行重构，提高了DEM超分辨率重构的性能，相较于传统方法在空间分布上更好地保持了地形结构和纹理细节。此外，国内外研究人员还尝试通过综合多源DEM数据对其精度进行优化。如加拉加斯等（Karakasis et al.，2014）将DEM数据用不同的二元函数展开，对得到的展开系数矩阵进行加权融合处理，并通过与LiDAR实测数据对比验证了算法的有效性。曹晓晨等将ICESat GLA1数据与SRTM1数据结合，首先分析SRTM1误差随坡度、坡向的变化规律，并建立误差模型，然后将ICESat数据随机划分为控制点和检查点，使用控制点采用最小二乘法拟合误差，并使用检查点评价精度提升效果。艾贝德（Ebaid，2014）将DEM误差视为高程、坡位、坡向的线性组合，使用控制点拟合得到对应系数，在平原地区能取得很好的效果。

二、数据预处理研究

数据预处理是各类模型构建过程中必不可少的步骤，只有经过处理后的数据才具备作为模型输入的关键特征信息。数据预处理指对数据收集阶段获取到的原始资料和信息进行加工、清洗、转换等各类操作。考虑城市内涝灾害的数值模拟所要使用的基础数据中涉及大量的空间信息，且得到的流域不同类型的特征参数可能存在多源异质异构特性，其数据预处理操作与传统模型有所不同。如需要对数据进行空间坐标参考系的转化，对部分属性数据进行关联和编码等。

城市内涝灾害数值模拟过程中需要进行预处理的数据类型较多，其中比较重要的内容是对反映流域地形起伏的DEM数据的预处理操作。DEM数据一般用于计算地表坡向，进而获取地表的水流方向，在城市内涝数值模拟的计算单元划分、产汇流计算和内涝积水计算中都发挥着极为关键的作用。然而，原始 DEM 数据仅仅描述了流域天然地表的起伏信息，无法反映城市区域部分水文要素（道路、管网、建筑物等）的分布信息和特征参数，而这些水文要素往往会对雨水径流及内涝产生过程产生显著的影响。因此，仅仅通过原始 DEM 数据来描述城市流域地表水流的物理特性是不充分的，应将通过数据预处理手段将地表水文要素的位置和特征信息体现在城市地形起伏数据中。以建筑物为例，密集分布的建筑物是城市区域地表的重要特征，建筑物会阻断、减缓地表雨水的径流。通常情况下，地表雨水无法穿过建筑物的外墙流入建筑或者穿过建筑体，除非积水深度超过建筑物的基底高度并通过门窗进入建筑物。因此，如何在城市内涝数值模拟过程中考虑雨水在建筑物附近的演进规律，反映建筑物对地表径流造成的影响成为一个关键问题。为了解决这一问题，现有模型及应用成果一般将地表建筑与地形数据相结合，通过对地形数据预处理的方式反映建筑特征，常用的预处理方法有四类：

（1）建筑加糙法（BP）。通过为建筑物所覆盖的 DEM 栅格设置一个较高的地表曼宁系数值（糙率）来反映建筑对地表雨水径流的阻碍作用。

（2）建筑加高法（BB）。在城市地表 DEM 模型中，通过将建筑物所覆盖的 DEM 栅格加高至建筑屋顶高度的方式构建高地，从而阻碍水流通过。

（3）建筑挖空法（BH）。该方法在地表径流模拟过程中将建筑外墙考虑为流域边界，从而在模型中不考虑建筑物所在的区域。

（4）建筑参数法（BP）。该方法通过三个参数描述建筑物对地表雨水流动的影响，分别是建筑覆盖比率（BCR）和两个连通率降低因子（CRF）。

在上述方法中，建筑参数法（BP）由于需要在每个 DEM 栅格单元内获取 BCR 和 CRF 参数的值，其预处理计算量相对最大，因此更加适用于粗粒度的内涝数值计算。舒伯特和桑德斯（Schubert & Sanders，2012）对四种地形预处理方法进行了详细的比较分析，并认为四种预处理方法都能够通过处理后的地形数据反映建筑物对地表雨水的阻挡和减缓作用，在实际应用过程中，可以根据实地环境、可用数据、软硬件条件和实时性要求选择合适的方法。

除建筑物外，道路在城市地表水文过程中也起到了重要的作用。与天然流域不同，城市区域道路众多，且一般地势相对较低，道路两旁往往建筑物密集，不利于地表雨水汇流。因此城市雨水到达地表后，通常沿地表坡面快速汇流至道路处，并沿道路汇流至雨水口进入管网系统。可见，道路是城市区域内重要的雨水汇流通道，雨水会在道路处大量汇集并形成积水。为了在原始 DEM 数据中反映道路分布的信息，现有的部分研究采用空间叠置分析手段，根据城市路网分布对 DEM 栅格高程进行修正，降低路网所在位置的高程值。使用预处理后的 DEM 数据进行地表流向分析时，由于路网高程较低，雨水会沿地表坡度自然在道路处汇聚并形成汇流路径，很好地反映了城市雨水产汇流及内涝积水的真实过程，取得了较好的应用效果。

三、计算单元划分研究

考虑到城市流域下垫面特征随时间和空间变化显著的特点，城市内涝灾害的数值模拟一般基于分布式水文模型的思想，即将研究区域（流域）根据特定方法划分为众多计算单元（子流域），并认为各个计算单元拥有相对独立的水文特征参数与水文物理过程。在模拟过程中基于各个计算单元的参数分别完成产汇流过程计算，得到出水口或流域边界的径流过程，最后计算不同计算单元之间的水量交互。在这一过程中，模型计算单元的划分显然会对数值模拟的结果产生重要影响，选择一个能够真实反映城市流域地表水文物理特征和内涝真实过程的计算单元划分方法显得尤为关键。

在现有的城市内涝灾害数值模拟研究中，关于模型计算单元的划分方法与思想众多，其中应用较为广泛的是使用子汇水区构建计算单元的方法。子汇水区一般可以根据流域水系和出水口分布，结合地形起伏数据使用水文分析方法获取。在一般流域的应用中，可以直接根据天然河网水系的分布信息划分子汇水区，城市流域由于研究尺度相对较小，天然河网在流域水文过程中起到的作用相对更低，因此子汇水区往往难以直接依据其分布进行划分。考虑到道路及排水管网是城市区域的主要径流路径，一些研究将道路和管网作为河道来处理，根据路网、管网及雨水口分布结合地形数据进行水文分析，从而获取各个雨水口的排水区作为计算单元。这一思想充分考虑了城市地表径流过程的物理特征，取得了很好的应用效果。随着计算机硬件水平的不断提升，计算能力的飞速发展，最新的内涝灾害数值模拟研究开始直接将 DEM 栅格单元作为模型计算单元，即以各个栅格单元为单位构建水动力方程计算流量交互过程。由于计算单元尺度大幅度减小，模型计算复杂度也显著上升，因此一般适用于研究区域较小情形下的应用。

此外，由于模型计算单元可以视为模型分布式的数据容器（存放计算用的水文物理参数），因此部分研究开始将分布式计算的思想引入其中。同时在建模过程中考虑研究区域的多尺度效应，从而尝试构建关于内涝数值模拟的多级网格作为模型计算单元。

网格是一个拥有多种含义的概念。目前所提到的网格包括两种定义：计算机科学领域中的网格和地理学范畴中的网格。前者是在 20 世纪 90 年代后逐渐兴起的一个新研究热点，其思想最早来源于电力网格，目的在于将计算机、数据库等资源通过网络像电力网一样快捷便利地传送到各个用户。有“网格之父”之称的美国著名专家学者伊安·福斯特（Ian Foster）将网格定义为构筑在互联网之上的一组新兴技术，它能将网络上的各类信息资源（存储资源、计算资源等）连接起来，实现多元化的信息共享，提高资源利用率。目前，计算机网格技术受到了世界各国研究者的重视和青睐，被誉为计算机网络技术发展的第三次浪潮。计算机网格的研究主要包括三方面的内容：计算网格、知识网格和信息网格。前者是通过网络连接起来的各类计算机、数据库和信息设备的集合，后两者以前者为基础平台，使用户能够方便地收发、处理各类信息和知识，从而消除信息孤岛。网格技术及研究率先出现在西方发达国家，如美国政府和国防部开展的系列网格基础研究、英国政府的国家网格项目等。我国对网格技术研究工作起步较晚，但开展后便受到了政府及各大科研机构的高度重视，并逐步取得了丰硕的研究成果。如“863 专项”提出的建设“中国国家网格”计划，由中科院计算研究所提出并构建的织女星网格体系，由 12 所大学联合推出的“全世界最大的教育网格”——中国教育网格等。

在地理学范畴中网格也被称为空间格网，是一种针对地理对象的空间离散化方法，该方法的来源是出现于商朝的“井田”制。网格划分的结果一般为规则或不规则多边形，即规则网格单元与不规则网格单元，反映流域地形的 DEM 数据就是规则网格的代表。以网格为参照进行各类信息的采集、存储与表达，可以反映研究区域地形、地貌以及专题信息的空间分布规律，实现对各类资源的分布式管理。与计算机科学中的网格相比，地学网格的研究发展相对更早。早在 1929 年开始，地学网格成为地学分析与空间存储架构中不可或缺的组成部分。目前，地学网格广泛地应用于人口统计、城市规划以及灾害防治等多方面的研究中，并取得了显著的成果。人口数据格网化是地学网格最主要的应用之一，其思想来源于 1936 年，赖特利用美国地质勘探局的地形图，使用分区密度制图技术进行人口密度分布计算的研究。人口数据网格化真正飞速发展是在 20 世纪 90 年代，随着 3S 技术的推广，研究者开始利用遥感影像获取土地利用和覆盖数据作为人口密度计算的建模指标，并率先在美国、英国等发达国家得到应用。我国对人口数据网格的研究也于 90 年代中期开始迅速发展，并形成了两类人口数据网格化模型。随着城市化的发展，城市规划管理水平难以跟上城市建设的步伐，利用网格技术改善城市管理水平已经成为普遍趋势。王正等从城市的地理空间出发，设计了运用网格构建市区行政空间的基本方法。李琦、罗志清等根据网格的内涵，结合不同网格的几何类型特征，设计了基于不规则网格的城市网格管理模型和编码标准。此外，地理网格也被应用于洪涝灾害的防治中，如丁志雄等使用格网模型改进种子蔓延算法，张超等将网格应用于洪水灾害风险评估中，刘小生等根据洪水淹没范围和水深数据，设计了基于空间网格的洪水损失评估模型。

一直以来，计算机网格与地学网格各自发展，都取得了令人瞩目的成果，然而两者却彼此孤立，几乎从未被紧密地结合到一起。2003 年起，李德仁院士从计算机技术与空间信息技术的结合——空间信息网格出发，提出了广义和狭义空间信息网格的概念，并结合地学网格思想，提出了按不同经纬度实现全球区域离散化处理的空间信息多级网格（SIMG），并阐述了其三大潜在职能，为两项技术的结合开辟了新的天地。

四、产汇流计算研究

早在 19 世纪 90 年代，奎灵（Kuichling）就把经验性水文模型中的推理公式法应用于城市流域中，并且一直沿用至今。由于经验性模型只是单纯对输入输出关系函数进行经验分析，没有考虑特定研究区域的水文物理过程。因此，该方法早就难以适应如今城市流域中由高度城市化造成的复杂下垫面分布特征。

20 世纪以来，水文模型研究由经验性模型向概念性模型发展。概念性模型往往具有分布式的特征，即先将城市流域离散为一个个子流域单元，从而充分考虑流域内下垫面的异构性特征。离散完成后，通过集总式方法计算各个子单元内的水文过程，最后模拟各个子单元之间的径流状况。美国、英国、法国以及德国等西方发达国家从 20 世纪 60 年代起就逐渐提出了一系列的城市暴雨概念性计算模型，如储蓄—处理—径流模型（STORM）、暴雨洪水管理模型（SWMM）、沃林福特模型等。

20 世纪 70 年代，英国公路研究所根据 time-area 公式提出了 TRRL 模型。这是一种基于恒定流的产流计算模型，可以通过暴雨输入得到区域内的流量变化曲线。但由于该模型忽略了没有和排放口相连的区域和所有透水区的地表产流，其结果不够精确。1974 年，特斯特里普和斯塔尔（Terstriep & Stall）对该模型进行了改进，并提出了 ILLUDAS 模型。1971 年，美国环保局开发并提出了 SWMM 模型。这是一个综合性的暴雨管理模型，该模型由四个计算模块和若干个服务模块组成。模型采用下渗扣损法和 SCS 法计算地表产流，使用非线性水库法计算地表汇流，提供恒定流、运动波以及动力波三种算法计算管网汇流。模型还可以同时计算单个或多个水文要素中的水量和水质。SWMM 模型是目前最完整的“降雨—径流—水质”模型之一，它的提出标志着城市暴雨系统建模的开端。1976 年，美国工程师协会开发了“储蓄—处理—径流”模型（STORM），该模型采用修正的推理公式法计算产流。1978 年，英国沃林福特水力学研究机构开发并提出了沃林福特模型，该模型同样提供了水量和水质的并行模型，采用了马斯京根法计算管网汇流，时间步长可达 15min。沃林福特模型及配套软件 Infoworks CS 已经广泛地应用于国内外城市污水模拟与管理工作中。除以上模型外，目前应用比较广泛的国外产汇流计算模型还包括由丹麦水力学研究所于 1972 年开发的 MOUSE 软件和集成多种模型算法的 MIKE 模型，美国陆军工程兵团水文工程中心提出的 HEC 系列模型，美国辛辛那提大学土木系水资源教研室开发的 UCURM 模型等。

国内对城市暴雨产汇流模型的研究启动较晚，20 世纪 80 年代后才逐步开展系统的研究工作。1990 年，岑国平提出了国内首个自主研发的城市暴雨产汇流模型（SSCM）。1997 年，周玉文等提出了城市雨水径流模型（CSYJM）。该模型将径流分为地表和管内两个阶段，并分别采用瞬时单位线和非线性运动波方程完成模拟。1998 年，徐向阳提出了专门针对平原城市的水文模拟算法，并在北京太平湖进行了实际应用，证明了模拟结果的可靠性。2000 年，仇劲卫、李娜等开发了天津市暴雨沥涝仿真模拟系统，该系统包含自主设计提出的暴雨沥涝仿真模型，并首先在天津暴雨洪涝防治工作中得到了应用，后经过改良被应用到南京、南昌、上海等多个城市的暴雨防涝工作中。

除自主研发城市暴雨产汇流模型以外，国内也开展了对国外模型原理、参数敏感性等方面的分析和改进研究，并根据我国城市流域水文环境和人文经济特点对国外模型的构建参数进行调整，使之能够满足国内城市暴雨洪水模拟的需求。如陈龙等根据我国特殊地理气候特征改进 SCS 模型，并通过回归分析法确定了适用于我国城市的 CN 值表。马晓宇等以温州市典型住宅区为研究对象，对 SWMM 模型进行了“本地化”修正，计算了不同降雨情景下的积水和污染状况。刘俊等根据上海市的雨水管网系统的分布特征和流域情形，对 SWMM 模型参数进行修正，进而确立了符合上海市区水文时空特征的暴雨模型，实现了对上海各排水片和街区暴雨内涝过程的模拟。

五、内涝积水计算研究

城市内涝灾害的一个最为重要的表现形式就是城市暴雨积水淹没过程。伊斯拉米等（Islam et al.，2000）通过制作洪水灾害图，指出洪水灾害造成危害的大小与洪水淹没的水深、持续时间等因素有着密切关联。如今，内涝积水淹没情形已经成为暴雨洪涝灾害损失评估的数据基础。20 世纪以来，国内外的研究者们已经提出了一系列的洪水积水淹没算法，通过流域产汇流模型的计算结果或影像信息，实现对洪水淹没范围、深度和历时等参数进行快速、科学、准确的模拟。

在 20 世纪初期，洪水淹没范围是通过实地调查方法获取的，这种方法不仅效率低下，且结果实用性极差。20 世纪 50 年代，美国麻省理工学院测量实验室率先提出利用遥感技术计算洪水淹没范围的思想，并于 1973 年美国密西西比河的洪涝灾害中，通过洪灾前后遥感影像的对比实现了复杂地区的淹没计算。随后，遥感影像计算淹没范围方法还被应用于加拿大、澳大利亚等多国的洪灾防治中。1980 年后，我国通过实验解决了机载雷达图像实时传输的问题，实现了基于数字影像技术的淹没范围计算，并得到了广泛的应用。目前，通过遥感影像提取洪涝水体范围的理论已经十分成熟。然而，仅通过遥感影像无法直接计算淹没区域内的水深分布。随着数字化信息技术的发展，数字高程模型（DEM）被普遍应用于淹没计算中。易永红等（2005）利用遥感影像淹没范围提取结果与 DEM 数据结合获得淹没边界的高程集合，再通过线性差值法计算淹没区域内各点的淹没水位高程，最后将淹没水位与淹没区内本身高程值比较实现了淹没深度分布的计算。

从当前整体来看，城市内涝积水计算方法已相对发展成熟，具有代表性的模型和算法较多。根据算法思想可以将它们划分为基于水动力学的内涝模型和基于水文学的内涝模型两类。

（一）基于水动力学方法的内涝积水计算模型

考虑到暴雨积水地表的演进过程具有明显的二维特征，部分学者提出了水动力学方法描述地表积水淹没的演进规律。该方法首先将研究区域离散为若干结构或无结构网格，并以之为基础构建二维浅水方程，再利用有限体积法、有限差分法或有限元法进行求解。考虑到城市暴雨内涝过程与城市天然水系、地下管网、街道密切相关，研究者在二维模型的基础上加入了描述雨水在河渠、管网、街道中演进过程的一维水动力模型，并将两者进行耦合提出了一维—二维水动力模型，如得到广泛应用的 TUFLOW、LISFLOOD、LISFLOOD-FD、WASH-123D、FLO-2D 等模型均属此类。上述模型方法具有模拟精度高、物理机制明确等优点，但模型计算工作量很大，需要高性能的计算设备作为支撑。在硬件水平有限的条件下，模型的效率和精度将大受影响。

为了解决这一问题，近年来国内外相关学者不断尝试简化二维浅水方程、优化求解算法以降低水动力模型的复杂度，并将其应用于多种类、多尺度流域洪水防治与控制研究中。如贝茨等（Bates et al.，2010）利用一维线性浅水波理论对二维浅水方程中的惯性项进行简化，从而在模型求解过程中使用更大的时间步长以降低模型的计算复杂度，提升计算效率。尼尔等（Neal et al.，2012）提出了一种可以在次网格尺度上对河道径流过程进行模拟的改进 LISFLOOD-FD 模型，从而通过扩大计算网格尺度来降低模型的复杂度。塞尤姆等（Seyoum et al.，2012）将水文模型 SWMM 与无惯性项简化二维浅水方程进行耦合来模拟地下管网与地表的水量交互作用，并使用交替方向隐式法对其进行求解。吴等（Wu. X et al.，2017）将 SWMM 模型与 LISFLOOD-FD 模型进行耦合，使用 SWMM 和 LISFLOOD-FD 分别模拟一维管网/河网径流和二维流域地表径流过程，并应用于不同重现期暴雨与海平面上升造成的城市内涝预警研究中。姜垵明等（2012）将基于黎曼近似解 Godunov 格式的一维、二维水流数学模型通过堰流公式进行耦合，实现交界面的水力要素交互，其中一维、二维模型均采用中心形式的有限体积法求解，该模型较好地模拟了 1998 年松花江干流胖头泡溃堤洪水。许栋等（2015）提出了一种基于二维浅水方程和多分辨率 DEM 数据的河道滩地洪水淹没分析方法，并将该方法实际应用于南渡江下游河口段的滩地洪水淹没分析中。侯精明等（2018）提出了基于动力波法的高效高分辨率城市内涝预测模型，该模型采用 Godunov 格式的有限体积法数值求解二维浅水方程，并引入图形处理器（GPU）加速计算技术，在不降低精度的条件下大幅提升计算速度。上述研究成果显著扩大了一维—二维水动力模型的应用范围，但由于城市下垫面条件十分复杂，使用水动力模型实现城市内涝积水的高效、实时预测仍十分困难。

（二）基于水文学方法的内涝积水计算模型

为了进一步简化模型的算法，提高计算效率，国内外学者开始研究并提出基于水文学方法的内涝积水快速计算模型。此类模型大多以水量平衡原理为依据，以流域地形起伏条件为基础，构建模型算法来描述输入洪水水量与积水范围、深度之间的相关性。如刘仁义等（2001）提出的基于 GIS 的复杂地形洪水淹没区计算方法，该方法将洪水淹没分为有源淹没和无源淹没两种情形，并设计种子蔓延算法实现已知洪水水位条件下的有源淹没计算。丁志雄等（2003）提出了与之类似的投石问路算法解决连通区的计算问题。刘小生等（2004）利用“体积法”根据洪水水量计算淹没范围和深度，拓展了种子蔓延算法的适用范围。孙海等（2009）考虑洪水淹没的环形特征，结合 GIS 技术设计了“环形”洪水淹没算法。李世豪（2016）基于水文模型 SWMM 构建了郑州市区暴雨洪水模拟模型，该模型考虑到 SWMM 不支持对地表积水深度和积水范围的模拟，加入了地表积水点计算模块以实现地面积水深度和范围计算。赵凯（2018）结合了 Marching Square 算法与改进的 D8 算法，实现了对流域地表的建模，并结合降水强度与历时，从而对流域地表实时积水信息及未来积水变化趋势进行分析与预测。国外方面，泽格等（Zerger et al.，2002）根据雨水蔓延的规律提出了水平面设想方法。古尔德比和塞耶斯等（Gouldby. B & Sayers. P et al.，2008）以上述设想为基础，提出了与种子蔓延算法原理类似的快速洪水蔓延模型，该模型首先将研究区域离散为若干个子流域（积水区），再结合流域 DEM 数据，以拥有最低高程的 DEM 栅格单元作为淹没起始点，将每个子流域内的洪水水量分配到各 DEM 栅格单元中，同时将积水区边界上高程最低的 DEM 栅格单元设为连接点，当某一子流域的积水蔓延到达连接点后，会向相邻的子流域漫流。陈和希尔等（Chen. J & Hill. A et al.，2009）在快速洪水蔓延模型的基础上，提出以拥有最大汇流累积量的 DEM 栅格单元作为淹没起始计算点的改进算法。杨和陈等（Yang. T. H & Chen. Y. C et al.，2015）以水动力学模型计算结果作为参照，对上述算法的改进效果进行了验证。

与水动力学计算模型相比，暴雨洪水快速计算模型虽然预测精度相对较低，但由于其在计算效率、硬件要求方面的优势以及良好的水文物理基础，仍得到了十分广泛的应用。

第二节　城市内涝灾害数值模拟存在的问题

从目前国内外研究现状来看，城市内涝灾害数值模拟研究已经取得了一系列的成果，将空间信息科学技术应用于城市内涝灾害数值模拟与模型构建和实施中也已成为可能。然而，从现有的内涝灾害数值模拟方法与模型的实际应用和模拟结果看，仍存在一些值得进一步研究和探讨的问题和难点，具体如下：

一、缺乏资料不足条件下的有效建模与应用途径

现有的城市内涝灾害数值模拟方法及模型对流域下垫面资料（主要为反映流域地形的 DEM 数据）的分辨率要求较高。如在孙海等（2009）提出的“环形”洪水淹没算法应用中使用的 DEM 数据空间分辨率高达 5m，在陈和希尔等（Chen. J & Hill. A et al.，2009）提出的快速洪水蔓延模型应用中，作为模型输入的 DEM 数据空间分辨率为 10m。随着车载激光雷达（LiDAR）技术的发展，近期国外部分研究中已经使用分辨率 1m 以下 DEM 数据完成建模。然而与国外发达国家相比，目前我国大部分中小型城市信息化建设相对滞后，流域基础水文信息匮乏，数据精度低，部分城市区域能够免费获取的 DEM 数据多为全球 DEM 数据产品，其空间分辨率仅在 30m 至 90m 之间。众多研究表明，低分辨率 DEM 数据将对城市流域地形起伏特征细节的表达带来较大的困难，进而严重影响现有城市内涝灾害数值模拟方法及模型的预测效果，为其在地形资料相对不足地区的应用带来不小的阻碍。

考虑到我国全面信息化和数字化的建设并非一日之功，需要寻找一种解决方案，在地形数据分辨率不足条件下完成有效建模，实现城市暴雨内涝积水的数值模拟预测。从目前的相关研究成果和现状来看，大部分的研究都是从改善地形数据本身出发，通过一系列的模型和算法对 DEM 数据进行重采样或重构，进而提升 DEM 数据的精度和分辨率。这些算法思想虽然在一般流域地区取得了较好的应用效果，但是考虑到城市区域地表下垫面与天然水系相比更加复杂，地形数据除表达宏观的地形起伏特征外，往往还需要反映微观尺度上的城市地形细节与水文要素（如建筑物墙体、道路边缘、台阶、人工排水设施等），这为 DEM 数据进行重采样或重构带来了极大的困难，其采样结果误差较大。此外，DEM 重采样或重构算法还会显著提高模型的计算复杂度，降低运行效率，这也为暴雨内涝积水的实时模拟与预测带来较大的困难。另一方面，结合流域区域化思想，从改进内涝积水预测模型算法自身角度出发，通过降低模型资料需求度来解决建模问题的研究成果很少，这或将成为解决地形数据分辨率不足条件下的内涝积水数值模拟与预测问题的突破口。

二、地形数据预处理过程中未能充分考虑流域水文要素特征

如前文研究现状分析中所述，在现有的城市内涝灾害数值模拟建模及应用中，一般采用对流域地形数据的预处理方法考虑城市地表水文要素的影响效应。如对于城市区域中密集分布的建筑物，可以通过四种预处理方法反映建筑物在地表雨水径流中的阻碍作用。虽然这些方法均得到了较为广泛的应用，但其在不同城市环境中的应用效果仍有待评估，尤其是上述方法均仅考虑了建筑物外墙的阻水效应，并未考虑建筑物内部的储水能力，导致在建模及计算过程中无法处理建筑物内部的雨水地表演进过程，这显然与事实存在偏离。当积水深度超过建筑地基时，雨水将漫过建筑台阶通过门窗进入建筑，在这种情形下，建筑物内部（主要指一层及地下室的建筑空间）将成为不容忽视的储水空间，其对城市地表雨水径流的影响应该在地形预处理及后续的内涝数值模拟中被考虑。从已有的应用案例可知，在内涝数值模拟过程中如果无法合理描述建筑物对地表雨水径流演进过程产生的作用，将会对整个模型效果产生影响，尤其是模型预测结果如内涝深度、范围、径流流速等，这些信息在城市内涝风险评估和损失度量过程中均有十分重要的参考价值，一旦出现失真，无疑将对城市内涝灾害防治与管理造成一定的阻碍。

另一方面，对于城市流域的道路和管网，现有的研究一般将其作为雨水主要径流路径考虑，并通过地形预处理方法对道路管网处的栅格高程进行修正处理，以便让雨水在该处汇集形成径流水系。然而从现有的研究资料来看，上述高程修正处理幅度设置较为主观，并没有严格的物理参照，且未形成统一的标准和规范。同时，如仅对道路管网所在的 DEM 栅格单元进行处理，可能会在流域地形空间中造成更多的洼地，导致地表流向计算困难和失真，道路和管网沿线计算得到的流向与实际上下游关系出现矛盾等问题。

最后，现有的地形数据预处理一般对原始地形数据的精度要求较高。迈克等（Mark et al.，2004）和费特雷尔等（Fewtrell et al.，2010）均在各自的研究中证实，在基于建筑物分布的地形预处理中，原始地形数据的分辨率需要高于研究区域的建筑物最小尺寸（一般在 5m 以内），即原始 DEM 栅格单元边长应小于建筑物最小边长，否则经过处理后的地形数据将

无法准确地描述研究区域内的一些微观水文要素细节内容，尤其是建筑物外墙的形状及建筑物之间的狭小通道，进而导致后续的内涝模拟与预测结果失真。上述要求无疑会为地形资料相对匮乏的中小型城市内涝数值模拟的建模与应用带来更多的挑战，如何对现有的地形预处理方法进行改进，在 DEM 数据分辨率有限的条件下准确地描述建筑物、道路等城市水文要素的微观分布细节与特性信息，仍有待进一步研究。

三、计算单元的构建方法缺乏合理性，在城市流域代表性不足

城市内涝数值模拟中，计算单元是流域内的一个空间子集，反映了流域内某一部分的水文特性。计算单元构建在城市内涝数值模拟中至关重要，其划分原则、组织结构都会对模型参数的率定乃至最终的模拟结果产生影响。从目前的研究与应用成果来看，现有的计算单元构建方法尚未形成统一的判定标准或理论体系，划分结果无法全面考虑城市各类水文要素对城市地表水文特征的影响，难以反映城市内涝过程的时空变化规律，导致内涝计算模型缺乏物理基础，模拟结果与实际状况不符。

城市区域与一般自然流域在空间结构上存在很大的不同，城市暴雨内涝的形成和发展与城市人工排水设施（雨水口、管网、泵站等）和系统的作用密不可分。研究表明，城市暴雨内涝淹没源与地表雨水口的空间分布存在十分密切的联系。而现有的积水数值模拟计算及预测模型大多为一般流域的洪水淹没情景分析设计，往往没有深入地剖析两者之间的空间位置关系，只是简单地将流域或子流域中高程最低或汇流累积点作为淹没源，这显然与城市暴雨内涝形成和发展的内在机理不符。如在古尔德比和塞耶斯等提出的模型中，将各子流域内的产流量直接作为洪水水量计算，陈和希尔等提出的模型中虽然考虑了人工排水系统的作用，但对于由管网溢流导致的内涝积水仍没有体现。在此基础上，现有模型多以反映地形特征的 DEM 栅格作为计算单元，对每个 DEM 栅格单元处的积水状态、单元之间的水量交互进行独立计算。模型中的计算单元均没有与城市暴雨内涝过程中的各淹没源及积水影响范围形成一一对应关系。在建模过程中，如何有效地确定各淹没源积水的实际影响范围，并充分考虑在城市平坦地形的影响下，不同淹没源积水区的相互叠加状况，在现有的研究中没有得到很好地解决。

此外，现有研究中大都采用单一的计算单元构建方式。空间信息多级网格的提出，为各类多元异质异构的空间数据提供了先进的分布式存储与管理方式，然而目前该研究多着眼于全球以及全国尺度的多级划分与信息管理，且多采用的是规则网格结构，对于城市流域这类范围较小的研究区域，往往仅作为全球空间多级网格中的一级来处理，并没有发展出独立的研究方法。如何引入空间信息多级网格思想，使用不同的划分思想构建多级计算单元，与城市流域从宏观（天然河流水系）到微观（道路管网系统）的水文过程形成对应，进而采集和存储不同尺度的水文物理特征信息，形成服务于城市内涝灾害数值模拟的专题型空间信息多级网格，实现各类水文信息的一体化存储与管理，解决信息孤岛，更好地反映城市产汇流及内涝演进的多级特征，涉及上述内容的研究并未出现。

四、产汇流计算模型的数据组织管理和参数采集率定方法存在缺陷

城市暴雨产汇流计算模型不仅能够为内涝积水计算模型提供重要的输入信息，在内涝数值模拟中发挥着重要的作用，也是评估城市流域防涝体系完善程度的重要手段。如前文所述，暴雨产汇流计算需要大量的流域水文信息作为支撑。然而目前我国城市流域信息化建设仍相对滞后，相当一部分地区城市流域基础水文信息匮乏，数据精度低，存储方式陈旧，各类信息相互独立、彼此分散，无法形成必要的联系。在流域水文资料不完备的条件下，传统产汇流模型计算单元的信息组织管理模式无法实现各类流域数据的充分利用，模型参数获取和采集方法缺乏科学依据，参数率定结果代表性不足，给产汇流模型的构建和数据更新带来了一定困难。

五、内涝积水模型实现难度较高，计算效率不足

城市内涝灾害及淹没过程与排水设施有着密切的联系，其形成机理和发展过程与一般流域洪水淹没有十分明显的区别。现有的淹没算法往往没有考虑城市内涝积水过程的特殊性，仍以 DEM 栅格或遥感影像像元为基础，采用传统淹没计算模型模拟积水范围和深度。由于计算单元无法与城市内涝积水淹没源点及作用范围形成明确的对应关系，且计算尺度过小，

导致内涝积水模拟实现难度较大。

另一方面，城市暴雨内涝积水具有形成时间短、发展迅速、破坏力强等特点，这为内涝数值模拟与预测的实时性提出了较高的要求。如前所述，现有模型多使用分辨率较高的DEM数据，在大尺度流域范围内，由于参与计算的DEM栅格数量极大，将严重影响模型的计算效率。为了确保模型的实时性，部分学者通过增大计算单元的尺度来减少计算量。如丁志雄等提出的大尺度流域DEM栅格合并思想，该思想将多个高程值接近的DEM栅格合并为一个三角形或任意多边形格网以提高模型计算效率。从翔宇等考虑城市暴雨积水通常出现在道路及下穿式立交桥处，将上述易积水地段概化为蓄水池进行模拟。李志锋等利用三棱柱集的二分数值算法，提出了基于CD-TIN的城区暴雨内涝淹没计算方法。然而，计算单元尺度的扩大势必会造成其内部水文特征的丢失，进而降低模型计算精度。如何在精度和效率之间寻求平衡，以确定最合适的模型计算单元已成为普遍关注的问题。尼尔等（Neal et al.，2012）在扩大模型计算单元尺度的同时，使用了更小尺度的计算单元（次网格）进行河网及管网内的一维水文模拟计算。陈等（Chen et al.，2012）使用不同尺度的计算单元构建了多层城市内涝计算模型，每一层的计算单元使用独立的水文模型参数来描述其内部水文特征，并专门设置了两个参数反映计算单元建筑物对水文过程的影响。这些模型使用了不同的方法来降低扩大计算单元尺度时导致的水文信息丢失，但同时会带来额外的计算量，模型计算效率虽有提升，但距实时预测仍有较大差距。此外，现有研究在扩大计算单元尺度时主观性较强，没有形成明确的物理参照标准，其实际应用效果难以保障。

第三节 基于空间信息科学技术的城市内涝灾害数值模拟方案

综上所述，现有的内涝灾害数值模拟研究及相关方法虽然得到了十分迅速的发展和较为广泛的应用，但在特点的流域环境下，尤其当流域基础信息和数据资料相对不足时，其实际应用和实施仍存在一定的局限和问题。本书针对这些问题，充分结合以3S技术为代表的空间信息科学技术，构建基于空间信息科学技术的城市内涝灾害数值模拟方案，其整体实现思路如图 3－2 所示。

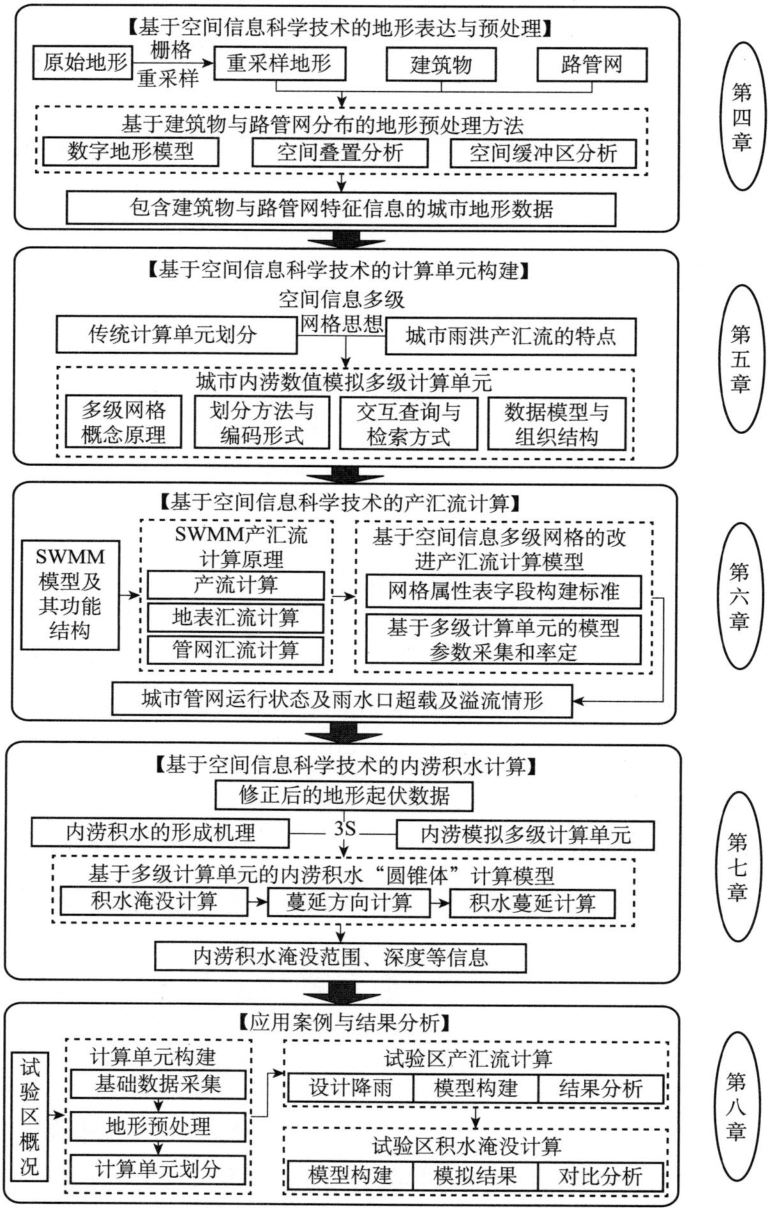

图 3－2　基于空间信息科学技术的城市内涝灾害数值模拟方案整体思路

具体内容如下：

一、基于空间信息科学技术的地形表达与预处理

以数值高程模型 DEM 数据为基础，深入分析城市流域微观水文要素（如建筑物、道路与官网）对雨水地表径流产生的物理效应与影响，引入空间信息科学中的空间叠置分析和空间缓冲区分析等技术，对现有的地形预处理方法进行改进，设计能够全面考虑建筑物及道路管网的水文效应的地形预处理方法。同时，利用栅格重采样法对原始 DEM 数据的分辨率进行变换，从而解决 DEM 数据精度不足时，无法正确处理小型建筑物及狭窄道路的问题。上述内容将在本书第四章中详细介绍。

二、基于空间信息科学技术的计算单元构建

根据现有的内涝数值模拟计算单元及构建方法存在的不足，充分结合城市流域从宏观（天然河流水系）到微观（城市道路管网）的多级产汇流过程特征，将空间信息多级网格技术应用于城市内涝灾害数值模拟研究中，进而提出基于城市多级河网体系的多级计算单元体系，并进一步确立各级计算单元的划分方法、编码形式、查询检索方法、数据模型与组织结构等。每一级计算单元以对应河网（管网）的子汇水区（排水区间）为依据，通过对城市地形数据进行水文分析得到。多级计算单元体系不仅与城市流域多级产汇流过程相符，还与城市内涝积水的淹没源形成了一一对应关系，在城市内涝灾害数值模拟的应用将更具代表性。上述内容将在本书第五章中详细介绍。

三、基于空间信息科学技术的产汇流计算

将 SWMM 模型作为城市内涝数值模拟中产汇流计算的研究对象，深入探讨模型基本概念与计算原理，结合目前 SWMM 模型应用研究中仍存在的问题，将内涝数值模拟多级计算单元体系与 SWMM 模型进行集成，进而构建以 SWMM 模型原理为算法依据，以空间信息多级网格思想为指导，以多级计算单元体系为架构的城市内涝多级产汇流计算模型，从而为后续内涝积水计算提供精确的管网运行状态与超载雨水口溢流信息。同时，在模型

构建过程中充分结合流域区域化的思想，利用均值算法和空间叠置与统计分析技术对各计算单元内水文及地形特征参数进行率定，从而减少以此为基础构建的产汇流及内涝积水预测模型对流域基础数据的依赖程度，解决资料相对匮乏地区的建模困难问题。上述内容将在本书第六章中详细介绍。

四、基于空间信息科学技术的内涝积水计算

结合城市暴雨内涝积水的形成机理，将城市内涝积水计算考虑为给定洪水水量条件下的多源点有源淹没计算过程，同时根据各计算单元与内涝淹没源的一一对应关系，将城市暴雨内涝积水过程划分为“淹没”和“漫流”两个阶段，即各淹没源的内涝洪水首先作用于对应计算单元内部，并在淹没水位达到一定高度后向外漫流，以此为基础，设计多级计算单元的内涝积水“圆锥体”计算模型：对于各个内涝淹没源，先利用地形空间简化思想将计算单元内部的积水空间考虑为圆锥体，从而结合水量平衡方程计算其对应计算单元内部的淹没情形，接下来，结合流域地形特征信息设计多种算法计算积水漫流情况，最后设计基于淹没源高程的迭代算法描述来自不同淹没源的积水之间的相互影响。上述内容将在本书第七章中详细介绍。

五、应用案例与结果分析

为了评估本书所提出的基于空间信息科学技术的城市内涝灾害数值模拟方案的可行性，本书选取了武汉市某高校主校区与洪山片区为试验区，收集了试验区设计暴雨、地形起伏、下垫面等各类基础数据及流域资料，并以不同重现期设计暴雨及 2013 年武汉市特大暴雨所引发的内涝灾害事件为对象，对本书所设计的相关理论、算法和模型进行应用研究。在应用过程中，还引入目前应用较为广泛的模型与算法作为对比参照，包括内涝快速计算模型、LISFLOOD-FP 水动力学计算模型等，通过对产汇流及内涝积水计算结果的综合分析与比较，验证本书提出的算法及模型的改进效果，同时重点关注不同分辨率地形数据输入对模型计算精度和效率带来的影响及其程度，论证其在地形数据分辨率不足条件下的有效性和实时性。上述

内容将在本书第八章中详细介绍。

第四节　本章小结

城市内涝灾害的数值模拟一直是城市灾害应急管理研究的热点之一，为了描述暴雨内涝积水的形成与淹没过程，国内外的专家学者已从不同角度开展了大量研究工作，并提出了一系列的积水数值模拟与预测方法。本章首先根据现有的研究资料和成果，结合内涝数值模拟的实现过程与模型框架，分别从数据获取、数据预处理、计算单元划分、产汇流计算及内涝积水计算五个方面对城市内涝灾害数值模拟研究现状进行分析，并对现有研究存在的问题和不足进行了总结。

根据现有的问题，本章详细介绍了基于空间信息科学技术的城市内涝灾害数值模拟方案的基本框架与思路，这也是本书的核心内容和主要成果，其涉及的具体理论、技术和方法等内容将在本书后续的章节中一一介绍。

第四章
基于空间信息科学的地形表达与预处理

数字地形表达是利用现代计算机技术对地形地貌的数字建模与可视化描述，也是测量测绘和地理信息系统建设的主要产品与技术手段，已成为空间信息科学技术研究与应用的重要分支。20 世纪 50 年代以来，随着数值高程模型（DEM）及其一系列衍生产品的出现，数字地形表达及模型方法迅速在测绘工程、地理研究、土木工程、道路设计、水文水工等领域得到广泛应用，成为重要的基础地理信息产品，并作为地球空间信息框架的基本内容和其他各种专题空间信息的载体。在城市流域内，由于地表雨水的演进过程主要受流域地形影响，因此数字地形表达及相关数据是城市流域水文模拟中必不可少的输入信息。本章将对数字地形表达的基本概念、数值高程模型的理论与原理及主要的数字地形分析方法进行介绍。同时，考虑城市内涝灾害数值模拟的应用需要，详细介绍基于城市建筑物与道路管网等水文要素的地形数据预处理方法。

第一节　数字地形表达基础

一、地形地貌及地形表达

地形，在地理学上现多称“地貌”，是地表各种形态的总称。地形是由于地球表层物质在内、外营力（其中内营力主要指地壳运动、火山活动、地震等；外营力主要指流水、冰川、风、波浪、洋流等）综合作用下，经长期演变而逐步形成，并广泛分布的高低起伏、千姿百态的地表空间实物形体。一般而言，地形又可分为自然形体（自然地形景观）和人工形体（人工地形景观）两大类；受人类活动的影响，在地球表层上未经人类改造（或扰动）的自然地形越来越少，而以城市建筑景观为代表的人工地形景观则变得越来越普遍。地球表层包括陆地、海洋，地形变化复杂，仅以我国陆地区域为例，中国地域辽阔，从海拔 8848m 的珠穆朗玛峰至海平面以下 154m 的艾丁湖湖面，大略分三个地势阶梯，地形起伏很大，地貌形态、类型错综复杂，地貌成因也多种多样，为地貌表达研究提出重要课题。在现代地理学中，“地形”“地貌”在术语表达中有着细微的差异。地貌是一类地形特征的总体叫法，如按地表形态的差异，可分为山地地貌、丘陵地貌、高原地貌、平原地貌、盆地地貌等；或者按照地形成因，可分为构造地貌、流水地貌、侵蚀地貌、堆积地貌等。而“地形”则多用于偏向于局部地表形态的描述中，如鞍部地形、坡面地形等。

地形、地貌是地表自然地理环境的基础要素，地形的高低起伏与走向在一定程度上决定着地球表层的热量、水分的再分配，影响水系发育和流域形态，制约植被和土壤的形成，对居民地道路也有较大的影响，在国防建设和军事行动上有重要的意义。一个区域所在地貌区划及其特征，往往刻画了该区域的整体地理景观，成为区域生态环境、农业布局、建筑风貌、生活方式的基础，如我国西北地区黄土高原上城市风貌就与长江中下游平原地区的城市有着巨大差别。

地貌形态是人类认识地貌现象和地貌分类的主要指标。描述地貌形态的指标多种多样，其中，地面高度及其起伏度是最基本的形态指标，包括海拔高度、坡度、坡向、地表起伏度、地表粗糙度、形态结构、形态密度（如河网密度等）等。

古往今来，人类一直在寻求如何描述周围及不同尺度区域范围内的地形地貌形态及地表现象的有效表达方式，这也成为地理学、测量学长期以来的研究与实践主题。总体而言，人类对地形地貌的表达方式和手段是伴随着人类社会需求的进步以及地形地貌学研究和测绘技术的不断发展而演进的，大致可以分为模拟表达方法和数值表达方法两个阶段。

（一）地形模拟表达方法

地形地貌的模拟表达方法历史悠久，经历了以地图绘图为代表的地形写景法、以沙盘为代表的实物模型法、以等高线图为代表的现代地形图法、以航天摄影与遥感影像为代表的地形影像法等发展过程，其中现代地形图和地形影像法是其进步和发展的最高阶段，反映了人类认识和表达地形地貌特征和规律的科学水平。

1. 地形写景法

古代地理学、测绘学最初诞生于人类生产生活的需求。上古时期，古埃及金字塔的建造、尼罗河泛滥与农田整修以及中国大禹治水的传说，都反映了早期测绘技术的发明与使用。古代汉字中亦出现了描述地貌的相关内容，比如《诗经·大雅》中记载的岗、塬和隰等。同时，配合文字方式，人类开始使用绘图、实物造型等形象化方式来描述各种地形现象。

在古代测绘科技还未充分发展之前，人类主要采用绘图方式直观描绘地形景观，这种方法称为地形写景法（或称“绘景法”）。写景法图形逼真，能清楚地显示山脉、主要河流的大体走向及重要山峰的相对位置。但是，它仅能反映一两个侧面，任意性很大，也不能在图上进行高程、坡度等各种量测。在中国，大约自魏晋时期开始兴起的山水画就是一种地形写景法的表现形式，如图 4－1（a）所示。中国山水画主要采用单色或彩色水墨，以写意的方式描绘自然山川起伏，形象化地再现地表景观，反映了山水等地貌现象的形态特征和色彩特性，并赋予自然界以文化内涵和审美的主题意识。西方的地形写景主要采用地形素描的方式，地形素描运用透视法则和素描画法概略地表示地貌形态和分布位置，也称为透视法。这种方法在 18 世纪以前为西方各国普遍采用，特别是地理大发现时代以来，西方的探险家与地理学家主要采用这种方法来描绘地理景观和地形起伏，如图 4－1（b）所示。

此外，地景绘图法一般也是古地图的主要表现手段。古代地图除了采用地形绘景方式外，还采用象形符号，如山体用多组“▲”符号（如中国方志地图）或毛虫法（西方近代地图），海洋、河流用波浪纹符号表达。我国很多古地图对山的表示都是较为精细的，如马王堆出土的两千多年前的帛地图中甚至采用了有投影概念的"山形线"画法，来具体表现山体范围、大小、走向等特征。同时，在山形线上加绘了"月牙形"符号，用于表示山体外侧突出的具有军事上制高意义的山头、山嘴等。此外，在闭合的山形线内还辅以晕线，并以俯视侧视相结合的方法表示九嶷山区耸立的峰丛，这与现代地形图上利用等高线配合山峰符号的画法是相似的。

图 4 - 1　地形模拟表达方法［（a）山水画；（b）地形素描；（c）地形沙盘；（d）3D 打印地形］

2. 实物模型法

地形的实物模型表达主要是指以地形沙盘、地球仪等方式描述地形起伏特征，如图 4 - 1（c）所示。这种方式起源很早，由于直观形象的特点，在如军事指挥、城市规划、景观设计、工程建设、景区展示、房地产销售、地理教育等领域中得到广泛应用。传统地形实物模型一般是指以石膏、塑料等材料根据等高线按一定比例缩小塑造、压膜成型来表示地形起伏的实物模型。而在现代数字战场应用中，军事仿真沙盘系统充分运用传统地形沙盘、数字仿真、多媒体展示等综合技术，具备实训教学、军事模拟、应急预案动态仿真、形势推演等多种功能。近年来随着现代信息技术的发展，在地形实物建模中，引入光电控制、多媒体、虚拟现实等先进技术，把独特的声、光、电、水等高新技术不断应用到地形模型制作当中，如加入光控、遥控、感应控制、语音控制功能，分区演示功能，真水真喷和雾化功能，利用特殊光源和动感胶片制作动感水等。在较大规模的建筑模型中，还可与多媒体电脑联网，建立触摸式信息平台。此外，地形实物模型还和现代地形图、数字地形表达甚至3D地形打印等产品应用紧密结合在一起，如图4－1（d）所示。

3. 现代地形图法

现代地形图是一种特殊的地图类型。地图是一种古老而有效、一直沿用至今的精确表达地表的方式。古代地图运用半符号、半写景的方式来表示地形地貌，实现了在二维介质平面上对实际三维地形表面的表示和描述。现代地图按照一定的数学法则，运用符号系统概况地将地面上各种自然和社会经济现象表示在平面上。现代地图的最大优点在于具有可量测性。使用地图来描述地形地貌特征，需要满足特定的要求，包括：①能够确定地图上任意一个地面点的高程值；②能够判断地面的坡向、坡度并量测该坡度；③能够清楚地识别各种地貌的类型、形态特征、分布规律和相互关系，并量测其面积和体积。现代地形图一般使用等高线方式以满足上述要求，并描述地形要素，这种地形图也称为等高线地形图，如图4－2所示。

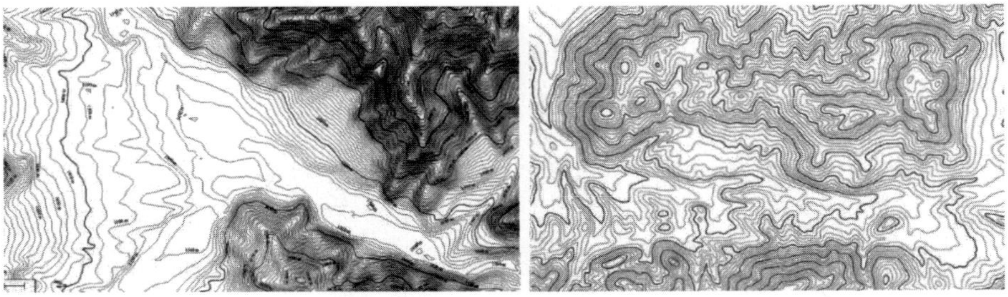

图4－2　现代地形图法：等高线地形图

在等高线地形图上，所有的地形信息都正交投影在水平面上，用线划符号或点状符号表示按比例缩小后的地物，而地物高度和地形起伏的信息则有选择地用等高线进行表达。现代地形图一般是运用航空摄影立体测图原理，基于航空立体像对，采用透视法则制作等高线，这样绘出的地图图形（等高线）能较为科学地表示地貌的形态、位置、高度等，保证显示的地貌具有科学性，但立体效果、精度仍不够理想。等高线法几乎与晕渲法同时出现，都是以测量技术为基础而产生的。实际上在制作晕滃地图时，晕滃线的描绘就以假想的等高线为控制线，即将每一根晕滃线的两端定位在相邻的“等高线”上。但最早的等高线地图，是在20世纪20年代航空摄影测量技术出现之后才大量生产的，该技术提高了测图的速度和精度。等高线以一种简洁而又严谨的方式来记录和传播地貌的几何形态、高程与高差、坡度与坡向。然而，它的缺点也很明显：缺乏立体感，难以直观理解。为此，地图学者通过改变等高线的线划粗细（或颜色）来改良其三维效果。常用的方法包括“粗细等高线”和“明暗等高线”。前者的做法之一是高程越大，等高线的线划越粗，同一海拔高程的等高线等粗，此法绘制技术简单，但三维效果不明显。后者是遵循光影原理，山体越暗的部位，等高线线划越粗，因此，每根等高线在不同位置上的线粗不同。此法立体感强，但绘制复杂。明暗等高线法也遵循光影原理，所不同的是要在图上均匀渲染一缕中等亮度的颜色，处于迎光面的等高线绘以较亮色。

4. 地形影像法

与各种线划图形（图画、地图）、实物模型相比较，用图像/影像记录地理景观具有更为直观逼真的优点。一般而言，在空中或地面，基于鸟瞰（俯瞰）、平视、仰视等视角，运用摄影摄像手段，可以快速、便捷、真实地记录研究区地形的细节信息，往往起到对地形“一览无余”的观察效果，如图4－3所示。

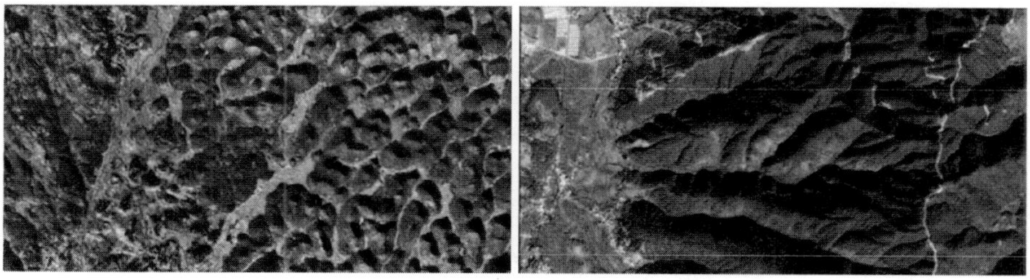

图4－3　地形影像法：航空航天遥感影像

地形摄影是伴随着19世纪早期摄影术的发明而产生的。1837年，法国人达盖尔发明了“银版摄影法”。1858年，法国摄影师纳达尔乘坐热气球在巴黎郊外80m上空拍摄了世界第一张航空像片，可视为最早的航空地形摄影。航空摄影由于周期短、覆盖面广、现势性强而被广泛采用，并主要用来进行地形图的编绘。20世纪以来，随着航空航天平台、传感器、摄影测量学、计算机技术的不断发展，形成以航空摄影（20世纪20年代以来）与航天遥感（20世纪70年代以来）技术系统为核心、覆盖地球表层的对地观测系统，获得了大量关于地表地形的航空影像与航天遥感图像（如图4-3所示）。地形影像获取的手段也从可见光框幅式摄影，发展到多光谱、近红外、热红外、雷达成像，尤其是电荷耦合器件（CDD）推帚式行扫描、矩阵数字摄影机、成像光谱仪和激光雷达（LiDAR）的使用，使影像的空间分辨率从早期的80m（LandSat MSS）发展到亚米级高分卫星影像产品，如美国数字地球（DigitalGlobe）公司已开始发售0.3m分辨率的WorldView-3卫星（2014年发射）数字影像产品。图像采集也从模拟图像逐步发展到全数字模式。在航空摄影领域，通过CCD线阵列摄影机的侧向倾斜扫描和航向倾斜扫描，可获得地面的立体重叠影像，借助数字摄影测量自动化处理，能快速获取地表三维信息。在高空间分辨率光学卫星发展的同时，高空间分辨率的SAR（合成孔径雷达）卫星已进入实用化阶段。目前，航空航天遥感正在向“三多”（多传感器、多平台、多角度）和“四高”（高空间分辨率、高光谱分辨率、高时相分辨率、辐射分辨率）方向发展，并积累了海量的遥感图像资料。据美国数字地球公司公布的资料，2013年该公司存档遥感影像覆盖面积就超过了40亿km^2。

（二）地形数字表达方法

无论是等高线地形图、地貌晕渲图还是航空航天遥感影像，都主要是在二维平面（往往是投影平面）上对三维地理世界的模拟与表达。对信息时代的地形表达而言，一方面需要从地理位置与几何测量特性方面去理解与描述，以满足地图制图与运用的基本需求；另一方面，实际地表环境作为一种三维地理景观，如何在GIS及计算机图形图像学、数据库等技术支持下，充分考虑视觉生理感受，建立既能再现真实地形，又具有可量测和空间分析功能的地形表达手段，成为现代地理学、测绘学所关注的目标。同时，传统地形图中等高线、晕渲法、晕滃法及分层设色等表达手段，起源于测绘技术欠发达、数据采集手段较为落后的手工制图时代，表示方法较为单一、制作技术繁复，在信息技术时代也需要进一步改进和融合。

当前对地形地貌的表示，不再仅仅以人们常见的直观的地形图形式，即以等高线表示地貌、用图例符号表示地物，而更多地使用信息技术和利用计算机工具，通过在存储介质中的大量的、密集的、呈规则分布或不规则分布的地面点的空间坐标和地形属性代码，以数字的形式加以描述。地形的这种表达形式称为数字地面模型（Digital Terrain Model，DTM），定义为区域地形表面诸特性的数字化表达。当地形属性代码为地面高程时，即为数字高程模型（Digital Elevation Model，DEM）。1958 年，美国麻省理工学院的米勒教授首先将计算机与摄影测量技术结合，开展计算机辅助下的道路设计工作时，提出了数字地面模型（DTM）概念，开启了数字地形表达的新阶段。同时，20 世纪 70 年代以来，计算机地图制图、数据库及 GIS 技术的发展推动了地理学、地图学的技术革命。计算机技术在很大程度上改变了地图制图的生产方式，同时也改变了地图产品的样式和用图概念。借助于数字地形表达，现实世界的三维特征能够得到充分而真实的再现。在现代地理信息科学中，针对数字地形的数据采集、信息加工、三维建模与可视化应用成为重要的技术分支。在基础地理信息系统中，地形地貌成为基础地理数据库的核心要素（图层），也成为支持专题地理要素表达与空间分析的地理基础。

从模拟纸质地形图到数字化的 DTM 和 DEM 产品及应用，是人类对地形认知的一次飞跃，实现了地形从二维、静态表达向三维、动态表达的巨大变革。和传统的地形图相比，以 DEM 为代表的地形地貌数字化表达方式有着诸多的优点，主要表现在：

（1）容易以多种形式显示地形信息。地形数据经过计算机软件处理后，产生多种比例尺的地形图、纵断面图和立体图。而常规地形图经制作完成后，比例尺不容易改变，改变或绘制其他形式的地形图，则需人工处理。

（2）精度不会损失。常规地形图随着时间的推移，图纸将会变形，失掉原有精度，而 DEM 采用数字媒介，因而能保持原有精度。同时，常规的人工方法在地形图上制图，精度容易受到损失，而由 DEM 直接输出，精度将得到控制。

（3）容易实现自动化、实时化。常规地图的增删和修改都必须采用制图相同的工序，劳动强度大，生产周期长且不利于地图的实时更新。而 DEM 由于是以数字形式存储的，因此更新或改变地形信息只需将待修改信息直接输入，经过软件处理后即可产生实时化的各种地形图。

（4）数字形式存储的地形数据特别适合进行各种地形定量化的描述和地形三维建模分析，是各种地学分析的得力工具。正因为上述优点，数字高程模型（DEM）成为应用最为广泛的新一代地形图，也成为 GIS 空间数据库中最重要的组成部分之一，是地表演化和大气过程模型化的基础数据及 GIS 地学分析与三维空间数据处理及地形分析的核心数据。下一小节将对数字高程模型（DEM）的相关内容进行详细介绍。

二、数字高程模型概述

1955—1960 年，美国麻省理工学院测量实验室主任米勒（Miller）教授在与麻省土木工程部门与交通部门合作开展研究期间，首次将计算机与摄影测量技术结合在一起，比较成功地解决了道路工程的计算机辅助设计问题。他在用立体测图仪建立的光学立体模型上，快速量测了沿着待选公路两侧规则分布的大量样点的三维空间角坐标，接着输入计算机中，利用计算机取代人工执行了土方估算、分析比较和公路选线等繁重的手工作业，大量缩减了工程设计的时间和费用，取得了良好的经济与应用效益。米勒教授的重要贡献不仅在于解决道路计算机辅助设计这一特殊工程课题。1958 年，他和拉·弗雷姆（La Flamme）合作发表的论文中提出了数字地面模型（DTM）的概念，并在 DTM 中使用横断面数据来定义数字地形。此后，DTM、DEM 的概念逐步在学术界、工业界得到广泛使用。从 1972 年起，国际摄影测量与遥感学会（IPRS）一直把 DEM 作为研究主题，并下设于“摄影测量和遥感的制图与数据库应用”委员会下，成立专门工作组开展国际合作研究。20 世纪 90 年代，各国测绘业界逐步把 DEM 纳入数字测绘生产的基础产品体系，DEM 已经成为独立标准的基础产品，越来越广泛地用来代替传统地形图中等高线对地形的描绘。同时，DEM 作为数字地形模拟的重要成果，已成为国家空间数据基础设施（NSDI）的基本内容之一，并被纳入数字化空间数据框架（DGDF）进行规范化生产。今天，数字高程模型作为地球表面地形的数字产品，已成为空间数据基础设施和“数字地球”的表达重要组成部分。本小节将从数字高程模型（DEM）的概念、获取方式、主要产品与数据模型对其进行介绍。

（一）DEM 与 DTM

在实际应用中，DTM 与 DEM 概念往往容易混淆。从术语的使用来看，由于 DTM 概念产生最早，并从公路设计与规划应用逐步向测绘、地理信息等领域扩展。自从 20 世纪 70 年代开始，美国率先利用数字制图技术，提出发展 DEM 产品，并与数字正射影像（DOM）、数字线划地图（DLG）等一起，形成了数字测绘产品体系。因此，国际测绘业界往往把 DEM 作为数字测绘的标准地形数据产品，也是测绘生产与分发的初级产品形式，当 DEM 在各个领域开展具体应用时，往往需要进一步提取、加工，并与其他数据（如 DOM、DLG 及其他专题调查数据）复合使用，进一步形成 DTM。DTM 是描述地球表面形态多种信息空间分布的有序数值阵列，这些信息往往是多方面的，包括：①地貌信息，如高程、坡度、坡向等；②基本地物信息，如水系、交通网、建筑等；③自然资源与环境信息，如土壤、植被、地质、气候、太阳辐射等；④社会经济信息，如某地区的人口分布、工农业产值、国民收入等。当 DTM 所描述的空间信息为地形起伏或者高程时，这时的 DTM 就可以称为数字高程模型（DEM）。可见，在一定意义上 DEM 是 DTM 的一个子集，是 DTM 中最基本的部分，一般也是数字测绘生产的初级产品形式。

DEM 的应用路线如图 4－4 所示。其内容主要包括两个部分：一是地面形态的数字化表达，即通过数据获取、处理优化和数字地形建模等方式形成 DEM 产品。另一个是以 DEM 产品为基础进行地形分析与综合应用，如基于标准 DEM 产品进行地面坡度、坡向、地表曲率、地形粗糙度等基本地貌因子的提取，也称为 DEM 解译。在应用过程中，还可以基于数字高程模型，结合其他专题数据与信息对高程数据进行推导、派生与组合，生成满足各个领域的 DTM 及其应用。如结合地表水文物理模拟过程分析，进一步提取流域水系结构，开展流域单元划分与流域水文建模分析，构建数字流域模型等。

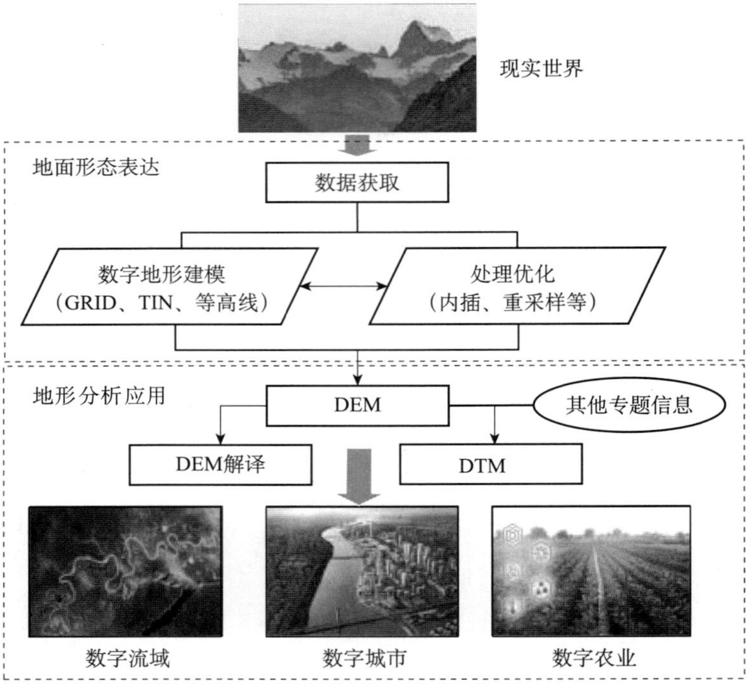

图 4－4　DEM 应用路线

（二）DEM 数据获取

DEM 建立的第一步工作就是数据获取。DEM 的数据源和数据获取方式对 DEM 的质量和应用效果极为重要。建立 DEM 所需要的数据主要包括高程数据，在可能的条件下还应包括各种地形结构数据如山脊线、山谷线、断裂线等。此外，DEM 的应用目的、数据采集效率和成本、使用者的专业技术熟练程度也影响着 DEM 数据的采集方法和策略。目前 DEM 数据获取的主要来源包括地形图、摄影测量与遥感影像数据、地面测量和现有 DEM 数据产品等。

1. 地形图

地形图是地貌形态的传统描述方法，主要通过等高线来表达地面高度和地形起伏。目前几乎世界上所有的国家和地区都拥有各种不同比例尺的地形图，它们是 DEM 的主要数据来源之一。现有地形图有如下的特点，在具体应用时必须加以注意。

（1）地形图的现势性。传统地形图的更新周期一般比较长，往往不能及时反映地形地貌的变化情况。对于经济发达地区（如城市），土地开发利用使地形地貌变化剧烈而迅速，在这些地区，现有地形图一般不宜作为 DEM 的数据源；但对于其他地形变化比较缓慢的地区，现有地形图无疑是 DEM 价廉物美的数据源。

（2）地形图的存储介质。地形图多为纸质存储介质，存放环境等因素的影响会使地形图产生不同程度的变形，在具体应用时要进行纠正。

（3）地形图的精度。地形图的精度与比例尺、等高距有关，比例尺越小，等高距越大，地形的综合程度越高，地形图的精度就越低，表达地形起伏也就越近似。

地形图可通过各种数字化设备进行数字化，常用的数字化方法有如下几种：

（1）手工方法。采用方格膜片、网点板或带刻度的平移角尺叠置在地形图上，并使地形图的格网与网点板或膜片的格网线逐格匹配定位，自上而下、从左到右逐行量取高程。当格网交点落在相邻等高线之间时，用目视线性内插方法估计高程值。

（2）手扶跟踪数字化仪采集。采集方式包括沿主要等高线采集平面曲率极值点，并选采高程注记点和线性加密点作补充；逐条等高线的线方式连续采集样点，并采集所有高程注记点作补充，这种方式适用于等高线较稀疏的平坦地区；沿计曲线和坡折线采集曲率极值点，并补采峰鞍线和水边线的支撑点，分别以等高线、峰鞍链和边界的带高程属性的弧段格式存储。

（3）扫描数字化仪采集。这种方式采集速度最快，尤其是对分版等高线图扫描自动跟踪矢量化，借助少量人工干预，就可自动地记录每条等高线并依据等高线之间的高程递增或递减关系自动地赋予高程值。但对离散高程注记点，仍需采用人工交互屏幕采集方式采集高程。在各种地形图数字化方法中，手工方法可直接获取规则格网 DEM，不需要进行内插处理，DEM 精度取决于目视内插精度，同时几乎不需要购置仪器设备且操作简便，但效率低，工作强度大；手扶跟踪数字化所获取的向量形式的数据在计算机中比较容易处理，但速度慢，人工劳动强度大，所采集的数据精度也难以保证，特别是遇到线化稠密地区，几乎无法进行作业；扫描数字化效率较高，人工干预少，是目前大范围地形数据采集的主流方法，但要考虑扫描仪分辨率、连贯性、稳定性、彩色或灰度以及软硬件处理能力等因素的影响以及较高技术含量的成本。

2. 摄影测量与遥感影像数据

航空摄影测量一直是地形图测绘和更新最有效最主要的手段，其获取的影像是高精度大范围 DEM 生产最有价值的数据源。利用该数据源，可以快速获取或更新大面积的地形数据，从而满足应用中对数据现势性的要求。航天航空遥感也是快速获取大范围 DEM 数据的另一种有效方法，但从具体的实验结果来看，从卫星遥感系统如 Landsat 系列卫星的 TM 和 ETM 影像以及 SPOT 卫星的 HRV 立体影像像对所获取的高程数据，其相对精度和绝对精度都比较低，只适合于生成小比例尺的 DEM，对大比例尺的 DEM 生产并没有太大的价值。近年来出现的高分辨率遥感图像，如 1m 分辨率的 IKONOS 卫星图像、0.61m 的快鸟卫星图像、合成孔径雷达干涉测量技术、机载激光扫描仪等新型传感器数据被认为是快速获取高精度高分辨率 DEM 最有希望的数据源。获取影像数据后，可以基于航空或航天遥感影像的立体像对，用摄影测量的方法建立空间地形立体模型，量取密集数字高程数据来建立 DEM。采集数据的摄影测量仪器包括模拟解析和数字摄影测量与遥感仪器。依据摄影测量时对地形点选取方式的不同，可构建不同的高程数据采样方法，如规则采样法、渐进采样法、随机采样法、混合采样法等。

3. 地面测量数据

地面测量是传统的测绘数据获取手段，用全球定位系统、全站仪、电子平板或经纬仪、测距仪等配合袖珍计算机，在已知点位的测站上，观测到目标点的方向、距离和高差三个要素，进而计算出目标点的三维坐标，并输入计算机作为建立 DEM 的原始数据。地面测量方式可获取较高精度的高程数据，常用于小范围内的大比例尺地形测图和地形建模，如公路铁路勘测设计、房屋建筑、场地平整、水利建设等对高程精度要求较高的工程项目。地面测量方式工作量大，周期长，费用较高，一般不适合大规模的数据采集。另外，也可采用地面摄影测量在地面摄取立体像对，通过近景摄影测量方法获得小区域的 DEM。此时数据的采集方法与航空摄影测量基本相同。近景摄影测量的方法还可以运用到移动制图上，在移动的制图平台上（如汽车）得到沿驾驶路线的 DEM 数据。利用气压测高法、航空测高仪等可获得精度要求不太高的高程数据，适用于大范围高程精度要求不高的科学研究，但其数据一般不可以满足制作 DEM 的精度要求。

4. 现有 DEM 数字产品

目前世界各国，特别是较发达的国家，均逐渐建立了覆盖本国国土乃至全球范围的各种分辨率及精度的 DEM 数据产品。从 20 世纪 90 年代起，我国也大力开展国家基础地理信息数据库的建设。1994 年，我国初步建成全国 1∶1000000 地形数据库和数字高程模型数据库；1998 年，完成了 1∶250000 地形数据库和数字高程模型和地名数据库建设；2002 年，建成全国 1∶50000 数字高程模型数据库，并更新了全国 1∶1000000 和 1∶250000 地形数据库；2006 年起，各省也启动建设各自省区的 1∶10000 地形数据库和数字高程模型、正射影像数据库等。此外，在全面建设中国国家基础地理信息数据库的背景下，面对数字中国地理空间框架建设和保持基础地理数据现势性的迫切需求，国家测绘地理信息局于 2012 年启动了国家基础地理信息数据库动态更新工程，对国家 1∶50000、1∶250000、1∶1000000 基础地理信息数据库进行持续动态更新。同时，对 1∶10000 省级基础地理信息数据进行整合处理与数据库优化升级，逐步构建全国统一协调的 1∶10000 基础地理信息数据库。上述 DEM 数字产品大部分均可通过各国、各地区和机构的基础信息数据共享平台免费获取（有分辨率限制）。因此，在现有的 DEM 数据产品基础上，利用 GIS 等空间信息科学技术提取局部地区的数字高程模型资料，并根据应用需要进行适当的处理和修正，是基础数据资料相对匮乏地区最为有效的 DEM 数据获取方式。

（三）全球 DEM 数据产品

随着高分辨率遥感卫星、雷达卫星及测绘卫星技术的快速发展，全球大量的不同于传统航空测绘领域的 DEM 数据产品，为全球变化与区域可持续发展等研究提供了丰富的数据资源。同时，很多数据都面向普通用户，提供免费下载和便捷使用功能。目前有三款应用十分广泛的免费的全球 DEM 数据产品。

1. SRTM DEM 数据

SRTM 数据是美国航空航天局（NASA）和国防部国家测绘局（NMA）联合执行的全球雷达测图计划（Shuttle Radar Topography Mission，SRTM），通过“奋进”号航天飞机观测得到的雷达影像数据制作得到全球尺度高程产品。SRTM 任务从 2000 年 2 月 11 日开始，历经 11 天，获取了全球北纬 60°至南纬 57°之间的陆地高程数据，覆盖全球陆地表面 80% 以上的范围。

SRTM 根据数据精度和处理级别的不同，分为多个版本。原始版本的 SRTM 高程数据由 NASA 的喷气推进实验室（JPL）根据 C 波段雷达观测值生成，原始分辨率为 1 角秒（约 30m），平面基准是 WGS84 地理坐标，高程基准是 EM96 大地水准面。然而，在 2014 年以前，全球公开的数据版本仅为 90m 分辨率的 SRTM3，30m 的数据只覆盖美国大陆地区。SRTM3 由于在平坦地区精度较为稳定，是目前全球范围使用最为广泛的数据，单幅数据大小覆盖范围为 90m × 90m。由于雷达侧视成像模式，在坡度较大的崎岖地形区域，雷达生成的 DEM 数据容易形成数据空洞。SRTM 数据的第二版由美国国家地理空间情报局（NGA）针对原始数据对水体和海岸线边界进行了编辑，并且对一些小空洞进行填充，称为 SRTM v2。在 SRTM 各个版本的数据中，最为著名的是由国际热带农业中心（CGIAR—CSI）处理并发布的 SRTM3 v4.1。SRTM3 v4.1 数据是利用罗伊特等（Reuter et al.）提出的插值策略结合辅助数据对 SRTM 数据中的空洞进行填充，生成的无缝数据。这个版本的 DEM 垂直精度据称达到 1m（90% 置信度）。然而，根据以往的数据使用经验，经过空洞填充的 SRTM3 数据在山区的质量依然十分不稳定，精度水平较差，继而影响后续应用。从 2014 年 9 月开始，美国国家地理空间情报局（NGA）开始陆续发布全球范围内的 DEM 数据产品 SRTM1，这个 30m 分辨率的雷达高程产品的发布具有重要意义。然而，SRTM1 数据目前的版本中仍存在较大范围的数据空洞，因而限制了它的直接应用。SRTM1 DEM 数据的主要参数如表 4 - 1 所示。

表 4-1　全球数字高程数据产品主要参数对比

参数	产品		
	SRTM1	ASTER GDEM v3	AW3D v2.2
发布机构	NASA，JPL	NASA，METI	JAXA
原始数据获取时间	2000 年 2 月	2000—2009 年	2006—2011 年
获取技术	SAR 干涉测量	光学立体像对	光学立体像对
产品发布时间	2015 年 1 月	2019 年 8 月	2019 年 4 月
覆盖范围	北纬 60°至南纬 56°	北纬 83°至南纬 83°	北纬 82°至南纬 84°
水平分辨率	30m	30m	30m
设计高程精度	RMSE 9.7m	RMSE 10.2m	RMSE 5m
验证高程精度	6～9m	6.4～11.2m	约 3.4m

2. ASTER GDEM 数据

ASTER GDEM 是美国航空航天局（NASA）与日本经济产业省（METI）共同推出的全球数字高程模型数据产品。该数据是利用新一代对地观测卫星 Terra 搭载的 ASTER 传感器（先进星载热发射和反射辐射仪）所采集的 130 万对立体图像而研制。ASTER 设计了两个独立的传感器沿着航迹方向分别于不同时刻对同一地区进行成像，两传感器视线的夹角为 27.7°，这种双传感器观测方式（类似于航空摄影测量立体成像原理）能在沿航迹方向提供立体观测与地形测绘能力。

2009 年，第一版数据 ASTER GDEM v1 发布，该数据覆盖范围为北纬 83°到南纬 83°之间的所有陆地区域，占地球陆地表面的 99%。ASTER GDEM 计划第一次实现了对全球陆地区域的全覆盖三维制图，填补了航天飞机测绘数据（相较于 SRTM 计划）中的许多空白。同时，ASTER GDEM 面向全球用户免费开放使用 30m 分辨率的 DEM 产品，成为全球陆地覆盖率最广的公开 DEM 数据产品，为全球变化区域规划、环境治理、灾害防治等众多领域提供了精确地形数据。然而，ASTER GDEM v1 数据中仍然存在明显的云和边界堆叠造成的异常值，噪声也非常严重。2011 年，第二版数据产品 ASTER GDEM v2 发布，该数据产品在前一版本基础上加入了新获取的 25 万立体观测数据，利用更加先进的算法，同时考虑了水体的边界，得到了精度更高的数字高程数据产品。ASTER GDEM v2 数据产品可以通过日本的地球遥感数据分析中心（ERSDAC）和 NASA 的陆地过程分布式活动档案中心（LPDAAC）免费获取。根据美国和日本联合发布的精度验证报告，GDEM1 数据垂直精度约为 20m（95% 置信区间），而 GDEM2 的垂直精度为 17m（95% 置信区间）。尽管新版的 ASTER GDEM v2 比起第一版数据质量上已有较大的提升，但是仍然受到严重的伪痕和异常值的影响。由于通过光学立体像对生成高程值，ASTER GDEM 数据精度对地物覆盖较为敏感，亦容易受到噪声的影响。2019 年 8 月 5 日，NASA 和 METI 共同发布了 ASTER GDEM v3 版本，在 v2 的基础之上，新增了 36 万光学立体像对数据，主要用于减少高程值空白区域、水域数值异常。ASTER GDEM v3 数据的主要参数如表 4－1 所示。

3. ALOS 卫星数据

先进对地观测卫星（Advanced Land Observation Satellite，ALOS 卫星）属于日本地球观测卫星计划系列，由日本国家空间发展局（NASDA）研制，于 2006 年 1 月 24 日在日本种子岛航天发射中心（NTSC）发射。ALOS 卫星光学传感器主要提供 2.5MB 全色数据、10MB 多光谱数据（包括蓝、绿、红、近红外共 4 个波段）和 PALSAR（L 波段雷达数据）。ALOS 卫星每年至少对全球覆盖一次重点地区多次覆盖，它在测绘、区域环境观测、灾害监测、资源调查等领域发挥了重要作用。

ALOS 卫星加载全色遥感立体测绘仪（The Panchromatic Remote Sensing Instrument for Stereo Mapping，PRISM），主要用于数字高程测绘。PRISM 有 3 个独立的光学成像系统，沿轨道方向获取星下点、前视和后视三重影像数据，星下点影像幅宽为 70km，空间分辨率为 2.5m，前视和后视影像幅宽均为 35km，PRISM 传感器的这种宽视场能力使得它在不需要机械扫描或对卫星进行偏航控制的情况下就能提供几乎完全重叠的立体影像组，前视和后视相机与星下点方向分别成 23.8°，这种结构使得 ALOS 立体影像拥有较高的基高比，丸屋等（Maruya et al.，2007）的研究结果表明在同等条件下，基高比高的立体像对组合能产生高精度的数字高程模型。2013 年起，日本宇宙航空研究所（Japan Aerospace Exploration Agency，JAXA）基于 PRISM 传感器采集的光学立体像对数据，同时开发了一个高速光学立体像对数据处理系统，每天处理 2TB 数据（2000 幅），经过两年多完成了全球范围的数据共计 300 万个场景的数据处理和验证工作，于 2016 年对外发布了 ALOS World 3D（AW3D）数字高程模型产品。该产品水平分辨率最高可达 0.5 ~ 5m 范围（能够免费下载的最高为 30m，即 AW3D 30），理论高程精度为 5m，可覆盖全球绝大部分陆地区域，是目前世界上最精确的全球 DEM 数据产品。从 2016 年开始，JAXA 每年都会发布一个新版本的 AW3D30 产品，2019 年 4 月发布的 AW3D 30 v2.2 版本相关参数如表 4－1 所示。

（四）DEM 数据模型

在实际应用中，DEM 的数据模型主要包括规则格网模型（GRID）、不规则三角网模型（TIN）和等高线模型三种。这三种数据模型各自具有其优缺点，并分别适用于不同的应用目的和范围，一般都得到主流空间信息科学技术软件平台的支持。

1. 规则格网模型

规则格网模型是将地形曲面划分成一系列的规则格网单元，每个格网单元对应一个地形特征值（如地面高程），如图 4－5 所示。格网单元的值一般通过分布在格网周围的地形采样点用内插方法得到或直接由规则格网的采样数据得到。规则格网有多种布置形式，如矩形、正三角形、正六边形等，但以正方形格网单元最为简单，同时也比较适合于计算机处理和存储。规则格网的另一特点是容易与航空、遥感等影像数据结合。事实上，规则格网模型已成为一种通用的 DEM 数据组织标准，前文介绍的三种全球 DEM 数据产品均属于规则格网数据，许多国家的 DEM 数据，如美国 USGS DEM、我国 1∶5 万比例尺以下的 DEM 也都是以规则格网高程矩阵形式提供的。

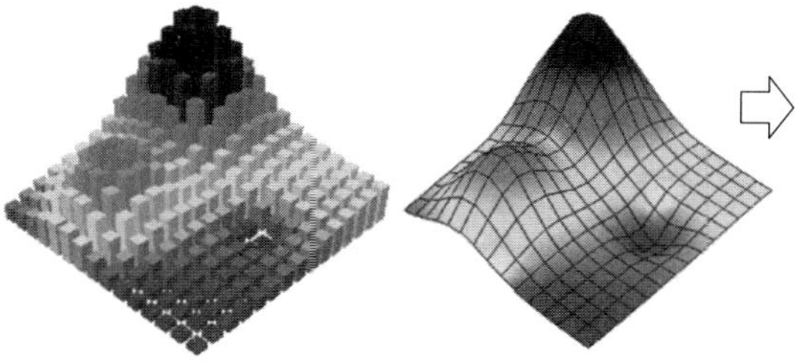

地形起伏

3	1	2	2	1	6	3	1
3	3	3	2	2	3	3	3
3	3	4	3	3	5	4	2
4	2	3	5	1	3	3	4
3	5	3	2	1	3	3	3
3	7	3	2	1	1	2	3
3	2	3	3	1	2	6	3
2	3	3	3	1	3	3	3

代表地表高程的离散点

图 4－5　规则格网 DEM 数据模型

规则格网 DEM 属于镶嵌型数据，是用连续网格单元来逼近真实地形表面，其表达精度取决于水平格网单元的精细程度和垂直方向上的高程误差，前者称为水平分辨率，后者可称为垂直分辨率。在规则格网 DEM 中，DEM 的水平分辨率也就是格网间距，是一个重要的尺度参数，是对地形形态的一种描述，水平分辨率越细，格网对地形形态描述就越准确，但数据冗余现象也可能越突出。因此选取较细但合理的水平分辨率能较好地描述地形形态。水平分辨率在东西方向和南北方向可以一致，也可以不一致，其单位可通过米（m）或经纬差（度）来表达。垂直分辨率是指 DEM 高程数据记录的精度定义，如 SRTM 1 和 ASTER GDEM 等全球 DEM 数据产品，其高程数据一般凑整至米，即高程以 1m 为增量，垂直分辨率单位为 m。我国 1∶50000 数字高程模型生产技术中也规定，高程数据以 m 为单位，保留小数点后一位，也就是说，高程数据的垂直分辨率为 dm（分米）。大范围的 DEM 数据也有以 5m 甚至 10m 为高程数据记录单位的，这时的垂直分辨率分别为 5m 和 10m。垂直分辨率实际上反映了高程数据的舍入误差，表征着 DEM 对地表逼近程度的精度。

规则格网 DEM 的优点在于结构简单、适合计算机处理和存储，以及易与影像数据结合；这主要得益于它的规则结构。然而，这一规则结构的缺点也是十分明显的，如固定的分辨率在应用中往往造成简单地形上的数据冗余，而对起伏程度变化大的区域则描述不够精细；不能准确反映地形地貌特征（如山峰、洼坑、山脊、山谷等），以及在某些计算中造成方向性偏差等。虽然可通过各种压缩方案对 DEM 数据进行压缩以减少数据冗余，或通过附加地形特征数据来提高对地形的表达精度，但其固有的规则结构如格网分辨率、格网方向、地形表达精度等仍然是其应用中必须考虑的问题。

2. 不规则三角网模型

不规则三角网模型是直接用原始数据采样点建造的一种地形表达方法，其实质是用一系列互不交叉、互不重叠的三角形面片组成的网络来近似描述地形表面，如图 4－6 所示。与规则格网的 DEM 相比，不规则三角网在模型中保持了原始采样点，可以很好地顾及各种地形特征点和特征线如山脊、山谷、地形断裂线等，同时又能随地形的变化而改变采样点的密度和分布，具有可变分辨率的特征，因而能够避免地形平坦地区的数据冗余。不规则三角网对地形曲面的逼近程度取决于原始数据点的分布、密度和三角形的形状。由于地形的自相关性，地形采样点相互间越接近，其关联程度就越大。同时，理论与实践均证明：狭长的三角形插值精度比规则的三角形插值精度和可信度要低。因此，在不规则三角网中对三角形的几何形状有着严格的要求，可归纳为以下三条原则：①尽量接近正三角形。②保证用最近的点形成三角形。③三角形网络唯一。以上原则也是建立不规则三角网模型的三角剖分指导原则。在具体实现上，目前常用的判断准则有空外接圆准则、最大最小角准则、最短距离和准则、张角最大准则、面积比准则、对角线准则等，其中最广泛采用的是空外接圆准则和最大最小角准则。

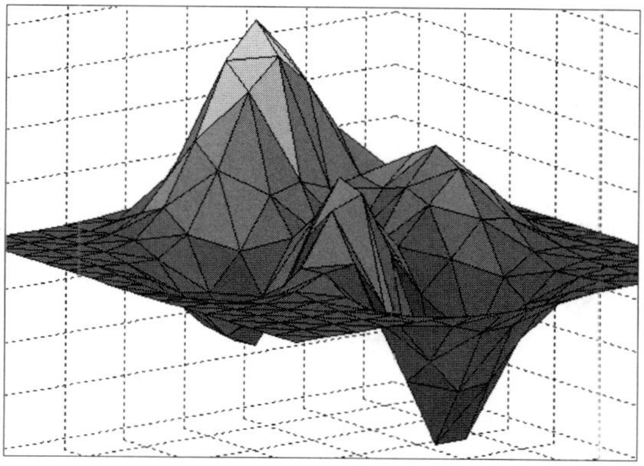

图 4－6　不规则三角网 DEM 数据模型

由于不规则三角网采用了不规则的网络结构，其数据存储方式比规则格网更加复杂，不仅要存储每个点的高程，还要存储其平面坐标、相邻三角形之间的拓扑关系等。因此，不规则三角网在概念上与地理信息系统中的矢量拓扑结构类似，但不需要描述一般多边形结构中的“岛屿”或“洞”的拓扑关系。不规则三角网模型可以采用多种方式来描述和组织，如链表结构、面结构、点结构、点面结构、边结构、边面结构等，但以直接表示三角形及其邻接关系的面结构应用最为普遍。

3. 等高线模型

等高线模型是一系列等高线的集合，即采用类似于线要素的矢量数据来表达 DEM，但一般需要描述等高线间的拓扑关系，如图 4 –7 所示。等高线模型的数据一般直接来源于对地形图的数字化，它的特点是直观，易于理解地表特性的变化规律，但不利于完成空间三维特性的分析。等高线模型一般用作其他模型数据分析结果的输出，但在水文分析模型应用中，通常利用建立等高线间的拓扑关系来分析水文学过程。这里最典型的例子是在数字地形分析水文模型中常用的等高线—流线网络模型。在这一模型中，等高线和垂直于等高线沿最大坡降方向的流线组成网络，从而将地表划分为由上下等高线和流线为边界的平面单元，从水文关系上定义单元之间的拓扑关系，将众多复杂的三维空间的现象和过程，简化为在一维空间（上游—下游）上的简单关系。

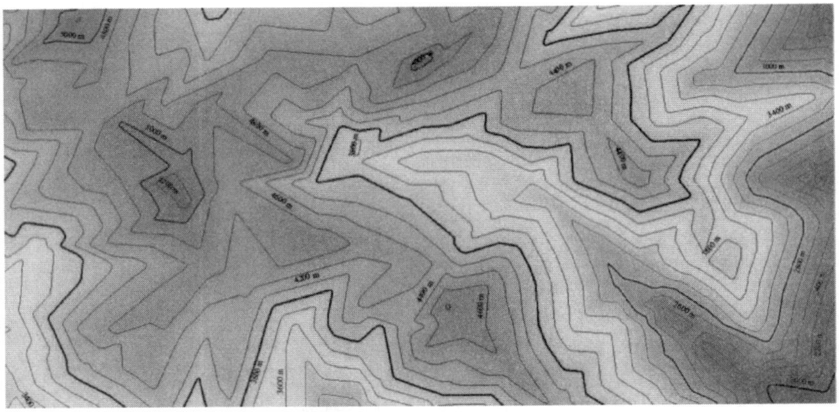

图 4 –7　等高线 DEM 数据模型

第二节　数字地形分析

地形信息是生产生活需要考虑的重要因素。例如城市规划、景观设计、道路设计、水文分析等，需要综合考虑当地的地表形态，因地制宜；地质学家和地理学家要研究地表结构；生物学家需要根据不同的地形特征分析生物的分布。因此地形信息和地形分析是测绘地理学科领域的重要内容。

地形分析是地理环境认知的重要手段，最早的地形分析基于二维平面上的地图来进行，尤其在野外考察中，通过对地形图的判读联系实际观察，可以方便快捷地确定点位以及确定所处地区的地貌特征。随着计算机技术的不断发展，地形分析模型可以结合计算机软件来实现，并自动生成某些地形分析要素，提高了效率，减少了人工工作量。近年来，三维可视化技术和虚拟现实技术不断发展，使地形表面及地形分析结果可以在计算机中以可视化的形式进行展现。

数字地形分析技术是常规纸质地形图分析及 DEM 应用范围的拓展和延伸，其核心内容包括两个方面的内容，一是地形因子的提取和量算，二是地形特征的分析和提取。前者包括如何确定点的高程、两点之间的距离和方位、特定点的坡度坡向，以及给定区域的面积、表面积和体积的计算等；后者则是地形特征识别及地理对象的相关关系分析，如在数字地形图上根据离散高程数据或等高线疏密程度判断地势起伏与地形走向，进而识别山脊、山谷等地貌特征等。本小节将基于上述两方面的内容，以数字高程模型 DEM 数据为对象对数字地形方法进行简要介绍。

一、地形因子提取

（一）坡度和坡向

坡度与坡向是相互联系的两个参数，坡度反映斜坡的倾斜程度，坡向反映斜坡所面对的方向。作为地形特征分析和可视化的基本要素，坡度和坡向在流域单元、景观单元和形态测量等研究中地位十分重要。坡度和坡向与其他参数一起使用，有助于诸如森林蕴藏量估算、水土保持、野生动植物保护选址分析、土地利用及其他应用问题的解决。例如，在农业土地开发中，大于25°的坡度一般被认为是不适宜耕种的，而在热带经济作物耕种规划中，坡向则是评估寒冷冻害风险的重要因子。

地面一点的坡度是过该点切平面与水平地面的夹角，表示了地表在该点的倾斜程度。实际应用中所说的坡度是指坡度值，即地表曲面函数在该点的切平面与水平面的夹角值。坡度有两种计算方式，即坡度百分比数（%）和度（°）。坡度百分数也称为坡降，是以百分数表示的垂直距离

（高程增量）和水平距离（距离增量）之比，以图 4－8（a）为例，其计算方式如下：

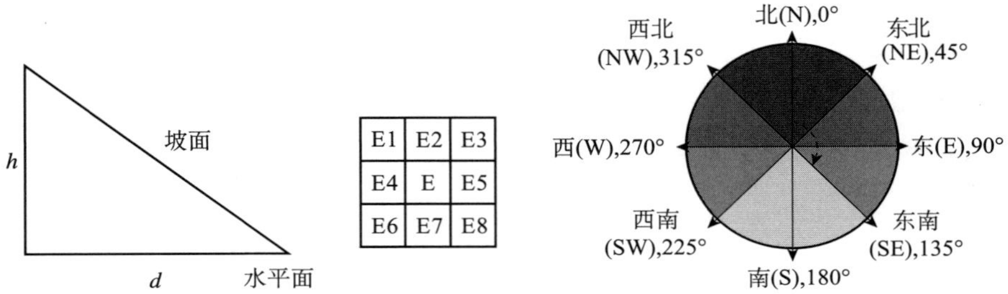

（a）坡度计算　　（b）栅格邻域　　（c）坡向分级

图 4－8　坡度坡向计算相关图示

$$\beta = h/d \times 100\% \tag{4-1}$$

式中 β 表示坡度，h 和 d 分别代表垂直距离与水平距离。而坡度的度表示则为坡面与水平面之间的夹角，也称坡角，可以通过垂直距离与水平距离的反正切值表示：

$$\beta = \arctan(h/d) \tag{4-2}$$

在实际应用中，采用何种单位往往与具体的应用目的和专业习惯相关。例如，在农业、水文等领域，一般采用度作为单位；而在公路、铁路、水利工程中，则更多地采用坡度百分数作为坡度度量单位。

对于规则网格的 DEM 数据而言，其坡度分析是 GIS 数字地形分析方法的重要组成部分，该方法认为对于每一个 DEM 栅格单元，其坡度就是该中心栅格到邻域栅格单元的高程变化率，可根据它们之间的高程值差异计算。坡度值的表述方式为度或百分比，以百分比为例，中心栅格单元坡度的计算方法如下：

$$\beta = dE/dd \times 100\% \tag{4-3}$$

式中 β 为中心栅格单元的坡度百分比，dE 和 dd 分别为栅格单元的高程增量和距离增量。

DEM 栅格的高程变化率由水平方向（x 轴）上的高程变化率和垂直方向（y 轴）的高程变化率组成，由此将式（4－3）转化为：

$$\beta = \sqrt{(dE/dx)^2 + (dE/dy)^2} \times 100\% \tag{4-4}$$

式中 dE/dx 和 dE/dy 分别为中心栅格水平方向和垂直方向上的单位高程变化与单位距离的比值。

按照地表坡度分析思想，对于每一个中心栅格单元，可以根据其八邻域栅格单元的高程值计算水平和垂直方向上的高程变化率。设某一中心栅格单元的高程为 E，其八邻域栅格单元的高程值分别为 E_1，E_2，…，E_8，如图 4-8（b）所示。中心栅格单元水平方向的高程变化率满足：

$$\frac{dE}{dx} = \frac{(E_3 + 2 \times E_5 + E_8) - (E_1 + 2 \times E_4 + E_6)}{8 \times x\_cellsize} \tag{4-5}$$

垂直方向的高程变化率满足：

$$\frac{dE}{dy} = \frac{(E_6 + 2 \times E_7 + E_8) - (E_1 + 2 \times E_2 + E_3)}{8 \times y\_cellsize} \tag{4-6}$$

式中 $x\_cellsize$ 和 $y\_cellsize$ 分别为栅格单元在水平和垂直方向上的边长，对于规则 DEM 数据，有：

$$x\_cellsize = y\_cellsize = cellsize \tag{4-7}$$

式中 $cellsize$ 的取值为 DEM 数据的分辨率。将式（4-5）、式（4-6）和式（4-7）代入式（4-4），即可确定各个中心栅格的坡度百分比。

坡向也称为坡面倾角（或方向角），单位为度。地面一点的坡向是该点切平面的法线在水平面的投影与过该点的正北方向的夹角。坡向是一个斜坡方向的量度，从正北方向（0°）开始，顺时针再回到正北方向结束，坡向值范围为 0°至 360°。在实际应用中，通常将坡向转换为北、东北、东、东南、南、西南、西、西北 8 个基本方向，如图 4-8（c）所示。

坡度坡向是点函数，它们是定义在点上的，只有理论意义而不具备地理意义，因此在实际应用中，常根据一定的标准将坡度和坡向分类。例如在土地利用中将坡度分级，或将坡向划分为阳坡（南）、半阳坡（东南、西南）、半阴坡（东北、西北）、阴坡（北）等，这样计算出的坡度和坡向才具有一定的地理和实际意义。

（二）坡形

局部地表坡面的曲折状态称为坡形。通常情况下可分为直线形坡、凸形斜坡、凹形斜坡和 S 形斜坡四种类型，后三种又统称为曲线形坡。三维空间中坡形是曲面，二维空间中坡形是曲线。为了研究方便，通常在二维空间中研究曲线。从分水岭到斜坡底部的地面坡度基本不变，为直线形坡。地面坡度随着与分水岭距离的增加而增加，为凸形斜坡。斜坡上半部较陡，下半部较缓为凹形斜坡。而若坡形为凸形和凹形的组合，即斜坡与阶地相间，则为S形坡。

从微观上来说，可以通过地面曲率因子和地面变率因子来测量地面点的弯曲变化程度。地面曲率因子是对地形表面某点的扭曲变化程度的定量化。在垂直方向和水平方向上的分量分别成为平面曲率和剖面曲率。地面坡度沿最大坡降方向的地面高程变化率为剖面曲率，其实质是对DEM求两次坡度。在地形表面上，对任一点，用过该点的水平面沿水平方向切地形表面所得的曲线在该点的曲率值为平面曲率。它是一个反映等高线弯曲程度的度量，其实质是对DEM进行坡向提取后，对这个坡向提取坡度。

地面变率因子描述的是坡度变率和坡向变率。在格网内部，任一格网点的坡度变化率应取该格网点相邻八个格网点坡度变化率中绝对值最大的一个，并与它有相同的符号。对于位于四角的格网点，它的坡度变化率根据相邻三个格网点的坡度变化率确定，位于边沿但非四角的格网点，根据它对相邻五个格网点的坡度变化率确定。坡度变率表现地形曲面坡度的变化速率，而坡向变率表现地形曲面坡向的变化速率。两者的计算分别是在坡度和坡向的基础上，再次求解坡度得到的。

（三）面积

地形面积计算包括平面面积或投影面积以及表面积计算，它们是地形形态和其他地形参数如体积、表面粗糙度等计算的基本参数。在规则格网DEM数据中，只需要对落在计算区域内的栅格单元的面积求和即可得到区域的投影面积。根据计算方法的不同，有栅格单元累计法、基于积分原理的条柱法等。

1. 栅格单元累计法

基于栅格单元的累积法是对落在计算区域内的栅格单元进行累加，然后乘以栅格单元面积，计算公式为：

$$S = NS_G \tag{4-8}$$

式中，S 为计算区域的面积，N 为计算区域内栅格单元总数，S_G 为单个栅格单元的面积。当多边形区域内含有岛时，应从总面积中减去岛的面积。

由于栅格数据往往采用某种方式进行压缩存储，因此 N 的统计要根据具体的压缩算法而定。例如，对于游程编码压缩方案，N 为各个游程长度的和，对于四叉树编码压缩方案，N 为各个叶结点大小的和，而基于 Morton 压缩编码，N 为各个压缩编码段的长度之和。

2. 基于积分原理的条柱法

基于积分原理的条柱法是以栅格行（或列）为参考方向，统计当列号（或行号）相同时，其最大行号与最小行号（或最大列号于最小列号）的差，将所有的差数累加，再乘以栅格单元面积，则得到多边形的面积，如图 4-9（a）所示。其计算公式为：

$$S = S_G \sum_{i=1}^{n} [\max(column_i) - \min(column_i) + 1] \qquad (4-9)$$

式中，$\max(column_i)$ 和 $\min(column_i)$ 分别代表某一行号 i 的最大列号与最小列号，n 为条柱总数。

式（4-9）能够对计算区域为无岛凸多边形时的投影面积进行计算。当计算区域为非凸多边形或者含有岛结构时，对当前统计的某一行（或列）而言可能有多个边界点，这时可以将边界点对应的列号（或行号）从小到大顺序排列，并组成互不重复的两两组合，在各个组合的列号之差的和，如图 4-9（b）所示。其计算公式如下：

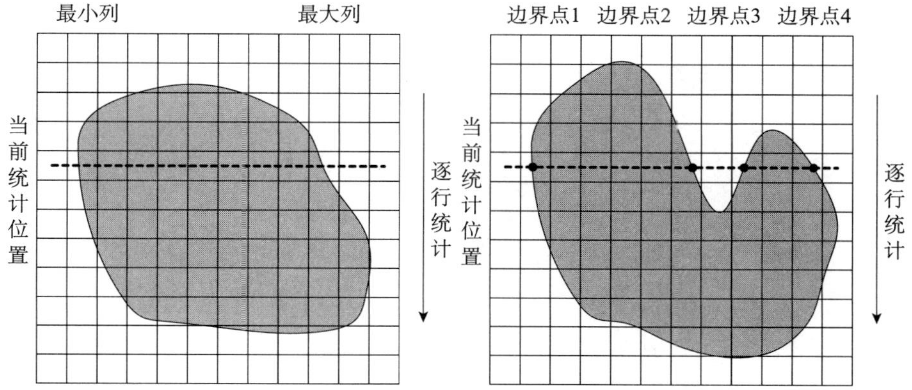

图 4-9　基于积分原理的条柱法［（a）凸多边形；（b）非凸多边形］

$$S = S_G \sum_{i=1}^{n} \sum_{j=1}^{m} (\Delta column_{i,j} + 1) \tag{4-10}$$

式中，m 为某一行上的边界点组数，$\Delta column_{i,j}$ 为对应第 i 行的第 j 组边界点的列号之差。

在规则格网 DEM 数据中计算地形表面面积，需要在将规则格网单元上拟合一个数学曲面。基于正方形格网单元的曲面拟合函数很多，对于最简单的双线性多项式，其拟合面也是一个曲面，一般采用数值积分的方式进行求解。比较常用的数值积分方法有抛物线求积法和辛卜生（Simpson）方法。其中 Simpson 方法的基本思想是用二次抛物面逼近计算曲面，从而将抛物面的表面积计算转化为函数值的计算。

（四）地形复杂度因子

地形复杂度因子包括地形起伏度、地表粗糙度、地表切割深度和高程变异系数等。具体内容如下：

1. 地形起伏度

地形起伏度是在指定区域内最大高程与最小高程的差。其计算方式为：

$$RF_i = H_{max} - H_{min}。 \tag{4-11}$$

式中，RF_i 指地形起伏度，H_{max} 指分析窗口内的最大高程值，H_{min} 指分析窗口内的最小高程值。

2. 地表粗糙度

地表粗糙度是反映地表的起伏变化和侵蚀程度的指标，定义为某一区域的粗糙度，指的是该计算区域所对应的 DEM 上的表面积与其水平投影面积的比，记为 CZ，计算方式如下：

$$CZ = \frac{S_{表面积}}{S_{投影面积}} \tag{4-12}$$

当 CZ = 1 时，粗糙度最小，计算区域的实际表面为水平面。

3. 地表切割深度

地表切割深度是地面某点的邻域范围内的平均高程与该邻域范围内的最小高程的差值，其计算公式为：

$$D_i = H_{mean} - H_{min} \tag{4-13}$$

式中，D_i 指地面某点的地表切割深度，H_{mean} 指一个固定分析窗口内的平均高程，H_{min} 指一个固定分析窗口内的最低高程。

4. 高程变异系数

某一计算区域顶点的高程标准差与平均高程的比值为高程变异系数，是反映区域内地表单元格网各顶点高程变化的指标。

二、地形特征提取

地形表面千姿百态，形态各异，表面上虽然没有规律，但实质上是由一系列的面、线、点构成，这些地形面、地性线、地形点称为地形要素或形态要素，它们的骨架线决定地形地貌的几何形态和基本走势。地形形态特征的分析和提取方法与对地表特性的认识是紧密相关的，不同的认识可能导致提取方法的不同。本小节将对地形特征点和特征线的提取进行简要介绍。

（一）地形特征点

地形特征点主要包括山顶点（peak）、鞍部点（pass）、山脊点（ridge）、山谷点（channel）、和洼地点（pit）等几类，这些类型的特征点能够在格网上通过一定的算法进行识别和分类。目前，进行地形特征点识别的方法主要有：

（1）断面极值法，即在 DEM 的水平方向或垂直方向形成的断面上，通过曲线拟合检测局部地形极值点。

（2）邻域比较法，对局部窗口中的各个高程点进行比较，中心单元最高者为可能的山脊点，反之为可能的山谷点。

（3）流水模拟法，计算流水在每一个栅格单元的汇流累积量，汇流累积量为零的栅格为可能的山脊点，超过给定阈值的栅格为可能的山谷点。

不同地貌类型地区具有不同的地形参数变化符号，根据这些地形参数的符号变化也可以判断出该地形点所属的类型，伍德（Wood）在 1996 年对这些地貌类型与地形参数变化符号之间的关系进行了总结，其结果如表 4－2 所示。

表 4-2　地形特征点判别方法

特征点类型	坡度	断面曲率	纵向曲率	最大凸度	最小凸度
山顶点	0	—	—	>0	>0
	>0	>0	>0	—	—
山脊点	0	—	—	>0	0
	>0	>0	0	—	—
	>0	0	>0	—	—
鞍部点	0	—	—	>0	<0
	>0	>0	<0	—	—
	>0	<0	>0	—	—
山谷点	0	—	—	0	<0
	>0	<0	0	—	—
	>0	0	<0	—	—
洼地点	0	—	—	<0	<0
	>0	<0	<0	—	—

（二）地形特征线

地形特征线主要指山脊线和山谷线。山脊线是指邻近山脊点连接起来形成的线，在地形形态上就是条带状隆起的顶部形成的线。山谷线是指相邻山谷点连接形成的线。山谷线和山脊线是两个完全相反的概念，即将地形取相反数后山脊线和山谷线正好对调。目前，山脊线和山谷线的提取算法从数据来源上可分为三类：基于规则格网数据的地形特征提取、基于等高线数据的地形特征提取和基于 TIN 的地形特征提取，下面分别介绍这三类方法。

1. 基于规则格网数据的地形特征提取

目前在地形特征线提取中，研究最多的是基于规则格网 DEM 的地形特征线提取，该方法的算法原理目前可以归结为以下四种：基于图像处理的算法、基于地形表面几何形态分析的算法、基于地形表面流水物理模拟分析的算法、几何形态分析与流水模拟相结合的算法。

2. 基于等高线数据的地形特征提取

基于等高线的特征提取方法有以下几种：等高线曲率判别法、等高线垂线跟踪法、等高线骨架化法、基于 Voronoi 图的骨架法。

3. 基于 TIN 的地形特征提取

基于 TIN 的地形特征提取是通过计算三角面的夹角来判断三角面的公

共边是否为分段的地形特征线，再利用 TIN 的拓扑信息将这些分段的地形特征线连接起来。由于 TIN 在数据存储方面比较复杂，此类方法的研究较少。

第三节　城市内涝数值模拟中的地形预处理方法

如第三章第一节所述，反映地形起伏的数字高程模型 DEM 数据作为流域基础数据之一，是地表地形因子和特征（如高程、坡度、坡向等）的主要信息来源，也是地表水文分析（如流向计算、水系提取、汇水区划分等）的关键数据参考。在城市内涝灾害数值模拟模型结构中，DEM 数据在计算单元构建、产汇流过程计算和内涝积水模拟等各个环节都发挥着极为关键的作用。因此，DEM 数据及其反映的地形特征的正确性与代表性，将直接影响城市内涝数值模拟的效果。然而，通过各种方式获取的原始 DEM 数据无法很好地表达城市流域的微观水文要素（如建筑物和道路管网），因此在进行数值模拟和模型构建前，需要对流域地形进行预处理，以确保流域地表关键水文和物理特征信息都能够在模型中被正确地表达和考虑。本节将结合本章前文介绍的数字地形表达和地形分析基础内容，详细介绍城市内涝数值模拟中的地形预处理方法。

一、基于建筑物分布的地形数据预处理

城市区域属于人类活动高度密集、人口高度集中的区域，其流域下垫面与其他自然流域存在明显的不同，其中一个主要的特征便是密集分布的建筑物。城市地表建筑物会对雨水产汇流及地表演进过程产生不可忽视的影响，因此需要在地形数据预处理中被考虑。

（一）城市建筑物水文效应

为了通过地形数据预处理方法合理准确地表达城市地表建筑物的分布信息，并在数值模拟过程中充分考虑建筑物对地表雨水径流的影像，需要对城市地表建筑物的水文效应进行系统的分析。目前，关于这一问题城市

水文研究领域的专业和学者以开展了大量的研究工作。整体而言，城市建筑物水文效应主要体现在以下三个方面：

（1）阻水效应（Blockage Effect）。建筑物的地基和外墙一般为钢筋混凝土结构，属于非透水性实体。在一般情形下，地表雨水径流至建筑物位置后，会从建筑物四周绕过而无法直接进入或者穿过。此时，地表建筑物应作为地表径流路径中的障碍物处理，其主要水文效应为阻水效应。

（2）储水效应（Storage Effect）。在暴雨事件中，随着降雨强度的增大，雨水地表径流量、径流深度不断增加，当建筑物周围的雨水径流深度超过某一阈值（如建筑物地基高度或门窗高度）时，雨水将通过建筑物大门或其他非封闭通道进入建筑物内部。此时，建筑物的阻水效应将大幅度下降，建筑物底层及地下室空间将成为雨水的容器吸收相当一部分的径流量，即地表建筑物的储水效应。

（3）滞水效应（Resistance Effect）。雨水径流进入建筑物内部后，虽然建筑物的阻水效应大幅度降低，但其内部房屋的墙壁、家具设施、关闭的门窗等仍然会对地表径流造成阻碍，导致地表摩擦系数增大，进而降低雨水径流的流速和波峰高度。雨水进入地表建筑物后，一般会在上述作用下滞留在建筑物内部而无法快速通过，此时建筑物将产生滞水效应。

（二）建筑物地形预处理方法改进

现有的建筑物地形预处理方法一般以 DEM 数据为对象，基于建筑物的空间分布，使用空间信息科学技术中的叠置分析方法对相关 DEM 栅格的属性值进行修改，进而在数值模拟中根据处理后的地形数据考虑建筑物水文效应。在第三章第一节中已经对常用的四种基于建筑物的地形预处理方法进行了介绍。在四种方法中，BB 方法将建筑物所在的 DEM 栅格单元高程值增加至建筑物屋顶的高度，雨水在绝大多数情况下都无法进入建筑物内部汇流（除非雨水漫过建筑物屋顶）。BH 方法直接将建筑物外墙作为流域边界处理，在数值模拟过程中直接不考虑建筑物内部空间。BB 和 BH 方法均很好地反映了建筑物的阻水效应，但对其储水与滞水效应均没有涉及。另一方面，BR 方法仅对建筑物所在区域的地表糙率参数进行修正，因此没有在地形模型中构建任何实质上径流障碍物，雨水将不受任何实际阻碍地直接径流至建筑物内部。因此，BR 方法仅考虑了建筑物的储水效应和滞水效应，忽视了建筑物的阻水效应。四种方法中，仅有 BP 方法通过设置不同的建筑物覆盖参数全面地反映了三种不同的建筑物效应，然而该方法对计算量的要求较大，复杂度较高，在大尺度及高分辨率 DEM 数据处理中应用效果相对有限。综上所述，现有的建筑物效应处理方法倾向于两个极端情形，雨水要么在绝大多数情形下无法进入建筑物（BH 和 BB 方法），要么可以不受实际阻碍的进入建筑物（BR 方法）。然而，实际情形应介于两者之间，即建筑物在暴雨事件初期完全阻碍雨水径流，当积水深度超过建筑地基高度后，雨水将通过门窗进入建筑物内部汇集。鉴于此，本书将对现有的地形预处理方法进行改进，提出能够全面反映城市建筑物水文效应的新方法，其主要思路如图 4－10 所示。

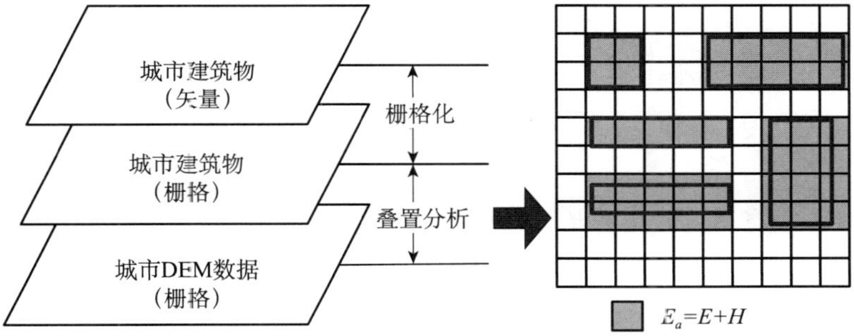

图 4－10　基于建筑物的城市地形预处理

新方法将利用空间叠置分析方法，根据城市建筑群空间分布数据对城市流域地形进行修正。由于城市建筑物一般以点要素或者面要素类的形式存储，在叠加前同样需要先将其转换为栅格要素类，栅格单元的取值为建筑物地基高度。叠加计算公式为：

$$E_a = E + H \tag{4-14}$$

式中，E 和 E_a 分别表示叠加完成前后 DEM 数据中各栅格单元的高程值，H 表示建筑物数据中各个栅格单元的取值，即栅格单元所在位置对应建筑物的地基高度。

改进建筑物地形预处理方法升高了建筑物所在位置 DEM 栅格单元的高程值，在流域地形空间中形成了离散分布的高地，其高度与各个建筑物的地基高度一致。经过处理后，当雨水径流深度小于高度 H 时，建筑物的阻水效应起主导作用，建筑物一方面阻碍雨水径流，自身接收的降雨还会流向周围较低的栅格单元，如图 4－11 所示。当雨水径流深度超过 H 时，雨水将漫过建筑物地基，通过建筑物大门进入其内部，此时建筑物的储水效应发挥主导作用，建筑物本身将作为储水空间承载雨水径流。为了进一步考虑建筑物的滞水效应，改进方法还进一步结合 BR 方法的思想，除了修正建筑物所在 DEM 栅格的高程外，还增大其反映地表粗糙程度的曼宁系数值，这样在构建模型进行数值模拟时，地表雨水径流进入建筑物后，在曼宁系数的影响下其流速和峰值将受到削减。

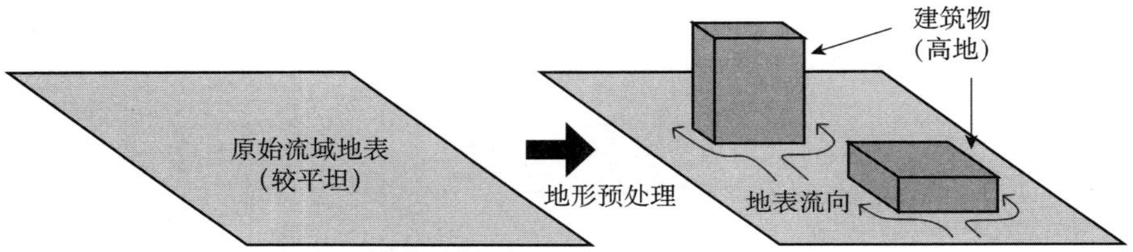

图 4－11　建筑物地形预处理结果

在实际应用过程中，H 的取值将直接关系到地形预处理的效果，对于小尺度区域而言，可以根据各个建筑物的设计参数分别设置其实际地基高度作为 H 进行处理；对于大尺度城市流域，为了减少预处理的计算复杂度，可以考虑根据所有建筑物的统计信息选取一个统计值（如 0.4m 或 0.6m）作为预处理参数。对于曼宁系数的取值，则一般通过模型参数率定和验证操作确定。

（三）资料不足条件下的预处理实现

在处理过程中，由于需要将反映城市建筑物分布的图层与 DEM 栅格图层进行叠加计算，DEM 数据的分辨率便显得尤为关键。DEM 数据的分辨率决定了 DEM 栅格单元的尺度，当分辨率下降时，栅格单元尺度的增加将导致地形预处理结果的精细程度下降，进而导致部分建筑物及地形细节信息被忽视，如建筑物之间的狭窄通道等。研究证明，用于进行建筑物地形预处理的 DEM 栅格单元尺度应小于研究区域内的建筑物最小尺寸和建筑物之间的平均间隙宽度，否则处理后的地形数据对水文要素的表达效果将受到影响，进而导致预测结果出现误差。然而，在基础资料相对匮乏的中小型城市，能够获取的 DEM 数据多为全球 DEM 数据产品提供的免费数据集，其分辨率一般不超过 30m，这显然超出了大部分城市区域内的建筑物最小尺寸及间隙宽度要求。如何在 DEM 数据分辨率不足的条件下保证地形预处理的效果成为了需要解决的关键问题。

关于这一问题，最为简单直接的解决思路为通过栅格重采样（Raster Resampling）方法修改原始 DEM 数据的分辨率，从而满足建筑物处理的要求。栅格重采样本质上是一种图像处理技术，也是空间信息科学技术的主要方法之一。在现有研究中，一般应用该方法对不同来源的栅格数据进行统一，或使用重采样操作降低 DEM 数据的分辨率以解决大尺度流域数值模拟中计算量过大的问题。常用的栅格重采样方法有四种，具体如下：

（1）最邻近法（Nearest Neighbor）。最邻近法直接将与某个栅格位置最邻近的栅格单元的值作为该栅格的新值。该方法的优点是方法简单，处理速度快，且不会改变原始栅格值，但该种方法最大会产生半个栅格单元大小的位移。最邻近分配法不会更改输入栅格数据集中的任何栅格单元值，输入栅格中的值在输出栅格中仍将为原始值而不会由于重采样操作发生任何改变。由于输出栅格单元的值保持不变，因此最邻近分配法一般用于名目数据或序数数据，其中每个值都表示一个类、一个成员或一个分类（分类数据，如土地利用、土壤或森林类型）。

（2）双线性插值法（Bilinear Interpolation）。双线性插值法使用四个最邻近输入栅格单元中心的值来确定输出栅格上的值。输出单元的新值是这四个值的加权平均值，将根据它们与输出单元中心的距离进行调整。与最邻近分配法相比，此插值法可以生成更平滑的表面。由于输出单元值是根据输入单元的相对位置和值计算的，因此对于由某个已知点或现象的位置来决定分配单元值的数据（即连续表面），双线性插值法是首选方法，如 DEM、气温或降雨量分布、坡度等，这些数据本来就是通过采样点内插得到的连续表面。

（3）三次卷积插值法（Cubic Convolution）。与双线性内插法类似，三次卷积内插法是基于五次多项式插值的方法，将输入栅格数据集中的十六个最邻近像元（16邻域）的单元值进行加权平均计算出新的栅格单元值，并将其赋予输出栅格数据集的相应栅格单元。其中，权值是由16邻域中每个单元的中心点与输出单元之间的距离决定的。三次卷积内插法通过增加邻近点来获取最佳插值函数，可以进一步提高内插精度，算法较为复杂，计算量大，处理时间较长。由于该方法使用16邻域进行加权计算，处理结果会更加清晰，栅格数据的边界会有锐化的效果。该方法同样会改变原来的栅格值，且有可能会超出输入栅格的值域范围，适用于航片和遥感影像的重采样。

（4）众数法（Majority）。众数法使用十六个最近栅格单元中出现次数最多的栅格单元值来计算输出栅格单元的值，适用于离散数据，与最邻近法重采样相比，它的外观更平滑。

近年来，使用不同的方法对DEM数据进行重采样，分析不同分辨率及重采样方法情形下水文模型的模型效果差异的相关研究有很多。如费特雷尔等（Fewtrell et al.，2010）使用了四种栅格重采样方法生成了分辨率的5m的DEM数据，并分别用于美国格林菲尔德的设计暴雨内涝灾害数值模拟，结果表明不同的重采样方法会对模型的精度产生影响，其中使用最邻近法和双线性插值法得到的结果较为理想，三次卷积插值法的结果相对较差。此外，根据四种重采样方法的计算原理可知，重采样方法虽然能够十分灵活地改变栅格数据的结构和尺度，但无法“创造”的信息，即每一种方法所生成的栅格数据信息均完全来源于原始栅格数据资料。因此，试图通过重采样方法生成分辨率更高的DEM数据，进而得到更加丰富的流域地形信息，提升模型预测效果的思路并没有意义，众多现有研究也均证实了这一结果。然而，通过重采样方法改变DEM数据的分辨率可以满足建筑物地形预处理的尺度要求，可能成为资料匮乏地区实现地表水文要素精确表达的新思路，其实际应用效果在现有的研究中还没有得到验证。

二、基于道路管网的地形数据预处理

与建筑物类似，城市道路和管网在地表雨水径流过程中也发挥着十分关键的作用。由于城市流域天然水系相对较少，雨水主要通过地形坡面向道路及其他低洼地区汇集，并通过地表分布的雨水口进入排水管网汇流。因此，道路和管网在城市地表雨水演进过程中扮演着微观汇流路径的角色。为了在基于城市流域 DEM 数据的流向计算中反映这一特性，可以将城市道路与管网的空间分布数据与 DEM 数据结合，通过两者的空间叠置分析实现基于道路管网的地形数据预处理，如图 4－12 所示（以管网为例）。由于城市道路管网一般为矢量线要素类，为了与 DEM 栅格叠加，需要先将其转化为栅格要素类，各个栅格单元的取值为道路宽度或管网埋深，并与 DEM 数据的格式与分辨率保持一致。

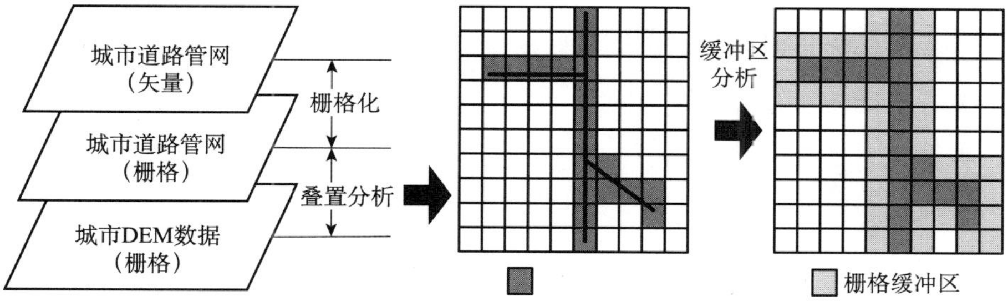

图 4－12　基于道路管网的地形数据预处理

叠加过程中，可以根据两者的空间分布关系完成叠加运算，计算公式为：

$$E_a = E + D \tag{4-15}$$

式中，D 表示道路管网数据中栅格单元的取值，即道路宽度或管网埋深。

由式（4－15）可知，基于道路管网的地形预处理降低了道路管网所在位置的栅格单元的高程值，使道路管网的空间分布规律在 DEM 地形数据中得到体现。为了使道路管网两侧的雨水以坡面汇流的形式向中央汇聚，还应以道路管网空间分布为对象进行缓冲区分析，如图 4－12 所示。缓冲距离与道路的宽度或管网的埋深呈正相关关系，对处于缓冲区范围内的 DEM 栅格单元，按照到道路管网中心线所在栅格单元的最短距离大小逐级降低其高程，修正幅度在区间（0，D）范围内。缓冲区分析完成了对流域 DEM 数据的进一步预处理，在各道路管网的两侧构建了汇流坡面。这样，地表的雨水将在重力作用下按照地形变化趋势向道路管网所处的

DEM 栅格聚集，形成汇流水系，如图 4－13 所示。

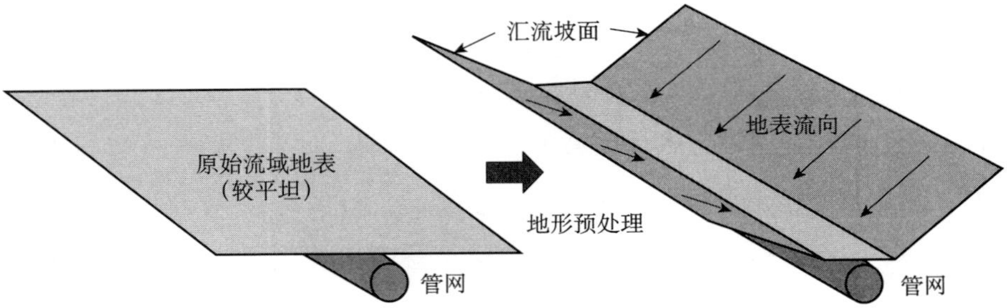

图 4－13　道路管网地形预处理结果（以管网为例）

基于道路管网的地形数据预处理以道路宽度和管段埋深作为地形处理的参考标准，在城市流域范围内，对于主干道路管网，由于宽度较大埋深较深，对高程值的修正幅度大，将在 DEM 数据中形成主干汇流水系；对于支线道路管网，因高程值修正幅度较小，将形成旁支水系。修正完成后，在城市流域范围内将形成由“支线道路管网—主线道路管网——级河网出口”组成的阶梯型地形起伏变化，更加符合城市雨水微观汇流过程的物理特征。

第四节　本章小结

地球表层是人类生活、工农业生产与社会发展的自然基础与承载体，是人类社会赖以存在的自然环境；其中，地形地貌又是地表自然环境的基础要素。区域地形特征一方面深刻影响着人类活动；另一方面，人类活动，特别是土地利用方式的变化，又在逐步影响和改变着地表形态。鉴于地形信息在地质、地形、水文、自然灾害监测、自然资源调查等诸多领域的重要性，人们从很早以前就开始研究地形信息的获取、管理表达与分析技术。本章从数字地形表达的基础概念出发，介绍了数字地形表达的主要方法——数字高程模型（DEM）的相关内容，接下来对数字地形分析的常用方法进行了概述，最后结合城市内涝灾害数值模拟过程对流域地形资料的需要，详细介绍了基于建筑物和道路管网的地形数据预处理方法。在空间信息科学技术的支持下，通过本章提出的地形数据预处理方法，可以使处理后的流域 DEM 数据充分反映地表微观水文要素的分布特征与物理特性，进而完成流域地表的一系列水文分析操作，如坡度提取、水流方向计算、汇流区间划分等，并以此为基础构建内涝数值模拟的计算单元。

第五章
基于空间信息科学技术的计算单元构建

城市内涝灾害数值模拟方法及模型一般基于分布式流域水文模型思想构建，即将流域划分为若干水文物理过程相对独立的计算单元，并以之为基础完成参数采集、算法实施和结果展示。计算单元是流域信息存储、组织和管理的基本工具，其划分与构建是内涝灾害数值模拟过程中十分重要的准备工作。实验证明，计算单元的划分方式与结构组成将对后续模型参数率定与模拟预测结果产生直接的影响。本章将针对前文中提及的现有计算单元划分及构建存在的问题，充分考虑城市流域地表产汇流及积水内涝过程的水文特征，将空间信息多级网格技术与城市内涝灾害的模拟预测和应急防治结合起来，构建服务于城市内涝灾害数值模拟的城市雨水专题空间信息多级网格作为内涝数值模拟模型的计算单元。

第一节　城市内涝计算单元构建方法概述

一、城市雨水产汇流过程的特点

城市内涝数值模拟计算单元是对城市流域地表空间进行离散化的结果，计算单元的构建一般以流域水文过程（产汇流、内涝积水演进）的特点为参考依据。在城市化等因素的影响下，城市流域产汇流及内涝积水等水文过程发生了很大的变化，其主要特点包括：

（1）城市流域地表下垫面类型比较复杂，空间异构性强，且具有动态性特点。城市流域由于开发和建设的关系，地表土地利用及覆盖类型繁多，常见的包括商业用地、工业用地、居住用地、人工绿地、水体、农业用地等，随着城市化的发展，各种土地利用类型不断发生改变，对地表水文过程造成了较大的影响。

（2）城市流域范围内地形起伏不明显，平均坡度小，难以通过地形信息提取十分清晰的河网水系。大部分城市都属于平原地貌，市政区域尤其是中心地带本身地形起伏不大，平均坡度通常在10%以下，自然地形条件并不是雨水产汇流过程中的唯一影响因素。

（3）城市流域内的道路和管网在流域水文过程中发挥着重要的作用。城市流域通常拥有双层排水体系结构，即雨水分别通过道路和管网在地表和地下流动。通常城市天然水系并不发达，道路以及人工沟渠成为雨水地表汇流的路径，雨水通过分布在道路和沟渠上的雨水口与管网节点进入管网，并通过管网系统被排入天然湖泊和水系。

（4）城市流域地表建筑群分布密集，会对地表水文过程造成影响。在城市范围内，尤其是大型中心城市内建筑群分布较为密集，这些建筑会阻碍雨水在地表的流动，改变水流的方向，并使流域整体的蓄水面积减少，地表产流量增加。

根据城市流域的特点，可以将城市雨水汇流过程分为宏观汇流系统和微观汇流系统两部分。雨水到达地表以后先通过人工道路和管网系统进行汇流，此时汇水面积一般较小，定义为微观汇流系统；随后，雨水进入天然河道以及水系进行汇流，汇水面积较大，定义为宏观汇流系统。基于这两种汇流系统，可以将现有的城市产汇流及内涝计算单元划分方法分为两类，即采用分布式水文模型子流域构建思路的划分方法和根据城市路管网分布的划分方法，如图5-1所示。

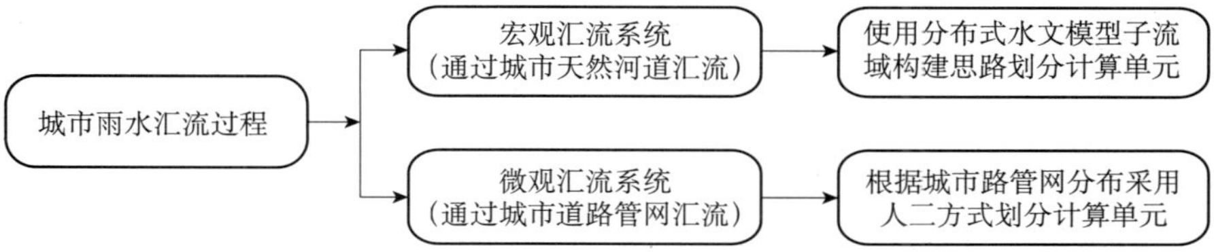

图5-1　城市雨水汇流系统及计算单元划分方法

二、基于宏观汇流系统的计算单元划分方法

在宏观汇流系统中，雨水通过天然水系汇流，基于宏观汇流系统的划分方法将城市范围作为一般流域对象来处理，认为流域计算单元由城市自然水系的子流域组成，并结合传统分布式水文模型子流域提取方法对计算单元进行划分。在分布式水文模型中，子流域信息可以结合反映流域地形起伏特征的 DEM 数据来提取，该方法早在 20 世纪 60 年代被提出，并经过不断发展与改进沿用至今，其基本步骤如图 5－2 所示。

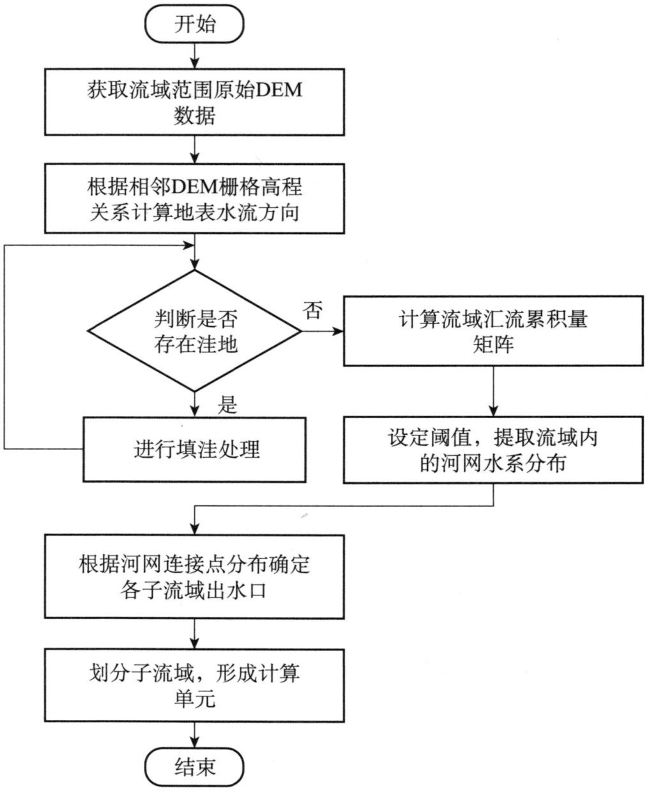

图 5－2　基于宏观汇流系统的计算单元划分方法

（一）获取原始流域的地形起伏数据

地形起伏一般通过规则栅格 DEM 数据描述，关于 DEM 数据的相关内容已在第四章中进行了详细介绍。DEM 数据通过离散的高程值实现对地形

变化的数字化模拟，并通过三维向量序列来表达，如式（5－1）所示。

$$V_i = (X_i, Y_i, Z_i)(i = 1, 2, \cdots, n) \tag{5-1}$$

向量前两个坐标表示区域内的某一个点的坐标，最后一个参数则是该点对应的高程。对于规则栅格 DEM 数据，前两个坐标可以忽略，此时 DEM 数据将转化为一个离散高程值序列。DEM 数据由于具备易于存储、能以多级尺度变换等特性，已经被广泛地应用于地形地貌分析与建模研究中。

（二）流域地表水流方向计算

根据相邻的 DEM 栅格高程关系计算每个栅格的水流方向。水流方向算法分为多流向算法和单流向算法两类：单流向算法假定一个 DEM 栅格单元的水流将全部流向某一个方向的邻接栅格单元，常用的单流向算法包括 D8 法、Rho8 法、DEMON 法、D∞ 法等等；多流向算法认为 DEM 栅格的水流应按一定的比例分配给多个邻接栅格单元，具体方法有 FD8 法、FMFD 法、FD8/FRho8 法等。目前研究成果中，应用最广泛的是单流向算法中的 D8 算法。

（三）洼地处理

在流向计算中，有一些栅格单元高程值低于所有邻域栅格单元，另一些栅格单元与多个邻接栅格单元拥有相同的高程值，这些栅格单元的流向无法直接计算，被定义为洼地栅格和平地栅格，其集合构成了流域内的洼地和平地。洼地和平地会给流域水系及子流域的提取带来困难。目前的水文学研究一般认为洼地是由于数据获取技术的局限造成的失真，实际为伪地形，因此必须进行处理和修正。

1984 年，D8 流向算法的提出者奥卡拉汉和迈克（O'Callaghan. J & Mark. D）设计了相应的填洼方法，该方法简单地增加洼地栅格的高程直到与最低洼地出水口高程一致，即先将洼地转化为平地，再根据平地中每个栅格单元到出水口的距离赋予栅格单元一个微小的高程增量，这样平地栅格中的水流便能通过微小的坡度流向出水口。此外，类似的填洼算法还包括詹森和多明格（Jenson & Domingue）于 1988 年提出的水流路径法，1992 年特莱布（Tribe）提出的谷点算法，1993 年莫兰和维齐纳（Moran & Vezina）

提出的快速填洼算法 M&V 等。

（四）汇流累积量计算

经过填洼处理后的 DEM 数据为无凹陷数据，再次经过流向计算后，流域内的每一个 DEM 栅格单元都拥有确定的流向，为了提取流域中的水系网络，需要将 DEM 栅格矩阵转化为汇流累积量矩阵。汇流累积量矩阵中各个元素取值为对应 DEM 栅格单元的汇流累积量，即水流通过汇流最终流经该栅格单元的所有上游栅格单元的个数，如图 5－3 所示。

7	7	10	9	9
6	5	9	8	8
5	4	5	3	4
6	6	3	2	3
6	5	4	4	1

(a)

2	4	8	4	4
2	4	8	4	8
1	2	2	4	8
128	1	1	2	4
1	128	128	1	

(b)

0	0	0	0	0
0	3	0	1	1
0	7	0	4	0
0	0	12	21	0
0	1	0	0	24

(c)

图 5－3 （a）填洼后的 DEM 数据；（b）水流方向编码结果；（c）汇流累积矩阵

（五）流域水系的提取

获取流域汇流累积量矩阵后，即可通过该矩阵提取流域水系，提取方法为设定一个汇流累积阈值，将所有汇流累积量大于该阈值的 DEM 栅格标识为 1，否则标识为 0。在流域内，标识为 1 的 DEM 栅格集合即为流域的水系。在水系提取过程中，阈值的确定尤为关键，不同的取值将决定河网水系的细化程度，影响坡面汇流和河道汇流两个阶段的划分结果，引起子流域分界线的变化。对于图 5－3（c）所示的汇流累积矩阵，采用不同阈值获取的水系分布如图 5－4 所示。

0	0	0	0	0
0	3	0	1	1
0	7	0	4	0
0	0	12	21	0
0	1	0	0	24

(a)

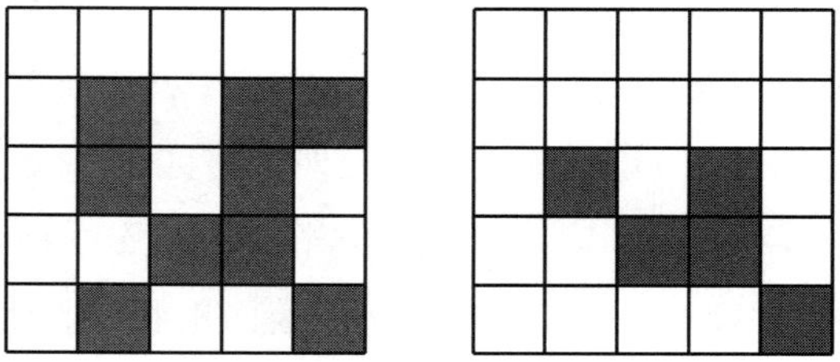

(b) (c)

图 5－4 （a）汇流累积矩阵；（b）河网水系（*D*＝1）；（c）河网水系（*D*＝4）

图5－4中，D表示汇流累积阈值，当D分别为1和4时，提取的水系分布有明显的不同，D的值越小，提取水系的细化程度越高，包含的DEM栅格单元个数越多，最终划分的子流域个数也越多。

（六）子流域划分

子流域划分首先需要确定流域出水口，一般情况下，某一子流域的出水口为流域水系中各支流与干流的交汇点，如果某一支流或干流长度较大，需要进一步细分，则指定水系某一断面为出水口，在断面上下游分别形成两个子流域。确定各子流域出水口后，便可根据出水口位置向上游搜索，找出所有最终汇流至出水口栅格的DEM栅格单元，这些栅格单元的集合便构成了该出水口对应的子流域，各个子流域的范围边界形成了流域分水线，如图5－5所示。

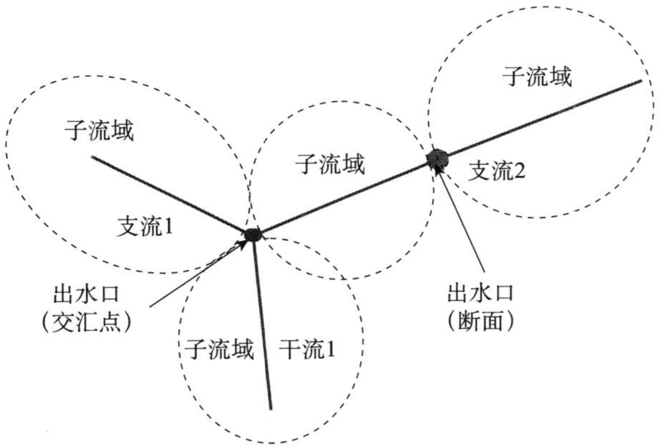

图5－5　子流域划分

基于宏观汇流系统的计算单元构建方法以流域地形为划分依据，具有良好的物理基础，体现了流域水文特征随空间不均匀分布的特点。然而在城市流域，由于流域本身地形起伏较小，存在大量的平坦地形，加大了填洼处理的难度。另外上述划分方法仅以流域原始的地表起伏为主要参考依据，没有考虑到城市雨水的主要径流通道——“道路和管网”在汇流过程中的作用，各个子流域与路管网及排水口之间没有明确的空间对应关系，导致各计算单元地表汇流和管网汇流过程的无法衔接，为流域产汇流及内涝计算模型的构建带来一定的困难。为了体现路管网在城市雨水径流过程中的作用，基于城市微观汇流系统的流域计算单元划分方法开始得到广泛的应用。

三、基于微观汇流系统的计算单元划分方法

基于城市微观汇流系统的划分方法以城市道路和排水管网的分布为基础，以地表雨水口作为各个计算单元的出水口，根据流域内雨水口的位置关系确定各个雨水口对应的排水区，这些排水区拥有相对独立的汇水过程，它们构成了雨水产汇流及内涝模型的计算单元。根据排水区提取思想的不同，目前比较常用的计算单元划分方法包括：泰森多边形法、等分角线法、面积管长比法等。

（一）泰森多边形法

泰森多边形又叫冯洛诺伊（Voronoi）图，是荷兰气候学家泰森（A. H. Thiessen）于1911年在计算地表平均降雨量时提出的。其构建原理是用直线连接平面上随机分布的若干点（气象站），作各条直线的垂直平分线，每个点周围的垂直平分线所围成的多边形即为该点的泰森多边形。对于空间上若干个离散点，其构成的泰森多边形满足如下特性：

（1）每个多边形内有且仅有一个离散点；

（2）泰森多边形内的点到相应离散点的距离比到其他任何离散点更近；

（3）位于泰森多边形边上的点到两边对应离散点的距离相等。

城市流域排水区划分过程中，一般将流域内的各个雨水口作为离散点集合，根据雨水口空间位置关系及流域边界构建泰森多边形，形成各个节点对应的排水区。泰森多边形法简单易行，该方法划分的排水区内，每一点到对应雨水口都拥有最短的距离，满足基本邻域分析的评判标准。

（二）等分角线法

等分角线法是由严煦世等在《给水排水管网系统》一书中提出的，该方法指出对于地形平坦的区域，各条雨水管段的排水区划分应采用就近排水原则，根据排水管网各管段的空间位置作管段之间夹角的等分线，以等

分线与流域边界包围的区域作为排水区，如图 5－6 所示。

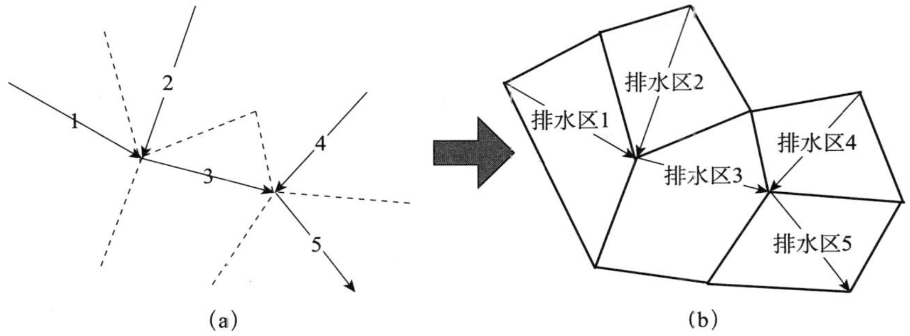

图 5－6 (a) 管段夹角等分线；(b) 排水区划分

图 5－6 中的排水区域包含 1、2、3、4、5 共五条管段，根据两两管段之间的夹角做出 6 条等分线，如图 5－6（a）中的虚线所示。接下来根据等分线和流域边界确定各个管段对应的排水区，如图 5－6（b）所示。等分线法划分排水区域无须考虑流域地形，因此在地形平坦，不易计算地表流向的条件下十分适用。

（三）面积管长比法

面积管长比法根据各个管段的长度来分配排水面积。该方法认为对于某一管网总长度和排水总面积已知的流域，流域面积管长比 F 满足：$F = S_{总}/L_{总}$。其中 $S_{总}$ 和 $L_{总}$ 分别表示流域的总体排水面积和管段总长度。确定面积管长比后，对于流域内的任意一条管段 i，其排水面积 S_i 满足：$S_i = F \cdot L_i$，式中 L_i 表示管段 i 的长度。面积管长比法无法确定各个排水区的实际边界分布，而是仅仅根据面积将排水区近似为一个正圆处理，并应用于流域等流时线的划分过程中。因此，面积管长比法计算结果无法作为排水区的空间分布信息直接在流域计算单元划分中使用。

基于微观汇流系统的计算单元划分方法利用城市道路管网的分布规律，反映了流域内雨水的微观汇流过程。然而，此类方法基本不考虑城市地表的起伏特征，具体将流域内的各个区域划分到哪个雨水口的排水区中，在学术界没有较为权威、规范的判定依据，导致现有的划分思想主观性很强，可靠性没有保障。此类方法得到的计算单元之间可能存在大量的地表雨水相互流通现象，流域内部雨水径流过程的客观规律无法体现，为分布式水文计算带来了一定的难度。

四、宏观与微观汇流系统结合的划分方法

无论基于宏观或微观汇流系统，现有的计算单元划分方法都存在一定的局限。这是由于城市流域实际为宏观汇流系统与微观汇流系统的结合体，城市雨水径流过程既包含基于自然地形起伏和天然水系的汇流方式，又普遍存在雨水通过道路和管网流动的情形，两者彼此紧密联系、共同发展。随着GIS技术的普及，将城市宏观汇流和微观汇流系统结合成为可能，一批同时考虑两种汇流过程的计算单元划分方法也随之出现。

赵冬泉等（2008）引入空间信息技术，首先通过GIS中的水文分析方法提取出干流河网，并将各个河网的子流域作为天然汇水区计算单元，再根据自然汇水区内的管网节点分布，利用泰森多边形法对各个汇水区展开进一步的离散，从而在排水节点与计算单元之间构建一一对应关系。最后，通过GIS的空间数据编辑功能修正汇水区边界，并将结果导入到SWMM模型中进行了实际应用。

张书亮等（2007）指出城市雨水汇水区划分应遵循“自大向小，逐步递进”的原则，按照流域汇水区、出水口汇水区和管段汇水区进行三级划分。在划分的过程中，先以流域整体地形的实际分水线划分第一级汇水区，再结合每段雨水管段所形成的联通系统划分第二级汇水区，接下来以各条路管网的外界多边形范围，确定第三级汇水区，从而完成汇水区由高级到低级的逐级提取，实现流域计算单元多级划分的目的。上述思想与本章所提及的宏观汇流系统与微观汇流系统的结构相一致，具有很强的参考价值。然而该划分方法在实际操作中主观性很强，在低级别的汇水区细化过程中，没有考虑流域地形条件对地表汇流过程的影响。

马立山等（2011）在上述研究的基础上，指出道路是城市流域地面径流的集中地，因此将由道路以及管渠共同组成的雨水排水网络作为汇流路线，通过修正排水路线及两侧的DEM栅格高程值来形成坡面，从而计算道路两侧的汇流区间作为计算单元。该方法同时考虑了流域地形和人工设施对汇流过程的影响，能够解决城市流域内地势平坦带来的流向计算问题，具有很强的应用价值。但该方法对于排水路线的修正范围和幅度未给

出明确的量化参考，没有考虑自然流域形成的宏观汇流系统与道路管网汇流过程的关系，得到的计算单元不具备多级特性。

五、现有方法的局限

综上所述，目前城市产汇流及内涝计算单元划分与构建方法研究成果很多，城市宏观和微观汇流作用都得到了考虑，但是仍然普遍存在以下局限性：

（1）城市地表宏观汇流与微观汇流的作用范围大小不同，且两者呈上下级的关系，因此产汇流及内涝计算模型也应该包含不同尺度的计算单元。虽然目前已经有计算单元多级划分方法提出，然而，城市的天然水系与路管网都是复杂的系统，路网和管网往往在空间分布上有着密切的联系，如何妥善考虑城市流域天然水系、路管网等水文要素的上下级关系，并按照上述关系实现流域分级和细化处理，目前的研究中还没有提出切实可行的解决方案。

（2）在具体划分的过程中，考虑城市原始地形与路管网设施的共同作用，将城市路管网作为特殊的“河道”处理，针对城市范围内普遍存在的平坦地形，根据路管网分布修正城市地形 DEM 数据，进而提取计算单元的方法已经被提出，但对修正的范围和幅度没有明确的定量分析，修正操作往往带有很强的主观性，缺乏科学标准和实验参照。

（3）对于城市建筑群，现有的所有计算单元构建方案基本都没有考虑，然而根据城市雨洪流域的特点，城市建筑群会改变城市流域地表的水文特性和雨水汇流方向，如果忽略城市建筑群在城市雨水产汇流过程中的作用，得到的结果显然无法真实地反映城市水文过程的时空变化规律。

（4）城市内涝数值模拟方法与模型的计算单元需要大量不同类型、不同结构的空间数据作为模型的参数来源，目前的计算单元都以传统的空间数据采集与管理方法完成模型水文信息的采集和获取。然而，城市流域水文空间信息往往呈现多元化、无结构化、尺度多样化等特点，且部分地区的水文资料不足，存储方式分散，传统的空间数据存储方法难以对各类数据进行充分的整合和利用，导致计算单元采集获取的信息量不足，数据彼此分散、独立，无法满足模型的构建要求。

第二节　城市雨水多级网格基础理论

由前文可知，目前城市内涝计算单元的划分方法多种多样，各有优劣，但整体仍有一定的局限性。为了实现科学规范的计算单元划分和构建，本章将结合空间信息科学技术，构建一种面向城市内涝数值模拟应用的专题型“空间信息多级网格——城市雨水多级网格”，并将之作为城市内涝灾害数值模拟的计算单元，从而以空间信息多级网格技术为平台，实现对城市流域宏观与微观汇流过程的全面描述。

一、空间信息多级网格原理

空间信息多级网格是李德仁院士带领的研究组于 2003 年提出的一种空间信息表示新方法。空间信息多级网格是一种地学网格，其本质是对地理和空间范围的多级离散化方法。同时，空间信息多级网格又包含了计算网格的思想，因此它也是空间范围内各类信息的集合和存储容器。空间信息多级网格由于具备多级特性，能够很好地适应时空坐标系的变化，实现将各级网格作为网格计算环境下的节点来完成空间数据的组织和管理。

空间信息多级网格的核心思想是：按照不同的经纬度空间大小将全球或者全国范围离散为不同尺度的网格，每种尺度的网格构成空间信息多级网格的一级，不同尺度网格之间呈上下级关系。每个网格通过记录中心点的基本坐标（包括经纬度坐标、地心坐标、投影坐标等）完成位置标识。对于网格内部的具体地物要素，以高斯坐标或者其他投影坐标为参照记录其与网格中心点的相对坐标。对于不同的地物类型，根据地物空间分布密度来决定使用哪一级网格来存储其空间信息和非空间信息：稀疏的区域采用大尺度的网格存储，密集的区域采用小尺度的网格存储。

二、城市雨水多级网格的基本概念

针对目前城市内涝计算单元构建方法存在的问题，结合城市雨水径流过程的基本特征，城市内涝计算单元及构建方法既需要实现城市流域的多级离散化处理，同时也需要以空间坐标位置为参照对流域各类水文信息进行分布式组织与管理。不难看出，上述要求与空间信息多级网格自身的多层结构及其在资源整合和管理方面的能力相符。因此，可以使用空间信息多级网格思想解决城市内涝计算单元的构建问题，构建服务于城市内涝灾害数值模拟的专题型空间信息多级网格，即城市雨水多级网格作为城市产汇流及内涝计算的基本单元。

城市雨水多级网格本质上仍属于地学网格的范畴，但作为空间信息网格的一种专题拓展，它不仅仅是城市地表的空间离散化方法，也是城市流域水文、地理、环境、社会与经济等多方面信息的载体。其空间分布特征、组织存储结构以及数据采集方法都与城市雨水径流及内涝积水过程及计算息息相关。城市雨水多级网格按照城市雨水产汇流的层次关系将流域划分为不同尺度的网格单元，每一级网格都与城市流域汇流过程的不同阶段相对应。以各级网格的空间分布特征为基础对流域相关的水文、地理、环境等各类信息进行采集与存储，能够使各个网格单元全面反映流域水文参数的空间异构性特点。城市雨水专题空间信息多级网格的提出和构建，一方面实现了流域多源异质异构数据的整合，为各类水文信息提供了以网格单元为参照标准的组织与管理方式，在消除信息孤岛的同时提高了资源的利用率，为城市内涝数值模拟的参数采集和模型构建提供了有力支撑；另一方面扩展了空间信息多级网格思想的应用范围，为其提供了新的专题型应用成果，丰富了空间信息网格理论的内涵和外延。

三、城市雨水多级网格的主要内容

城市雨水多级网格是空间信息多级网格技术与城市内涝灾害数值模拟深度耦合的产物，按照空间信息多级网格的构建思想，结合城市雨水产汇流、内涝积水计算模型的专业需要，城市雨水多级网格体系及构建方法主要涵盖了以下内容：

（1）城市雨水多级网格体系结构与划分思想。城市雨水多级网格是空间信息多级网格的专题应用，网格体系结构包含多级特征。同时，城市雨水多级网格也是描述城市流域水文过程的计算单元，每一层网格与城市产汇流过程中的各个环节相关联。各级雨水网格由于对应的产汇流系统不同，需要设计不同的离散化方法来反映流域不同空间位置的水文物理特性。

（2）城市雨水多级网格的编码与查询检索方法。城市雨水多级网格多层体系结构中，不同级别、同一级别内不同网格单元之间都存在着密切的联系。为了对每一个网格单元进行唯一标识，描述网格单元之间的拓扑关系，需要为各级网格设计编码方案，并根据网格编码确定网格与网格、网格与对应水文要素（如河网水系、出水口等）之间的查询检索方式。

（3）城市雨水多级网格数据模型与组织结构。城市雨水多级网格是城市多源异质异构信息的载体，各级网格应具备科学、规范的数据模型与组织结构，并建立网格内空间数据与属性数据的索引机制，实现城市流域水文信息按照空间尺度和位置关系的一体化存储与管理，完成不同专题资源的共享，提高水文数据和资料的利用率。

（4）雨水多级网格与城市内涝数值模拟计算模型的集成。城市雨水多级网格是服务于城市内涝数值模拟的专题型空间信息多级网格。因此，应将城市雨水多级网格与城市内涝数值模拟计算模型集成，并根据模型的原理方法明确各级网格内所应获取的水文信息，确立网格内部属性数据结构，以网格为基础完成模型参数获取、率定和构建工作，从而利用多级网格自身的优势对已有的产汇流及内涝积水计算模型进行改进。

第三节　城市雨水多级网格构建方法

根据城市雨水多级网格的基本概念和主要内容，城市雨水多级网格构建方法如图 5－7 所示。

一、城市流域多级河网体系的构建

如前文所述，城市流域的汇流系统与传统自然流域不同。城市地表往

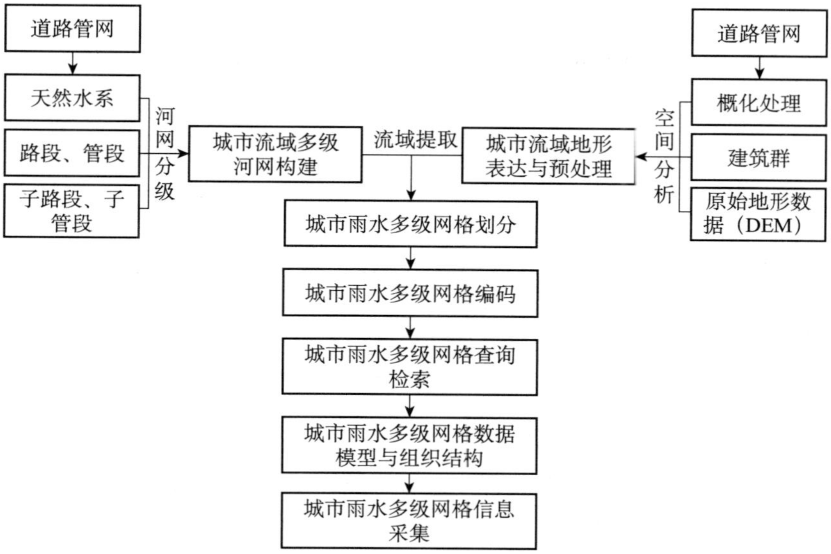

图 5－7　城市雨水多级网格构建方法总体思路

往被大量的人工建筑和铺砌覆盖，自然水系并不发达，且一般地势平缓。为了将地面的雨水更便捷地排放至天然水系中，城市规划建设者在城市的地下铺设了密集的排水网络。天然水系、路网和管网系统共同组成了城市流域降雨的主要汇流路径。鉴于城市汇流过程的上述特点，在现有的研究中，开始将城市道路管网作为微观意义上的河道来处理，本书将沿用这一思想，把城市路管网与天然河网结合到一起，形成一个完整的城市流域河网体系。

在传统的自然水系子流域划分方法中，为了更加明确地描述各条水系之间的拓扑关系，提出了对天然河网分级的思想。城市雨水汇流过程满足从宏观汇流到微观汇流的上下级关系，城市流域河网体系为雨水汇流过程服务，也应存在与汇流过程相似的多层次关系。本书对由天然水系、路管网组成的城市流域河网体系进行分级，并与城市雨水汇流过程的不同层次形成清晰的对应关系，如图 5－8 所示。

（一）城市流域一级河网

如图 5－8 所示，城市流域河网体系分为四层结构，第一层为整个城市流域，以下各层由城市流域的多级河网组成。城市流域一级河网位于该体

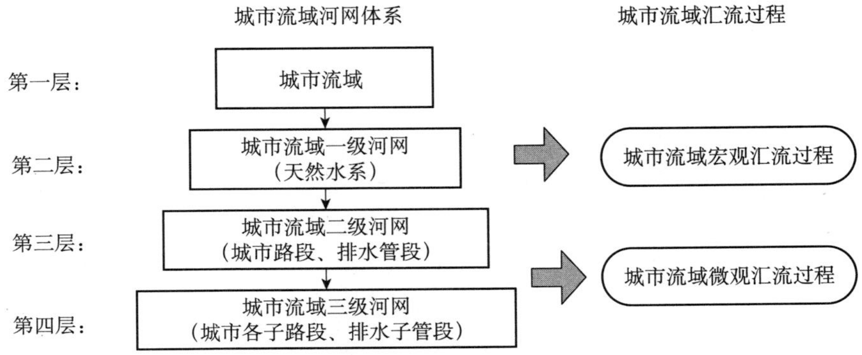

图 5 -8　城市流域多级河网体系与汇流过程的对应关系

系的第二层，反映了城市流域宏观的汇流过程，是对流域整体直接划分的结果。由城市流域宏观汇流过程的定义可知，该过程以城市天然水系为基础。城市天然河流与湖泊是城市流域水系的支干，降雨通过宏观汇流在此聚集，并最终到达全流域的出口。故可以将城市天然水系作为城市流域的一级河网。

（二）城市流域二级河网

城市流域二级河网位于城市流域河网体系的第三层，反映了城市流域微观汇流的过程。城市流域微观汇流以庞大繁杂的城市道路和管网系统为基础，系统中的各条道路和管道相互交叉密集分布，形成若干个道路管网连通体，这些连通体呈树状或者网状结构，其出水口通向附近的河流或者湖泊，将整个联通体与天然水系相连接。城市流域具备两层排水结构，降雨到达地面后，一部分沿路面排水系统汇流，另一部分通过道路旁的雨水口进入地下管网系统汇流。这些雨水口是连接路面与排水管网的通道，是雨水管网汇流过程的起点，也被称为管网节点。管网节点分为两种类型，第一种为道路和管道的交叉节点，它们将整个道路管网连通体分割为若干条独立的路段和管段。这些路段和管段构成了城市微观汇流系统的基本路径，地表雨水在此汇聚，并通过联通体的出水口进入天然水系。从水文意义上考虑，城市路段与管段是城市一级河网（天然水系）的支流。鉴于此，可将城市路网与管网连通体中的各个路段与管段定义为城市流域的二级河网，如图 5 -9 所示。

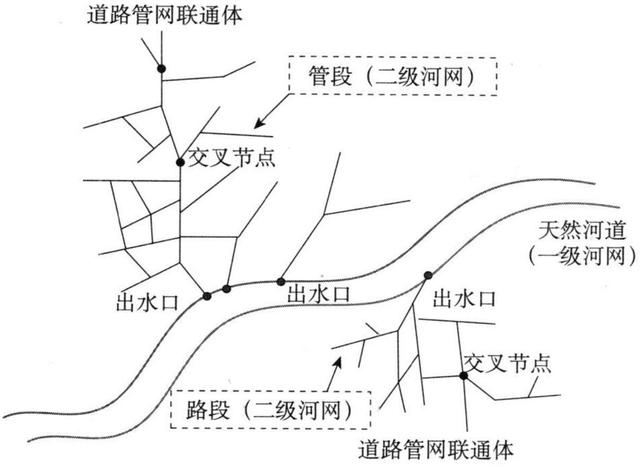

图 5 - 9 城市流域一级河网与二级河网

（三）城市流域三级河网

城市流域管网节点的另一种类型是按照一定的距离分布于各个路段和管段上的雨水口，称为管段节点。管段节点将各个路段与管段分割为若干条子路段与子管段，这些子路段与子管段是城市流域路管网最基本的组成元素。可将二级河网由管段节点分割而来的各个子路段与子管段定义为城市流域的三级河网。三级河网位于城市流域多级河网体系的底层，是对城市雨水二级河网的进一步细化，反映了二级河网汇水区域内部的汇流过程，如图 5 - 10 所示。

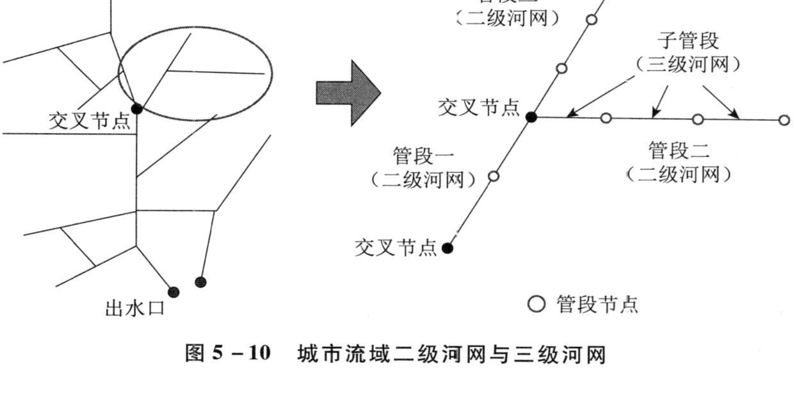

图 5 - 10 城市流域二级河网与三级河网

二、城市流域路管网概化

根据城市发展阶段的不同，道路管网系统的建设程度也不尽相同。对于城市化程度较高的地区，道路管网系统分布十分密集，路管网连通体结构复杂，包含的组成元素众多。构建流域多级河网体系时，若直接以每一个路管网元素为单位进行编码和存储，一方面极大地增加了模型的复杂度，另一方面提高了产汇流及内涝计算模型对流域河网资料的精度要求，不利于信息不完备条件下的城市内涝数值模拟应用与模型构建。因此，需要根据城市流域路管网的空间分布特征对路管网进行概化处理。

（一）城市路管网合并处理

城市流域通过由道路和管网组成的双层排水系统实现微观汇流，很多相关计算模型将两者并行处理，并考虑了它们之间的水量交换。虽然这样的处理方式更加贴近实际，但同样增加了模型计算的复杂度和对数据资料的要求。为了简化两者之间的关系，可以对将城市路网和管网系统合并到一起，并集成为统一的城市雨水管网系统，理由如下：

（1）城市路管网空间分布的一致性。一般而言，城市流域各主要路段都与对应的管网相连，这些管网分布于路网的正下方，雨水通过管网节点由路面进入管段继续汇流。两者的空间分布规律有较强的一致性，如果分别来处理，可能形成复杂的交叠水流路径，增加计算难度。且两者在城市流域汇流过程中发挥的作用密切相关，可以作为同一类水文要素考虑。

（2）管网是微观汇流的主要路径。在城市范围内，管网系统建设程度很高，管网节点分布密集，大部分雨水经过短时间的路面径流就能进入管网系统。因此，排水管网在城市雨水微观汇流过程中起到了更加重要的作用。在目前应用十分广泛的城市雨水计算模型中，管网都是模型构建的流域基本连接要素，将管网系统作为微观流域河网处理具有充分的理论依据。

合并完成后，城市路网和管网将集成为由管段和管网节点组成的城市雨水管网系统。其中管段作为城市雨水微观汇流的主要路径，是城市流域二级河网与三级河网的构建元素。管网节点为管段节点与交叉节点的集合，它们是各条管段与子管段之间的连接点，也是城市流域二级河网与三级河网对应微观汇流单元的出水口。

（二）管段与管网节点概化

合并后的城市雨水管网系统结构仍较为复杂，且管段节点分布密集，各条管段被分割为长度很短的子管段，不利于数字建模和计算，因此有必要将管段和管网节点进一步概化。原则如下：

（1）删除管径较小的旁支管段，保留管径较大、排水能力较强的主干管段。管段概化具体判断标准是相对的，当研究流域模拟精度要求较高时，可保留较多的管段作为主干管段，但相对的，模型计算效率将会随之降低；当研究流域范围较大或者模拟精度要求较低时，可以将管径较小的主干管段也作为旁支管段。

（2）按照一定的距离合并同一管段上的管段节点，如图 5 – 11 所示。

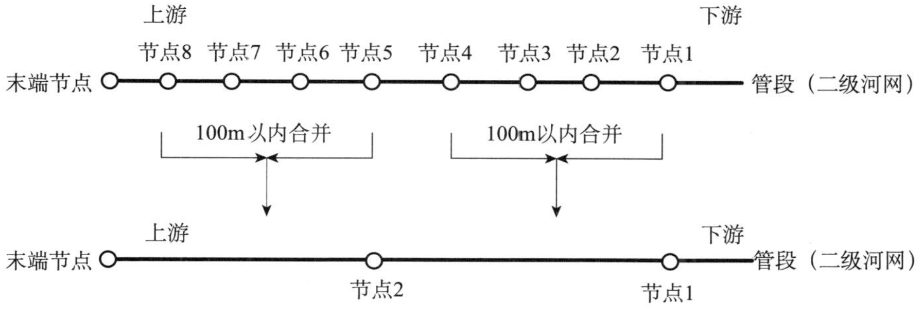

图 5 – 11　管网节点合并处理

合并距离一般根据流域细化要求和管段的长度确定，以 100m 为例，从管段的下游交叉节点开始向上游搜索，将管段每隔 100m 内的所有节点合并为一个管段节点，节点位置以合并范围内最下游的节点为准，并对管段末端节点予以保留。

三、城市流域多级河网编码

城市流域多级河网编码，即针对城市流域各级河网中每一条河段进行唯一值编码，为流域多级河网内的每一个组成单元提供表达方式。各级河网编码应能清晰地反映各级河段的拓扑关系，为查询、检索、编辑和管理带来便利，也为城市流域多级网格编码提供参照。

（一）城市流域一级河网编码

城市流域一级河网由城市流域天然水系组成，在传统的数字流域模型中，针对流域天然水系的编码方法有很多，比较常用的包括 Pfafstetter 编码、二叉树编码等，城市一级河网编码可直接采用上述方法完成。然而，城市流域天然水系分布一般较为稀疏，不会出现复杂的拓扑体系，使用较复杂的河网编码方式反而会增加二级、三级河网编码字符串的长度，给信息存储带来不必要的数据冗余。为了提升模型数据组织效率，这里对城市流域一级河网采取简单的顺序编码方式来确保河网表达的唯一性。

（二）城市流域二级河网编码

城市流域二级河网与一级河网呈上下级关系，对于某一条天然水系，可能有多个管网连通体的出水口通向其中。可以按照图 5－12 所示的形式对城市流域二级河网进行编码。

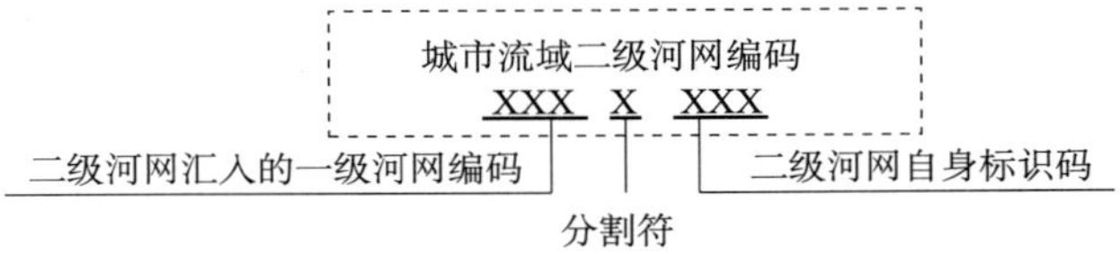

图 5－12　城市流域二级河网编码

城市流域二级河网编码为可变长编码，由三部分构成，第 1～3 位为二级河网所属的一级河网编码，即管段所在的管网连通体出水口处的天然水系编码，长度可变，反映了二级河网与一级河网的上下级关系；第 4 位是分隔符，为固定值，长度不可变；第 5～7 位为二级河网标识码，长度可变，是各条二级河网的唯一值标识。在城市流域多级河网体系中将管网作为特殊的河道来处理，因此可按照数字流域河网的编码方式确定各二级河网的标识码。如要需要考虑降低编码难度和编码字符串长度，也可使用简单的顺序编码方式对各一级河网下的所有二级河网进行唯一值编码。

（三）城市流域三级河网编码

城市流域三级河网是对城市流域二级河网的进一步细分，两者之间满足一对多的关系，每一条三级河网有且仅有一条二级河网与之对应。城市雨水三级河网编码为可变长编码，由三部分构成，如图 5－13 所示。

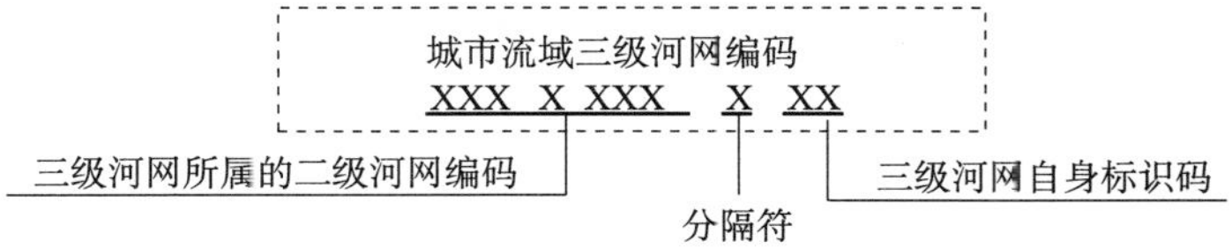

图 5－13　城市流域三级河网编码

编码 1～7 位为三级河网所属的二级河网编码，长度可变，反映三级河网与二级河网之间的对应关系；第 8 位是分隔符，为固定值，长度不可变；第 9～10 位为三级河网自身标识码，长度可变，根据二级河网下所有三级河网的上下游关系确定，如图 5－14 所示。

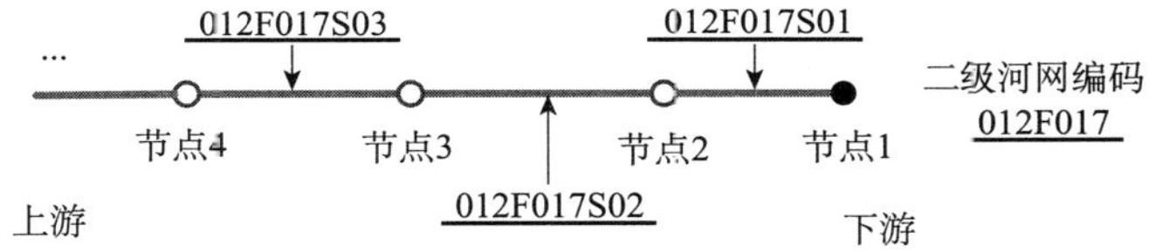

图 5－14　三级河网自身标识码编码方案

对于一条二级河网，从管段下游的交叉节点开始，从下游到上游对由管段节点分割而成的各条三级河网段进行顺序编码（01，02，03，…）。如某一条二级河网编码为 012F017（012 表示该河网所属一级河网编码，F 为分隔符，017 表示该二级河网的自身标识码），其包含的三级河网编码从下游到上游依次为 012F017S01（S 为分隔符），012F017S02，012F017S03，…。城市流域三级河网编码反映了三级河网与上级河网以及同级兄弟河网之间的拓扑关系，为各条河网之间的多级关联与邻域查询带来了一定的便利。

为了描述各条三级河网出水口与管网节点之间的对应关系，并实现管网节点的唯一标识，为存储和组织管理提供支持。可对流域内各管网节点进行编码，编码方式与其下游对应三级河网的编码形式保持一致，如图 5－15 所示。

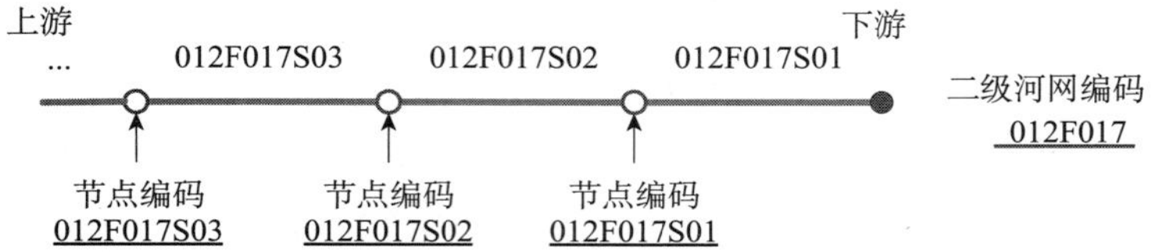

图 5-15　城市流域管网节点编码

四、城市流域地形预处理

城市流域多级河网体系中，各级河网的汇水范围与流域地表的水流方向密切相关。水流方向计算一般以流域数字高程（DEM）数据为主要参考依据。然而，城市地表高低起伏不明显，可能存在很多平坦地形，为水流方向计算带来了一定的困难。同时，根据城市流域的产汇流特点，城市流域二级、三级河网（管网）和城市建筑群作为城市流域重要的水文要素，其空间分布没有在流域原始 DEM 数据中得到反映。因此，仅仅通过原始 DEM 数据来描述城市流域地表水流的物理特性是不充分的，应结合空间分析方法，通过地形预处理将城市管网与建筑群的位置信息体现到城市地形起伏数据中去。在本书第四章中，已对城市流域地形表达及预处理方法进行了详细介绍，在此不再赘述。

五、城市雨水多级网格划分与编码

城市流域多级河网体系反映了城市流域自身的特殊性，体现了流域宏观和微观汇流过程的上下级关系。城市雨水多级网格作为城市内涝数值模拟计算单元，其体系结构以空间信息多级网格为参考，旨在通过对城市地表流域的多尺度划分描述城市雨水从宏观到微观的多级产汇流过程。以城市流域多级河网体系为基础，结合修正后的地表流向计算结果，可以采用不同方式提取各级河网对应的汇流区间，并以河网汇流区间作为城市雨水多级网格的几何图形分布，网格内所有雨水通过地表径流进入相应河网，如图 5-16 所示。该结构可以实现城市流域基于自身物理特征的多级离散化处理，各级网格与河网之间形成明确的对应关系，为网格编码方案的拟订提供了参照，满足城市雨水网格作为计算单元的功能需要。

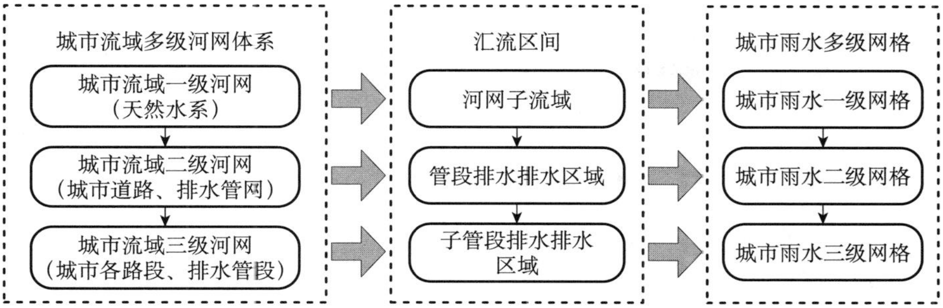

图 5－16 城市雨水多级网格划分方案

（一）城市雨水一级网格划分与编码

城市雨水一级网格是城市流域一级河网的汇流区间，反映基于流域天然水系的宏观汇流过程，实现对城市地表水文特性的整体性描述。由前文可知，按照基于城市宏观汇流系统的计算单元划分方法，一级河网的汇流区间为天然水系中的各个子流域，在提取过程中无须考虑城市微观汇流作用的影响，可直接根据城市流域原始地形的流向计算结果来划分（详见本章第一节第二部分），并获取城市雨水一级网格的几何图形分布。提取完成后的城市雨水一级网格单元呈不规则多边形几何结构，与城市流域一级河网形成一一对应关系，网格编码形式与城市流域一级河网的编码方案一致，以继承其拓扑关系，方便多级网格与河网之间的交互查询和检索。

（二）城市雨水二级网格划分与编码

城市雨水二级网格是城市流域二级河网的汇流区间，反映基于城市雨水管网系统（路管网的概化结果）的流域微观汇流过程。按照城市流域微观汇流计算单元划分思想，城市流域二级河网的汇流区间为各管段的排水区。鉴于城市流域地形平坦，为地表水流方向计算带来了较大难度，传统划分方法通常仅依照管段及节点的空间分布按照几何学方法提取排水区（详见本章第一节第三部分），但这样将使流域地形物理特性无法在计算单元中体现。本章通过城市流域地形预处理，将基于宏观与微观汇流系统的划分方法结合到一起，修正后的流域 DEM 数据及流向计算结果不仅具备良好的物理基础，而且反映了流域地表的微观汇流特征。将修正后的地表流向信息与城市流域二级河网空间分布信息相结合，以各二级河网管段作为流域水系参照，采用天然水系子流域提取思想（如图 5－5 所示），以所有地表雨水最终汇流至二级河网管段处的 DEM 栅格单元集合为依据划分排水区，最后获取城市雨水二级网格的几何图形分布，如图 5－17（a）所示。城市雨水二级网格单元同样呈不规则多边形几何结构，并与城市流域二级河网形成一一对应关系。根据城市雨水一级河网子流域内的管网连通体及其内部包含的管段数量，每个城市雨水一级网格可以细化为多个二级网格单元，形成一对多的树状结构。可以以城市流域二级河网的编码方案为参照确定二级网格的编码形式，如图 5－17（b）所示，从而继承其拓扑结构，明确二级网格与二级河网、一级网格及河网的对应关系。

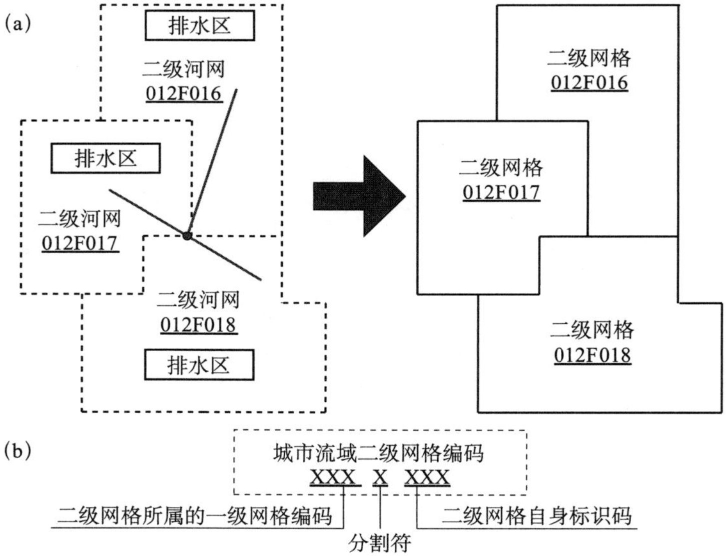

图 5－17　(a) 城市雨水二级网格划分；(b) 网格编码

（三）城市雨水三级网格划分与编码

城市雨水三级网格是城市流域三级河网的汇流区间。鉴于城市流域三级河网是将二级河网按管段节点分布离散而成的各个子管段，城市雨水三级网格应实现对二级网格的进一步细化，以反映二级网格单元内部更具体的微观产汇流过程。城市流域三级河网的汇水区间由各二级网格内的子排水区组成，参照城市雨水二级网格的划分方法，在各个二级网格单元的内部，结合修正后的地表流向计算结果，以各个子管段作为流域的水系参照划分子排水区，进而获取城市雨水三级网格的几何图形分布，如图 5－18（a）所示。按照二级河网内子管段的数量，每个城市雨水二级网格将被细化为多个呈不规则多边形几何结构的三级网格单元，并与各条子管段及排水口形成一一对应关系。城市雨水三级网格编码形式与城市流域三级河网一致，如图 5－18（b）所示，从而清晰地反映三级网格与上级及同级网格之间的拓扑关系，为“网格—网格”以及“网格—河网”之间的交互查询与检索提供便利。

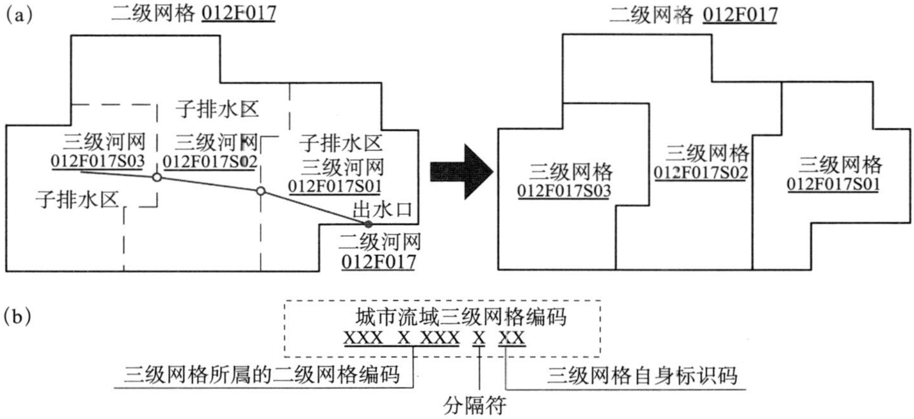

图 5－18　(a) 城市雨水三级网格划分；(b) 网格编码

六、城市雨水多级网格的查询检索

城市雨水多级网格体系中，各级网格单元上下、同一级网格单元之间都存在密切的关联。在网格体系外部，各级网格与流域多级河网等水文要素之间也息息相关。当研究区域尺度较大时，各级网格单元和流域水文要素数量众多，信息量很大。为了清晰地描述上述水文要素之间的联系，方便研究者快速查询和获取相关的水文信息，可以根据各级网格、河网、出水口的编码结果，确立城市雨水多级网格和水文要素之间的查询检索方法，如图 5－19 所示。

城市雨水多级网格体系呈多叉树结构，各级网格单元、各级河网及

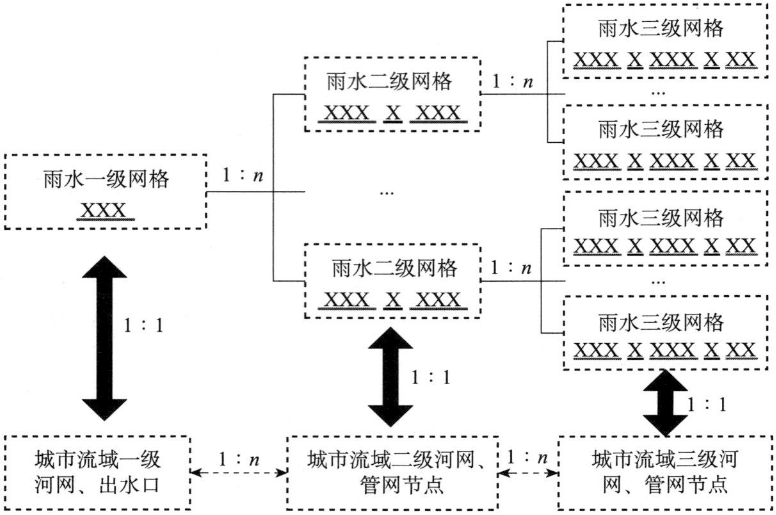

图 5-19　城市雨水多级网格和水文要素的查询检索方法

出水口节点之间满足 1∶1 或 1∶n 的关系，它们之间的交互查询检索方法如下：

（1）网格单元之间的查询检索。由前文可知，各级雨水网格之间呈一对多关系，即上级网格单元内一般包含多个下级网格单元，根据各级网格的编码结构，可以对上下级网格的拓扑关系进行检索。如对于二级网格单元，通过网格编码中的 1～3 位能够明确其所属的一级网格单元；反之，对于任意二级网格内的三级网格单元，其编码的 1～7 位与该二级网格编码一致；对于若干个同级网格单元，若其编码在最低位分隔符之前的内容相同，则表明它们是同属一个上级网格的兄弟网格单元，这些网格距离接近甚至相互邻接，所包含的流域水文特征也密切相关。

（2）网格单元与流域河网的查询检索。城市雨水各级网格与多级河网呈一一对应关系，每个网格单元内都包含了一条同级河网水系，它是网格内部雨水的主要汇流路径。各个网格单元与对应河网之间的编码相同，可以通过两者编码的一致性关系实现交互查询和检索。

（3）网格单元与天然水系出水口及管网节点（雨水口）的查询检索。天然水系出水口及管网节点与各级网格内的雨水径流过程密切相关，可以根据雨水网格内的产汇流特征将它们定义为网格地表汇流过程的出水口，并为产汇流计算模型的构建提供支持（详见本书第六章）。同时在内涝积水模拟过程中，考虑积水地表演进规律与产汇流过程的相关性，可以将出水口作为积水淹没过程的淹没源处理，且同样与各级雨水网格形成一一对应关系，并为后续的内涝积水计算提供依据（详见本书第七章）。网格出水口判定完成后，在网格内的属性字段中存储两者之间的编码关系，并通过该字段的取值实现交互查询与检索。

七、城市雨水多级网格数据模型与组织结构

城市雨水多级网格划分方法确定了各级网格单元的空间几何图形分布，但此时网格内部仍不包含具体的水文数据，无法直接作为城市流域各类水文信息的载体应用于内涝数值模拟计算模型中。为了在网格内开辟城市地表水文要素实体信息的存储空间，实现以网格为单元的流域水文资料采集与存储，需要设计城市雨水多级网格的数据模型与组织结构。

（一）城市雨水多级网格数据模型

数据模型是描述自然界实体和对应数据之间联系的工具，当该实体与空间位置密切相关时，这种关系就是空间数据模型。空间数据模型是空间数据存储结构的参照标准，是 GIS 技术体系及空间数据库构建的基础。空间数据模型的发展可以归纳为三个阶段：

1. 传统的空间数据模型（CAD）

传统的空间数据模型源于通用的 CAD 软件，模型使用简单的二进制文件存储空间数据，用点、线、面描述空间信息，用图层和注记号描述属性信息。在传统的空间数据模型中，空间与属性信息之间的关联性很低，无法建立拓扑关系，现已逐渐被淘汰。

2. 经典空间数据模型（Coverage）

经典空间数据模型代表 Coverage 来源于 ESRI 公司推出的 GIS 软件 Arc/Info。在 Coverage 数据模型中，空间数据按照矢量点、线、面和栅格要素为单位存储，并通过相同的 ID 标识与以数据表形式存储的属性数据相关联。Coverage 数据模型强调空间要素的几何特征和拓扑关系，将空间数据和属性数据进行联合操作和管理，得到了广泛地使用。

3. 面向对象的空间数据模型（Geodatabase）

面向对象的空间数据模型的代表为ESRI公司开发的Geodatabase模型，该模型利用面向对象技术将现实世界抽象为若干对象类，并根据其属性、行为、几何特征构建不同的要素类。这些要素类既包含了对象的空间信息，也包含了它们的属性参数。Geodatabase模型兼容了包括Coverage模型在内的经典空间数据模型，实现了不同类型数据的统一管理，使空间要素之间的相互关系以符合人们思维习惯的方式来表达。

在城市雨水多级网格的划分过程中，明确了城市雨水各级网格单元呈不规则多边形几何结构，可以使用矢量面要素来描述，每一级网格单元的集合形成一个空间面要素类。此外，城市雨水多级网格在构建过程中涉及大量与栅格要素类的交互处理，需要实现对矢量、栅格以及各类元数据的统一管理。因此可以采用Geodatabase模型作为城市雨水多级网格体系的数据建模基础。

（二）城市雨水多级网格数据组织与索引方式

在Geodatabase模型中，每一个要素都是基本的信息存储单元，这些要素由自身空间信息和属性信息组成，两者分别使用几何图形文件（shp）与属性表文件（dbf）来储存。基于Geodatabase模型的城市雨水多级网格以空间要素集的形式存储，每一级网格集合构成一个空间面要素类，各级网格对应的空间信息与属性信息以网格要素类为单位组织，即：每一级网格对应一个面要素类，包含一个“.shp”文件和一个“.dbf”文件。“.shp”文件中的几何图形信息以本节第五部分中提取的网格空间几何分布为基础构建，每一个网格单元对应一个空间面要素；“.dbf”文件中的属性信息则以属性数据表的形式表达，每一条记录代表一个网格单元的属性信息，数据表结构字段应根据城市雨洪计算模型对各类水文资料的需求确定，并参照各字段所代表的意义以网格为单位完成流域属性信息采集（详见第六章、第七章）。“.shp”文件中的空间要素与“.dbf”文件中的记录通过每个网格的编码进行索引关联，从而实现各级网格的图属一体化组织与管理，如图5-20所示。

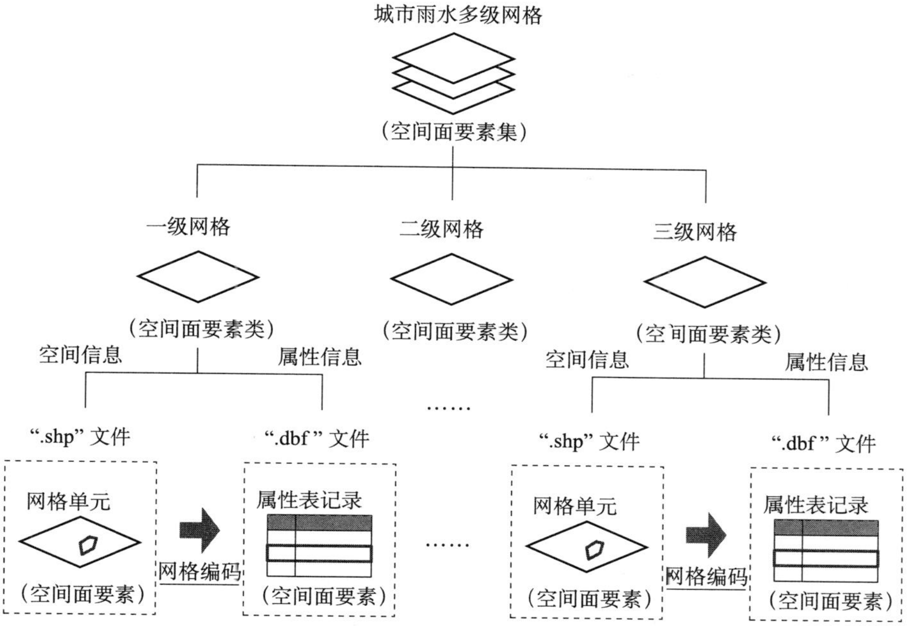

图 5－20　城市雨水多级网格数据组织和索引方式

第四节　本章小结

空间信息多级网格是空间信息科学技术领域中的重要理论工具，其结合地学网格与计算网格的优点，以实现不同尺度空间信息的一体化管理和高效检索。本章基于城市流域雨水径流过程的多级特征，首先对现有的计算单元构建方法及其局限进行了介绍与分析；接下来利用空间信息多级网格思想解决现有城市雨水产汇流及积水模型计算单元构建存在的问题，提出了城市雨水多级网格作为计算单元的核心思想，并系统介绍了城市雨水多级网格基础理论和构建方法。城市雨水多级网格与传统的计算单元相比，不仅能较好地反映城市雨水径流的多级特征，还可以提高城市各类专题信息的整合度与利用率，为各类水文信息提供了高效的查询、检索与数据更新手段和平台，为后续城市内涝数值模拟中的产汇流与内涝积水计算提供全面的服务。

第六章
基于空间信息科学技术的产汇流计算

城市雨水产汇流是城市流域降雨最基本的水文物理过程，城市产汇流模型作为城市雨水计算模型的一种，是描述城市流域雨水分配形式和运动状态随时空变化规律的有效途径，也是评估内涝灾情的重要手段。城市雨水产汇流模型能够根据流域降雨数据及下垫面信息对雨水地表产流、坡面汇流及地下管网汇流过程进行模拟与计算，得到流域雨水径流过程的关键信息，如地表入水口、管网节点、管段及流域出水口的流量、流速随时间变化的过程等，其中人工排水设施的运行状态（如雨水口及管网节点的超载情形及溢流水量）是内涝积水计算的关键输入信息。因此，在本书应用的城市内涝灾害数值模拟模型框架中（如图3－1所示），首先需要根据模型计算单元采集流域水文物理参数构建雨水产汇流模型，获取降雨过程中超载管网节点分布及溢流水量等信息，并作为内涝积水计算模型的输入条件，从而最终获取流域内的积水内涝模拟结果。本章将以得到广泛应用的城市流域产汇流计算模型SWMM为基础，利用空间信息多级网格的先进思想对SWMM模型进行改进，设计以各级网格为流域空间参照的模型参数采集和率定方法，实现雨水多级网格与SWMM模型的耦合，并以之为依托构建满足内涝数值模拟需要的产汇流计算模型。

第一节　SWMM模型概述

一、SWMM模型

SWMM是Storm Water Management Model的简称，即暴雨洪水管理模

型。该模型是在美国环境保护署 EPA 的资助下，由多家单位联合开发的动态降水—径流模拟模型。SWMM 模型自 1971 年开发以来，已经经历过多次升级，最新的版本为 5.0。目前，SWMM 模型已被广泛应用于世界范围内城市地区的雨水径流计算、排水管网设计、防洪标准制定、污水水质监测等防灾、规划及环境领域的研究中。

二、SWMM 模型功能结构及计算流程

SWMM 模型是半分布式的水文模型，和其他基于分布式模型的水文计算方法一样，SWMM 模型将流域离散为若干个计算单元，并以计算单元为基础实现水文、水力和水质模拟，从而描述流域内不同类型的水文要素和特征随时间变化的过程。SWMM 模型包含以下主要功能模块（如图 6－1 所示）。

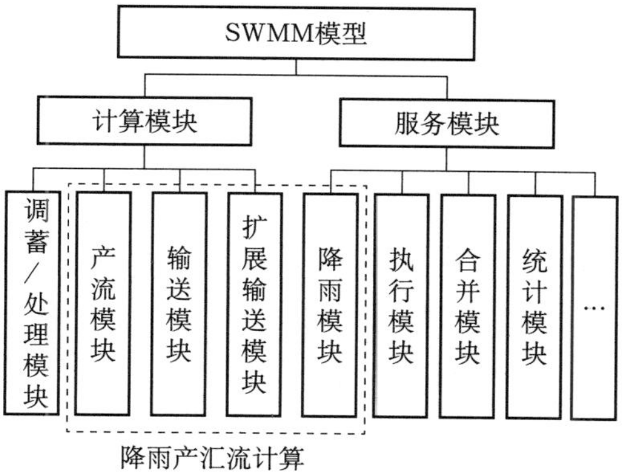

图 6－1　SWMM 模型功能结构

（一）4 个计算模块

4 个计算模块（产流模块、输送模块、扩展输送模块、调蓄/处理模块）用于实现对城市流域地表产汇流、管网汇流、蓄水和污水处理过程的模拟。

（二）若干个服务模块

若干个服务模块主要用于完成模型内部控制，模拟计算前后的数据处理和加工操作，如执行模块、合并模块、统计模块、图表模块、降雨模块等。

上述功能模块中，与城市雨水产汇流计算密切相关的包括降雨模块、产流模块和汇流模块（输送模块与扩展输送模块），其计算流程及输出结果如图 6－2 所示。

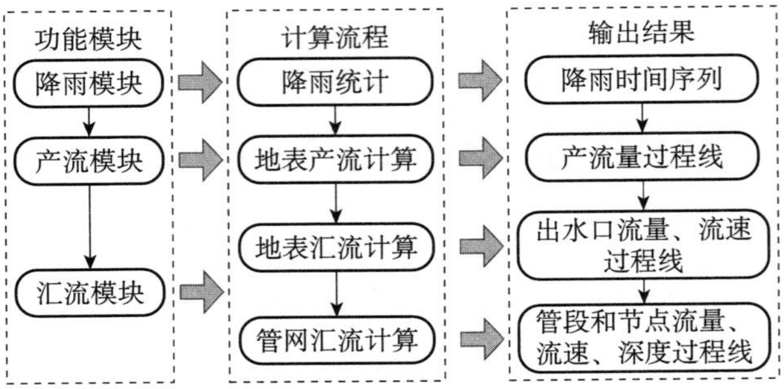

图 6－2　SWMM 模型产汇流计算流程及输出结果

1. 降雨模块

降雨模块以城市范围内的降雨时间序列作为输出，序列的值代表了降雨过程中各时间点的瞬时雨强，降雨过程可以是单次降雨过程，也可以是由多次降雨组成的连续降雨事件。为了体现流域内降雨在空间分布上的不均匀性，在大尺度流域水文模拟中，对不同区域内的计算单元分别采用不同的降雨模块作为输入。

2. 产流模块

产流模块以降雨模块提供的降雨过程线作为输入，以各计算单元地表水文特征为依据计算降雨损失量，从而获取各计算单元内的产流量，产流模块的输出包括各计算单元的降雨损失及产流量过程线。

3. 汇流模块

汇流模块分为地表汇流和管网汇流两部分，地表汇流以产流量过程线作为输入，以计算单元内的地形起伏为参照计算地表坡面汇流，得到出水口处的流量、流速变化过程；管网汇流以地表汇流的计算结果作为输入，使用水动力学方法计算雨水在各管段内和节点处的能量转化过程，并得到各个管段和节点的流速、流量、深度等参数随时间变化的过程线。

三、SWMM 模型优势

由第三章第一节第四部分可知，目前广泛使用的城市雨水产汇流计算模型包括 SWMM 模型、STORM 模型、沃琳福克模型、TRRL 模型等。本书选择 SWMM 模型作为城市雨水产汇流计算的研究对象，并与城市雨水网格集成，是因为 SWMM 模型具备以下优势：

（1）更适应城市雨水径流过程的特点。SWMM 模型是专门针对城市流域的雨水数值模拟计算方法，模型主要实现原理和思想都充分地考虑了城市流域环境的特点。SWMM 模型将城市流域内的管网、节点、泵站和子汇水区概化为若干环境设施和水文要素，并对雨水的及各类物质成分在各个要素之间的运动变化和能量转换过程进行定量描述。与其他的产汇流计算模型相比，城市雨水多级网格能够作为水文要素的一种，更加顺利地与 SWMM 模型结合。

（2）模型适用范围广。SWMM 模型为城市流域产流、地表汇流和管网汇流计算提供了多种不同的实现方法以供选择，用户可以根据实际情况以不同的方法完成模型构建，以满足各种城市流域环境的模拟需要。由于具备强大的适用性，SWMM 模型在天然流域的水文模拟研究中也得到了应用，并同样取得了极具参考性的模拟结果。鉴于此，SWMM 模型能够同时胜任城市流域宏观汇流和微观汇流过程的模拟。

（3）便于二次开发与定制。SWMM 模型是完全开放的城市雨水计算模型，通过网络可以免费获得其相关源程序及代码。模型还提供了一系列与其他软件开发平台对接的应用程序接口，通过这些接口用户能够根据需要对模型内部结构和功能模块进行二次开发和定制，并与其他专业软件系统集成到一起。城市雨水多级网格研究中涉及大量空间信息技术及相关软件的应用和操作，使用 SWMM 模型能够十分方便地和上述软件对接，实现城市雨水多级网格在城市产汇流计算中的应用。

第二节　SWMM 模型产汇流计算原理

SWMM 模型以流域计算单元及连接要素为基本对象描述雨水产汇流过程。根据图 6－2 中的产汇流计算流程，SWMM 模型产汇流计算包括产流计算、地表汇流计算和管网汇流计算三部分。

一、产流计算原理

SWMM 模型使用水量平衡思想计算降雨产流，根据水量平衡公式，各个计算单元的产流量满足：

$$R = P - S_S - F_m \tag{6-1}$$

式中 R 为产流量（mm）；P 为降雨量（mm）；S_S 表示初损（mm），包括植物截留、蒸发和滞蓄的损失；F_m 表示后损（mm），主要为下渗造成的损失。

流域地表的透水特征会对初损和后损的取值产生影响，SWMM 模型将各个计算单元进一步细分为透水区和不透水区，并采用不同的方式分别计算两类地表的产流，再结合不同地表的面积权重确定整个计算单元的产流量。

（一）不透水区产流计算

流域不透水区由于不存在下渗作用，可忽略后损造成的影响直接通过降雨和初损计算产流，即：

$$R = P - S_S \tag{6-2}$$

不透水区可以进一步细分为有洼蓄的不透水区和无洼蓄的不透水区。在无洼蓄的不透水区，降雨除了基本蒸散发损失（一般忽略不计）外全部转化为产流；对于有洼蓄的不透水区，采用蓄满产流的思想，降雨需要先满足最大洼蓄量才能开始产流，否则不产流。设地表最大洼蓄深度为 D（mm），则产流量满足：

$$R = \begin{cases} P - D, & P > D \\ 0, & P \leqslant D \end{cases} \tag{6-3}$$

（二）透水区产流计算

在流域透水区需要考虑下渗作用。雨水的下渗作用与地表土壤的入渗率相关，在降雨过程中，随着土壤内含水量的改变，其入渗率也会随时间发生变化，根据一定周期内的土壤入渗率变化函数，可以通过积分的形式计算下渗量：

$$F_m = \int_t^{t+\Delta t} f(t)\,\mathrm{d}t \tag{6-4}$$

$f(t)$ 为 t 时刻的土壤入渗率（mm/h）。为了计算透水区地表的产流量，SWMM 模型提供了三种可供选择的方法：

1. 霍顿入渗模型

霍顿入渗模型是根据均质单元土柱的下渗实验观测资料提出的，模型包含一个用三个参数描述土壤入渗率变化的经验公式。霍顿模型认为，在降水开始时土壤的含水量为 0，且存在最大的入渗率 f_0，随着降雨进行，土壤的含水量逐渐增加，入渗率则逐渐减小，当土壤的含水量趋于饱和时，入渗率不再变化，此时的入渗率为稳定入渗率 f_c。土壤入渗率 f 随时间 t 的变化过程即是由 f_0 到 f_c 的衰减过程，可以使用如下经验公式来描述：

$$f = f_c + (f_0 - f_c)e^{-kt} \tag{6-5}$$

式中 k 为衰减系数。根据土壤类型的不同，霍顿公式中的三个参数取值也会产生变化，在实际应用中一般可参考具体流域的经验值确定。结合式（6-1）、式（6-4）和式（6-5）即可计算地表的产流量。

2. Green-Ampt 模型

Green-Ampt 模型是格林和安普特（Green. W. H & Ampt. G. A）于 1911 年根据毛管理论提出的积水入渗模型。该模型假定在土壤层中存在一个含水量急剧变化的干湿界面，它将土壤划分为干燥区和湿润区。湿润区内的土壤含水率为饱和值，干燥区内的土壤含水率为初始值。两者的分界面呈水平分布，被定义为湿润峰面，在此存在着一个固定不变的吸力，如图 6-3 所示。

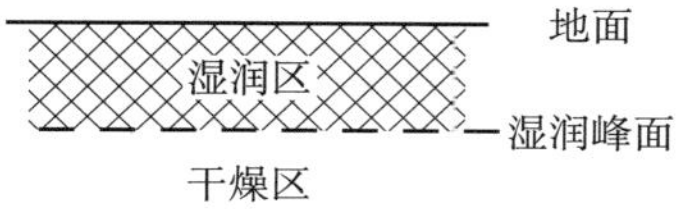

图 6-3 Green-Ampt 模型

Green-Ampt 模型进行了如下假设：第一，湿润峰面以恒定的速度向下移动；第二，土壤的饱和含水率和初始含水率保持不变；第三，湿润峰面的厚度忽略不计；第四，湿润峰面的毛管压力为一个常量，并取决于湿润峰面的深度；第五，干燥区的吸水能力保持不变。基于上述假设，土壤地表入渗率 f 满足：

$$f = K_s\left(1 + \frac{S_f + h}{Z_f}\right) \tag{6-6}$$

式中 K_s 为土壤饱和水力传导率（mm/h）；Z_f 为湿润峰面的吸力（mm）；S_f 为湿润峰面的深度（mm）；h 为地表的积水深度（mm）。结合式（6－1）、式（6－4）和式（6－6）即可计算地表的产流量。

3. SCS 模型

SCS 模型是美国农业部水土保持局于 1954 年开发的经验模型，该模型根据大量的实测数据建立了不同地表累积降雨量与产流量之间的关系。SCS 模型基于两个假设，第一个是比例相等假设，即地表产流量 R 与净雨量 $P-S_S$ 的比值等于入渗量 F_m 和地表最大潜在注蓄量 S 的比：

$$\frac{R}{P-S_S} = \frac{F_m}{S} \tag{6-7}$$

第二个假设是初损值与潜在最大注蓄量的线性关系假设，即：

$$S_S = \lambda \cdot S \tag{6-8}$$

式中 λ 为区域参数，其取值与流域地理和气候环境相关。一般情况下取经验值 $\lambda = 0.8$。结合式（6－1）、式（6－7）和式（6－8）得到产流计算公式：

$$R = \begin{cases} \dfrac{(P - 0.2S)^2}{(P + 0.8S)}, & P > 0.2S \\ 0, & P \leqslant 0.2S \end{cases} \tag{6-9}$$

式中仅有一个未确定参数 S，为了计算 S 的值，SCS 模型引入了一个无量纲的参数 CN（径流曲线数），计算方法如下：

$$S = \frac{25400}{CN} - 254 \tag{6-10}$$

CN 值的理论取值范围为 0～100，实际值由土壤覆盖类型、水文条件因子和前期径流输入确定，一般取 49～98。SCS 模型给出了由实测资料统计得到的 CN 值查算表，建模时可根据不同土壤下渗类型结合该表确定 CN 值大小。

二、地表汇流计算

流域地表汇流模型通过流域地表特征参数计算流域出口断面或者河道

的出流量，并得到出流量随时间变化的过程线。在 SWMM 模型中，各计算单元地表被概化为一个非线性水库，模型通过联立求解曼宁方程与水量连续方程得到计算单元的出流过程，如图 6－4 所示。

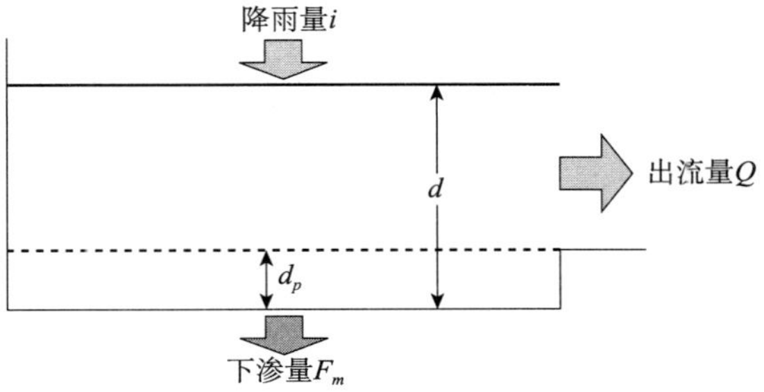

图 6－4　非线性水库法

设水库单位时间内的库容变化为 dv/dt，因库区表面积（计算单元面积）不随时间改变，库容变化可表示为 $A \cdot dd/dt$，A 为计算单元面积（m^2），d 为地表水深（m）。根据水库连续性方程，水库库容变化为单位时间内的入流量和出流量之差，即：

$$A\frac{dd}{dt} = A(i - f) - Q \tag{6-11}$$

式中 i 为降雨强度（mm/s），f 为入渗率（mm/s），Q 为出流率（m^3/s）。

根据曼宁公式，计算单元的出流率又可以表示为：

$$Q = W \cdot \frac{1}{n} \cdot (d - d_p)^{5/3} \cdot S^{1/2} \tag{6-12}$$

式中 W 为计算单元的特征宽度（m）；n 为地表曼宁系数；d_p 为地表最大洼蓄深度（m）；S 为计算单元的平均坡度。

联立式（6－11）和式（6－12）可得：

$$\frac{dd}{dt} = i - f - \frac{W \cdot (d - d_p)^{5/3} \cdot S^{1/2}}{A \cdot n} = i - f - WCON \cdot (d - d_p)^{5/3} \cdot S^{1/2} \tag{6-13}$$

式中 $WCON$ 为流量验算参数，有 $WCON = W/(A \cdot n)$。

式（6－13）为非线性微分方程，采用有限差分法以时间步长为单位求解，有：

$$\frac{dd}{dt}=\frac{d_2-d_1}{\Delta t}=i-f-WCON\cdot\left(\frac{d_1+d_2}{2}-d_p\right)^{5/3}\cdot S^{1/2} \quad (6-14)$$

式中 Δt 为时间步长（s）；d_1 为时段初的地表水深（m）；d_2 为时段末的地表水深（m）。根据式（6－14），从初始时刻 $d_1=0$ 开始，依次计算各时间步长的时段末水深 d_2，并将结果作为下一个时段的已知量 d_1，再根据曼宁公式确定计算单元的出流量过程线。

三、管网汇流计算

城市管网汇流计算能够描述雨水在管道及节点内的运动状态和能量转换过程，该过程在城市产汇流模拟中十分重要，因为管网汇流的状况直接关系到城市雨水排放的通畅性，一旦管网入流量超过了管网系统的设计标准，则可能出现节点溢流，进而导致地面积水内涝的产生。SWMM 模型的管网汇流计算包括以下几个部分。

（一）管网水力学概化方法与计算公式

城市流域的雨水管网通常为圆管，管段内部的水流一般为非恒定重力流，在满载情况下可能转化为压力流，图 6－5 为管段横截面概化示意图。

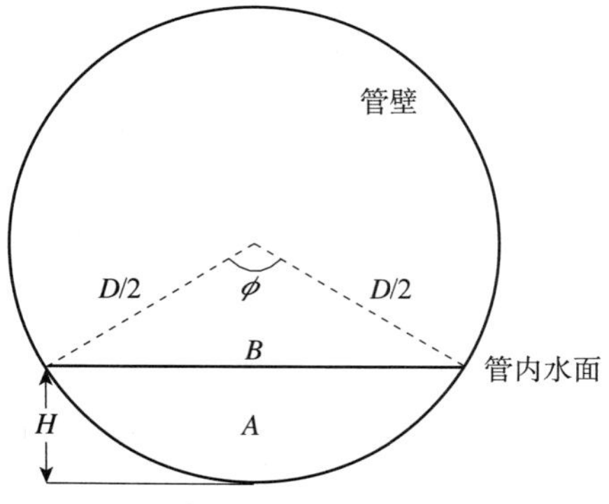

图 6－5　管段横截面概化示意图

图中 A 为管道内过水横截面面积（m^2），B 为管内水面宽度（m），D 为管径（m），ϕ 为管道内水面中心角，H 为管内水头高度（m）。

根据上述参数，有如下水力学计算公式：

$$\begin{cases} Q = A \cdot v \\ A = \dfrac{D^2}{8}(\phi - \sin\phi) \\ B = D \cdot \sin\dfrac{\phi}{2} \\ R = \dfrac{D}{4}\left(1 - \dfrac{\sin\phi}{\phi}\right) \\ S_f = n^2 \cdot v^2 \cdot R^{-4/3} \end{cases} \tag{6-15}$$

式中为 v 管内流速（m/s），Q 为管内流量（m^3/s），R 为管道水力半径（m），即过水横截面面积与管道湿周的比值，S_f 为摩阻坡度，n 为管道曼宁系数。

（二）管网初始条件与边界条件

管网的初始条件、边界条件和连接条件通过以下方法计算：

（1）初始条件。在最开始的时刻 $t=0$，此时管道内没有雨水，各个管段和节点处的流量（Q）、流速（v）和水头（h）均为0，即：

$$Q|_{t=0} = 0, \quad v|_{t=0} = 0, \quad h|_{t=1} = 0 \tag{6-16}$$

（2）边界条件。管段的边界条件包括上游端的入流条件和下游端的出流过程线，对于上游边界管段，其入流条件就是管段起始管网节点的入流过程线 $Q(t)$，即管段对应计算单元的地表汇流计算结果，有：

$$Q|_{x=0} = Q(t) \tag{6-17}$$

对于随后的各个管段，其入流条件则要同时考虑上游管段的出流过程线 $Q'(t)$ 和管段起始节点的入流过程线，即：

$$Q|_{x=l} = Q(t) + Q'(t) \tag{6-18}$$

（3）连接条件。假设管网节点自身没有储水能力，则节点入流量与出流量相等：

$$\sum_{i=1}^{n} Q_i = 0 \tag{6-19}$$

式中 Q_i 为节点相连的第 i 个管段对节点的流量，流入为正，流出为负，n 为节点连接管段的总数。

（三）管网水动力模型及求解

SWMM 模型通过水动力学方法计算管网汇流，即采用下述一维圣维南方程组描述排水管网内的水流运动过程：

$$\frac{\partial A}{\partial t}+\frac{\partial Q}{\partial x}=0 \tag{6-20}$$

$$\frac{v}{g}\cdot\frac{\partial v}{\partial x}+\frac{1}{g}\cdot\frac{\partial v}{\partial t}+\frac{\partial h}{\partial x}=S_0-S_f \tag{6-21}$$

式（6－20）和式（6－21）分别为连续方程和动量方程，式中 x 为管道距离（m），S_0 为管道底坡，g 为重力加速度（9.8m/s^2）。

结合水力学计算公式及各个管段和节点的初始、边界和连接条件，使用有限差分法得到上述方程组的数值解，可以确定各个管段和节点的流量、流速和水头随时间变化的过程。SWMM 模型为管网动力方程提供了三种类型的解，即动力波（动态波）解、运动波解和恒定流解。动力波解为完整圣维南方程组的数值解，充分考虑了管道的蓄水、回水、逆流作用和满载状态时的有压流动，其求解过程最为复杂，同时结果也最为精确。运动波解将式（6－21）简化为 $S_0-S_f=0$ 来求解，在计算过程中省略了回水、有压流动等作用。恒定流解在运动波的基础上，假定管段内的流动过程不随时段发生改变，将式（6－20）进一步简化为 $\partial Q/\partial x=0$，该方法实际没有求解圣维南方程组，只是简单将管段入口的流量过程线在时空上平移到出口处。

第三节　SWMM 模型产汇流计算存在的不足

SWMM 模型充分考虑了城市流域水文特征，并为城市地表产流、汇流以及管网汇流过程提供了多种计算方法以供灵活选择。目前，SWMM 模型的产汇流计算原理和方法已经十分成熟，完全能够适应城市雨水产汇流计算模拟的需要。在城市内涝数值模拟研究中，SWMM 模型也得到了十分广泛的应用。然而，现有的研究在根据城市流域研究对象构建 SWMM 模型时，仍普遍存在以下问题：

（1）计算单元缺乏科学的划分方法和体系结构。在 SWMM 模型构建过程中，需要将研究流域离散为若干汇水区作为地表产汇流的计算单元。

目前研究中普遍使用基于城市路管网分布的微观汇流系统划分方法确定管段汇水区的范围，并作为模型计算单元。由第五章可知，该方法无法全面地反映城市流域产汇流过程的时空变化规律，计算单元的体系结构与城市流域地表汇流多层次特征不符。计算单元是模型参数采集和产汇流模拟的基础，其划分方法的局限，将对模型计算精度造成影响。

（2）模型计算参数采集和率定方法缺乏代表性，对流域资料要求较高。由本章第二节可知，SWMM 模型需要大量的流域水文特征参数作为产汇流计算的依据。为了体现特征参数的空间异构性，目前的研究中一般根据流域实测水文资料，分析地表各区域范围内的水文物理特征，并采用基于传统空间数据组织管理结构的计算单元完成模型参数的采集和率定。在流域地表实测数据相对匮乏的地区，由于水文资料不完备，存储结构散乱，空间粒度较粗，基于传统计算单元的数据获取和组织方法难以对其进行深度挖掘，无法完成各类信息的一体化组织与管理，造成模型构建困难，流域参数代表性不足。

（3）在判断各计算单元出水口与管网节点的对应关系时，缺乏严谨、科学的判定依据。为了获取管网汇流计算的初始条件和边界条件，需要确定各个计算单元地表汇流终点与管网节点的对应关系。在现有研究的 SWMM 模型构建方法中，针对上述关系的判定还没有统一、明确的原则和依据，实际操作过程或带有明显的主观性，或直接采用简单的距离判定方法。这样的处理可能导致模型地表产汇流输出结果与管网汇流计算无法正确衔接，使管网水动力学模拟脱离实际。

第四节 城市雨水产汇流计算模型

由上节可知，由于计算单元构建方法和水文信息采集与管理技术不完善，SWMM 模型在城市雨水产汇流计算的应用中仍存在一些问题，无法很好地与城市流域水文特征相契合。城市雨水多级网格的提出为上述问题提供了切实可行的解决方案：雨水网格体系包含多级特征，其离散化方法具有严谨的流域特征参考和物理基础，各级网格与城市流域多级河网一一对应，全面地反映了城市流域产汇流的时空变化规律及各计算单元与出水口的对应关系；雨水多级网格还具备空间信息多级网格思想的优越性，能够将流域各类资源通过先进的数据模型和组织方法整合到一起，在信息不完备的条件下实现流域资料的深度挖掘，并利用基于GIS技术的空间分析方法完成各类参数的采集和率定；通过完善的网格编码和查询检索机制，各级网格与流域其他水文要素之间的拓扑关系得以清晰地描述，基于网格单元的流域信息交互查询、动态更新、增删将变得高效和规范。鉴于此，可以利用空间信息多级网格思想改进SWMM模型，将雨水多级网格作为计算单元与其集成，解决该模型在城市流域应用中的局限，从而以之为依托构建更加完善的SWMM模型实现城市雨水产汇流计算。

一、模型构建方法

在SWMM模型中，城市雨水产汇流系统被简化为水流和物质在一些主要流域环境设施和要素之间的迁移和转化过程，上述环境设施和水文要素是SWMM模型构建的基础。一个相对完整的SWMM模型，必须具备的水文要素包括降雨、汇水区、传输系统和节点。SWMM模型认为汇水区拥有相对独立的地表汇流过程，同一汇水区内部所有水文特性在空间上具有相同的分布规律，并以之为基础进行地表产汇流计算。因此，可以将城市雨水多级网格作为汇水区要素参与SWMM模型构建，从模型产汇流计算原理出发确定各级网格的属性表字段，利用空间信息网格在资源整合利用方面的先进性，结合网格空间分布和流域基础信息采集各类水文参数，从而对SWMM模型进行改进，构建基于城市雨水多级网格的雨水产汇流计算模型，实现科学、高效和实时的城市产汇流过程模拟。

基于雨水多级网格的城市产汇流模型体系包含三个层次，每一层由一个相对完整的SWMM模型组成，并以某一级雨水网格作为地表产汇流计算的基本单元。如此一来，该模型能以不同粒度的雨水网格为单位全面描述城市流域的水文特征规律，按照由粗到细、由大到小、由宏观到微观的方式实现城市雨水产汇流过程的多尺度范围模拟，如表6-1所示。

表 6－1　基于雨水多级网格的城市产汇流模型三层体系结构

模型层次	模拟范围	水文要素		
		汇水区	传输	节点
第一层 SWMM 模型	整体流域	城市雨水 一级网格	城市流域一级河网 （天然流域）	天然流域交汇点
第二层 SWMM 模型	各雨水一级网格	城市雨水 二级网格	城市流域二级河网 （排水管段）	交叉节点
第三层 SWMM 模型	由若干二级网格组成的 管网连通体	城市雨水 三级网格	城市流域二级河网 （排水子管段）	管网节点

第一层 SWMM 模型以研究区域整体流域为模拟范围，以城市雨水一级网格为汇水区，以流域一级河网为传输要素，以天然水系的交汇点作为节点。在 SWMM 模型中没有能够直接描述天然水系的可视化水文要素，可以将其概化为形状不规则的自然明渠做近似处理。模型构建完成后，可实现对研究流域宏观产汇流过程的模拟；

第二层 SWMM 模型以各雨水一级网格作为模拟范围，以一级网格内的雨水二级网格集合作为汇水区，以流域二级河网管段和管网交叉节点作为传输要素和节点。模型构建完成后，能够模拟各城市雨水一级网格内部的微观产汇流过程；

第三层 SWMM 模型以由若干雨水二级网格组成的管网连通体为模拟范围，以连通体内的雨水三级网格集合作为汇水区，以流域三级河网子管段和管网节点作为传输要素和节点。模型构建完成后，可以实现各管网连通体内微观产汇流过程的进一步细化模拟。

基于雨水多级网格的产汇流模型三层体系结构能够更加准确地反映城市流域水文过程的多级特征。使用者可以灵活地采用不同层次的产汇流模型模拟流域不同区域的水文过程，并获取不同尺度范围的计算结果。如构建第一层 SWMM 模型模拟全流域整体产汇流过程，从宏观角度评估内涝灾情，接下来构建第二层或者第三层产汇流模型，对需要重点关注的区域进行细化模拟，了解具体的受灾状况，并根据计算结果制定应急响应方案。

二、计算单元属性表结构设计

在城市产汇流三层模型结构中，城市雨水多级网格作为每一层模型地表产汇流模拟的计算单元，是模型计算所需的各类流域水文信息和特征参数的载体，各级网格内部的属性表结构应以 SWMM 模型的地表产汇流计算原理作为理论基础完成构建。根据本章第二节中介绍的 SWMM 模型地表产汇流计算原理，鉴于研究对象流域水文资料可能不完备，可以选取霍顿入渗方程作为流域产流的入渗计算模型，形成如表 6－2 所示的城市雨水多级网格属性表字段构建标准，由于三层 SWMM 模型使用的地表产汇流计算原理相同，各级网格采用了相同的属性表字段结构。

表 6－2　城市雨水网格属性表字段结构

参数字段	相关描述
编码	城市雨水多级网格的编码
面积	各个网格的占地面积（ha）
出水口	各个网格地表汇流的出水口对应管网节点的编码
平均高程	网格内的平均高程值大小（m）
特征宽度	网格地表汇流的特征宽度大小（m）
平均坡度	网格内地表平均坡度大小（%）
不透水比例	网格中不透水地表所占的面积比（%）
不透水曼宁	不透水地表的曼宁系数值
透水曼宁	透水地表的曼宁系数值
透水洼蓄	透水地表的自然坑洼所能存储的最大水量（mm）
不透水洼蓄	不透水地表的自然坑洼所能存储的最大水量（mm）
最大入渗率	霍顿下渗模型中的最大下渗速率（mm/h）
稳定入渗率	霍顿下渗模型中的稳定下渗速率（mm/h）
衰减系数	霍顿下渗模型中的下渗速率衰减系数 k

三、模型参数采集和率定原理

由表 6－2 可知，城市雨水产汇流计算需要采集和率定的模型参数数量众多，且源自不同的流域基础数据，它们或需要以网格空间分布为参照进行分割，或需要将不同的基础数据结合。在流域水文实测资料相对不足的地区，模型构建时所能获取的流域基础数据较为有限，为参数采集和率定带来了一定的难度。本章将利用城市雨水网格在信息高度整合和深度挖掘方面的优势，基于有限的流域基础数据和资源，利用空间信息科学技术完成城市产汇流模型参数采集和率定，实现对 SWMM 模型构建方法的改进。

（一）流域基础数据和参考资料

为了实现信息不完备条件下的模型参数率定，SWMM 模型提供的一系列参数率定参照表是很好的基础资料，这些参照表根据流域地表的不同覆盖类型提供了各类参数的经验值。以流域地表最大洼蓄为例，不同覆盖类型的最大洼蓄经验值如表 6－3 所示。

表 6－3 不同地表覆盖类型的最大洼蓄取值

覆盖类型	最大洼蓄（mm）
不透水表面	1.27～2.54
草地	2.54～5.08
牧场	5.08
林地及枯枝落叶层	7.62

利用模型参数率定参照表中的信息，可以根据各个计算单元内不同地表覆盖类型的组成比例来确定对应参数的取值。这样在模型构建中，只需要描述流域基本物理特征的基础数据便能完成模型参数的采集和率定，如反映流域基本地形特征的 DEM 数据，反映流域地表地物波谱特性的遥感影像数据等，这些数据一般以全流域为范围存储，获取难度较低，能够十分顺利地与多级计算单元体系结合。

（二）流域参数采集和率定的关键技术

流域参数采集和率定需要将计算单元与流域基础数据相结合，涉及大量针对空间数据的加工、处理和交互等操作。一般而言，可以以空间要素类的方式存储流域各类信息，并利用空间信息科学中的 GIS 与 RS 来完成参数采集和率定工作，需要使用的关键技术如基于矢量要素的空间叠置分析，基于地形栅格模型的坡度特征提取等已在前面的章节中进行了介绍，其他需要应用的关键技术包括：

1. 基于 GIS 的分区统计

在参数采集和率定过程中，还需要以各个计算单元为基础完成栅格数据信息的统计，如统计各个计算单元内所有 DEM 栅格高程和坡度的平均值等。为了实现此类操作，需要引入基于 GIS 技术的分区统计方法。分区统计又叫分类区统计，该方法可以为由分区图层定义的各个区域提供关于值图层中信息的统计。分区图层一般为栅格图层或矢量面图层：对于栅格图层，具有相同值的栅格单元集合构成一个统计区域，不论这些栅格单元是否邻近；对于矢量面图层，每一个面要素即代表一个统计区域。值图层一般为栅格图层，图层中各个栅格单元的取值是分区统计的对象。根据统计区域内包含的所有栅格单元属性值的集合，可以采用不同的统计方法（如平均值、最大值、最小值、求和、求标准差等运算）计算分区统计结果，并以栅格图层或属性表的形式存储。以平均值统计为例，分区统计实现过程及属性表形式的统计结果如图 6－6 所示。

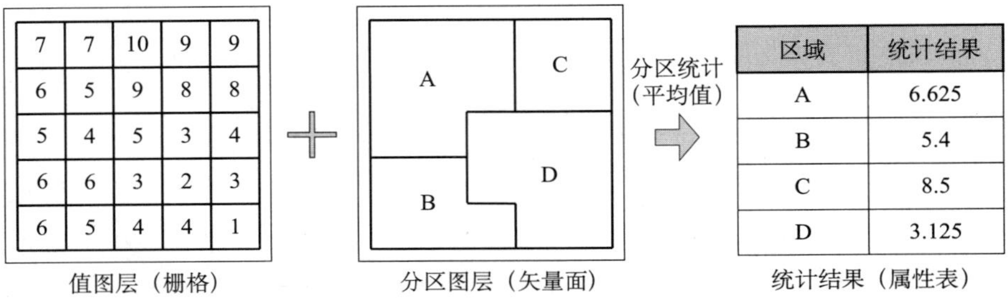

图 6－6　分区统计过程

2. 基于 RS 的土地覆盖监督分类

城市雨水产汇流模型构建过程中，很多参数的取值与流域土地覆盖类型密切相关，如透水和不透水比例、最大洼蓄、地表曼宁等，为了完成上述参数的采集和率定，可以根据流域遥感影像数据，采用基于 RS 技术的监督分类方法获取城市流域不同类型的地表覆盖分布。

遥感影像中同类地物在相同的条件下拥有相同或者相似的光谱特征，这些特征是通过地物在不同波中的灰度值的差异来体现的，各类地物在同一波段上的灰度值不同，在多波段影像上的灰度所呈现的规律也不一样。遥感分类方法通过地物的光谱特征分析来确定地物特征参数范围，并完成特征空间的划分，再根据图像内每个像元在特征空间中所处的位置判断该像元属于哪一个子空间，以此为依据实现对影像不同区域地物的分类。监督分类是常用的遥感影像分类方法之一，该方法首先选择能够直接识别或者可以借助光谱特征确定其地物类型的像元作为模板，不同地物的像元模板集合构成一个训练样本，计算机通过对训练样本中各个像元模板的识别掌握各个类别地物的特征，并以这些特征为参照对影像中具有相似特征的像元进行分类。对训练样本模板的具体识别方法包括最大似然分类方法、最小距离分类方法、马氏距离分类方法等。其中比较常用的是最大似然分类方法。

最大似然分类方法又称为贝叶斯分类法，该方法假定每种地物的光谱特征参数在特征空间内服从高斯正态分布的特点，从而根据该分布计算各个像元的特征参数值归属于每一种地物类型的条件概率，并找到归属概率最大的一种地物类别作为该像元的类型。归属概率是建立在统计意义上的，因此不能保证每一个像元都被划分到正确的类别中去。但由于其判断规则基于分类错误概率最小的思想，分类结果的精确性仍得到了保障。

（三）参数采集和率定实现方案

以城市流域地形数据、遥感影像数据为基础，以 SWMM 模型提供的参数经验值表为参照，可以利用各类基于空间信息科学的关键技术完成产汇流计算参数采集和率定，具体实现方法如下：

1. 编码

各级计算单元的编码在计算单元划分的过程中已经确定（详见第五章第三节第五部分）。

2. 面积

由第五章第三节第五部分可知，各个计算单元的空间几何图形由其包含的 DEM 栅格单元集合的外接多边形确定，在各级计算单元（雨水网格）的提取过程中，可以统计每一个计算单元内 DEM 栅格单元的数量，再结合 DEM 数据的分辨率计算每个网格单元的面积：

$$S_i = cellsize^2 \cdot n_i \qquad (6-22)$$

式中 S_i 为计算单元 i 的面积，$cellsize$ 为 DEM 数据的分辨率，即 DEM 栅格单元的边长，n_t 为计算单元 i 内 DEM 栅格单元的数量。

3. 出水口

为了实现流域地表汇流与管网汇流计算的衔接，SWMM 模型中各汇水区的出水口与天然子流域出水口的判定方法有所不同。按照传统流域的定义，出水口一般为子流域内河网的边界出口，即流域完整汇流过程的终点。SWMM 模型中的出水口为汇水区内地表汇流过程的终点，也是管网汇流过程的起点。

根据计算单元（城市雨水多级网格）的构建思想，对于城市雨水一级网格，网格内部的天然水系被概化为明渠作近似处理，两侧的雨水按照坡面汇流方式进入河网。对于城市雨水二级、三级网格，网格内部的管段实为路管网集合的概化结果，并在划分过程中作为流域的微观汇流路径处理，管段两侧的雨水按照河网汇流的方式，通过地表坡面从任意位置进入管网内部，最终流向下游管段，如图 6－7（a）所示。严格来说，各级计算单元内地表汇流的终点应分布于计算单元内河网或管段沿线的各个位置。为了简化模型的构建，本书将各级网格的出水口，即管网汇流的起点判定为计算单元内管段最上游处的管网节点。这样，各计算单元内部的管段沿线各处都承担了雨水的传输工作，与管网作为城市流域微观汇流路径的定位相符，如图 6－7（b）所示。

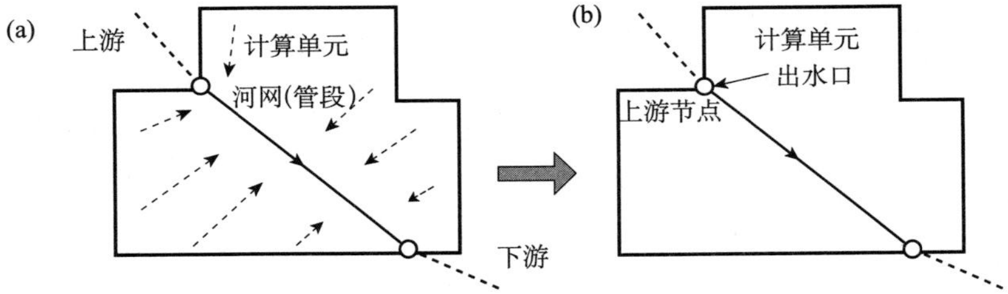

图 6－7　（a）计算单元内雨水汇流方向；（b）计算单元出水口设置

4. 平均高程

可以使用基于 GIS 技术的分区统计方法计算各个计算单元的平均高程值：首先将各级计算单元图层与流域 DEM 栅格图层叠加，以计算单元面图层作为分区图层，DEM 栅格图层作为值图层，实现关于流域地表高程值的分区统计；统计完成后，获取各个计算单元内的 DEM 栅格高程统计信息（最大值、最小值、平均值、方差等），并以计算单元编码为标识将统计结果存放于属性表中；最后将统计结果属性表与各级计算单元图层的属性表连接，通过编码确定各计算单元的平均高程值，如图 6－8 所示。

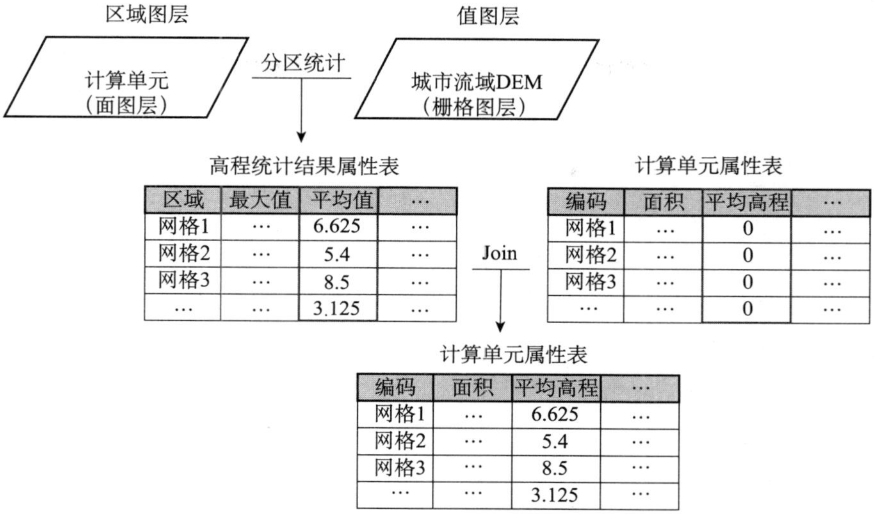

图 6－8　平均高程计算流程

5. 特征宽度

计算单元的特征宽度与最大汇流长度密切相关，若将计算单元的流域地表范围概化为一个与计算单元面积（A）相等的矩形，其长度为计算单元内流域地表的最大汇流长度 l_{max}，宽度即为计算单元的特征宽度 W，如图 6－9 所示。

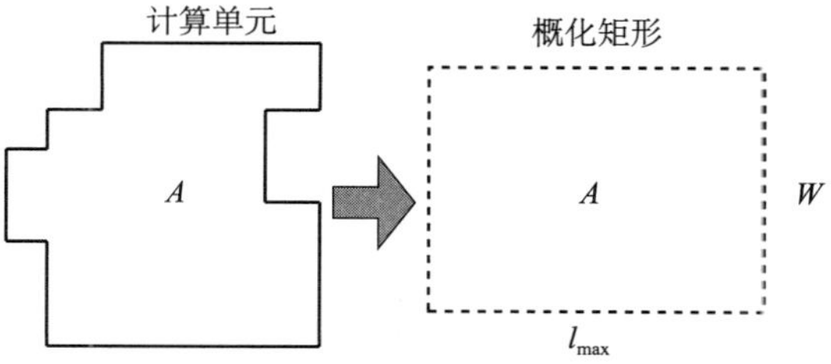

图 6－9　计算单元地表概化矩形

由图 6－9 可知，特征宽度满足：

$$W = A/l_{max} \tag{6-23}$$

式（6－23）中，计算单元的面积已知，最大汇流长度计算方法为：

$$l_{max} = \max(D_{p,pout}) \tag{6-24}$$

式中 $D_{p,pout}$ 表示计算单元范围内的任意一点 p 到网格出水口 $pout$ 的几何距离。

与出水口距离最大的点一般为计算单元几何图形的顶点，根据计算单元要素类的几何图形信息提取多边形轮廓，通过投影坐标变换获取多边形各个顶点的投影坐标（$p.x$，$p.y$），结合出水口节点的投影坐标（$pout.x$，$pout.y$），采用欧式距离法计算各个顶点到出水口节点的距离：

$$D_{p,pout} = \sqrt{(p.x - pout.x)^2 + (p.y - pout.y)^2} \tag{6-25}$$

遍历所有顶点到出水口的距离，通过对比得到计算单元的最大汇流长度，如图 6-10 所示。

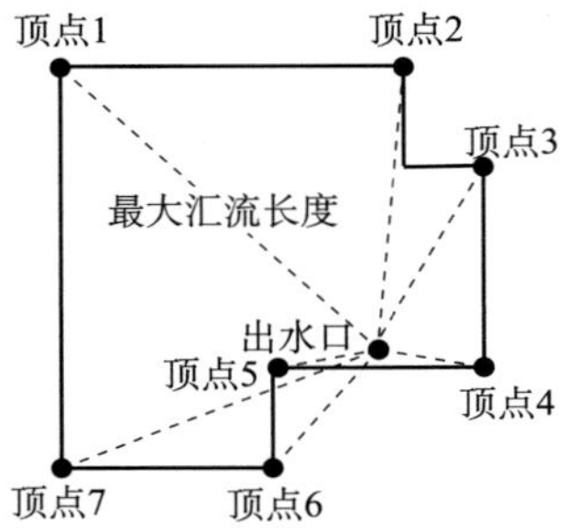

图 6-10　汇流长度计算方法

6. 平均坡度

可以将地表坡度分析和分区统计相结合来计算各计算单元的平均坡度：首先以流域 DEM 数据为基础，使用 GIS 地表坡度分析方法计算流域内各个 DEM 栅格单元的坡度值，得到代表流域坡度的栅格图层；接下来将计算单元面图层作为分区图层，流域坡度栅格图层作为值图层，将两者叠加实现关于流域坡度值的分区统计；统计完成后，获取各个计算单元内的栅格单元坡度统计信息，并以编码为标识将统计结果存放于属性表中；最后将坡度统计结果属性表与各级计算单元图层属性表连接，通过编码获取各计算单元的平均坡度值，具体如图 6-11 所示。

7. 不透水比例

SWMM 模型使用不同的方式计算各子汇水区内透水与不透水地表的产流，部分模型参数的率定也将计算单元内透水/不透水面积比作为重要的参照，因此计算单元的透水/不透水面积比例计算在模型构建过程中尤为关键。

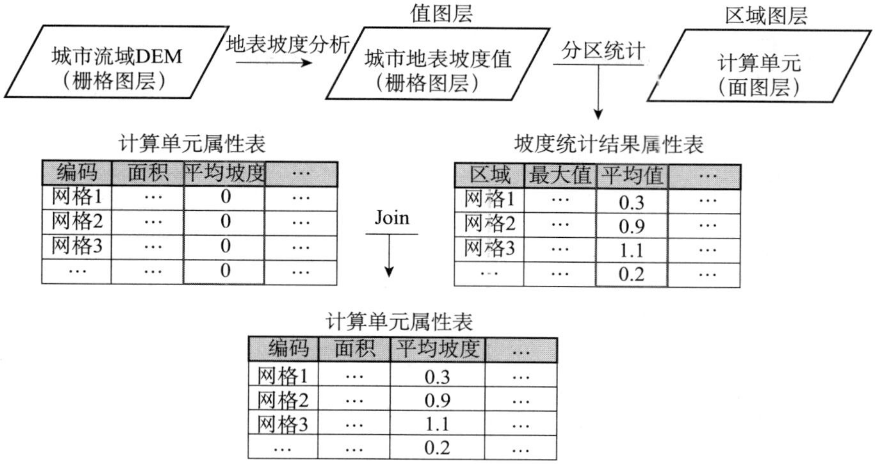

图 6－11　平均坡度计算流程

城市流域地表的透水/不透水特性与土地覆盖类型密切相关，不同的土地覆盖类型拥有不同的透水能力，如植被土壤透水能力较强，透水率一般在 70% 以上，而人工水泥铺砌几乎没有透水能力，透水率在 0～20% 之间。为了简化率定方法，可以将草地、林地、灌木覆盖等平均透水率大于 50% 的土地覆盖类型定义为透水地表，将人工铺砌、道路、混凝土建筑等平均透水率小于 50% 的土地覆盖类型定义为不透水地表。为了获取城市流域透水和不透水地表类型分布，本章以流域遥感影像数据为参考，采用基于 RS 技术的土地覆盖类型监督分类结合 GIS 中矢量多边形相交分析方法获取各个计算单元内透水/不透水地表面积比，如图 6－12 所示。

计算单元地表透水/不透水比例计算的具体步骤包括：

（1）获取研究对象流域的遥感影像数据；

（2）以不同土地覆盖类型为模板建立训练区，使用最大似然法对遥感影像内的土地覆盖类型进行监督分类，得到以栅格图层形式存储的分类结果；

（3）将具有相同覆盖类型的栅格单元聚类，并将分类结果转化的矢量面图层，图层中每一个面要素即代表一种土地覆盖类型，如图 6－13 所示。

（4）将分类结果图层和计算单元面图层转换到统一空间参考坐标系内，使用多边形相交分析方法将两者叠加，得到各个计算单元内部不同土

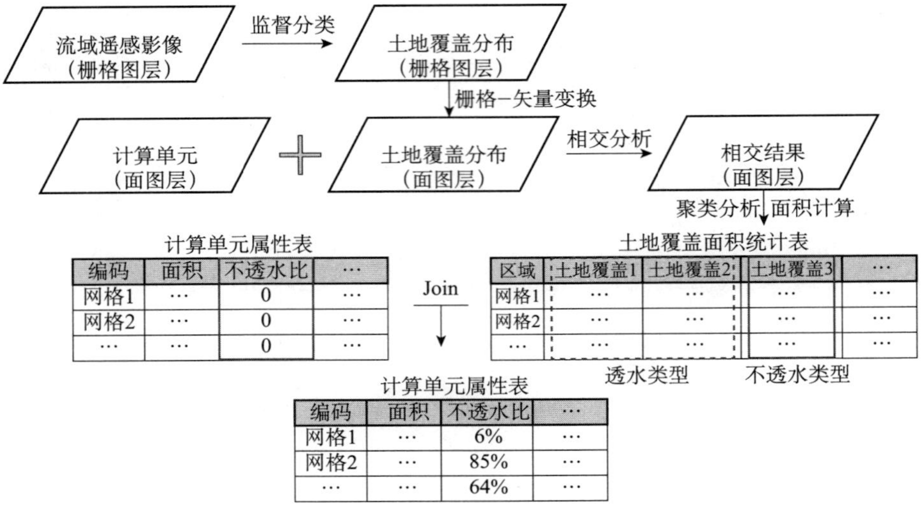

图 6－12　不透水比例计算流程

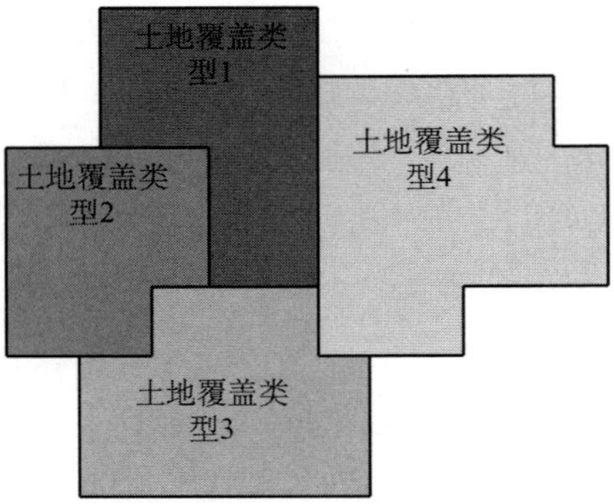

图 6－13　土地覆盖面图层结果

地覆盖类型的空间分布结果，并以矢量面图层的形式储存。该图层中，各个计算单元被离散为由不同土地覆盖类型组成的若干个面要素，如图 6－14 所示。

（5）按照基于空间信息科学技术的面积统计方法计算图层中各个面要素的面积，并按照其所属的计算单元编码作为标识存储到图层属性表中。

（6）将叠加结果属性表与计算单元图层属性表连接，根据编码统计各个计算单元内不同土地覆盖类型的面积，并按照式（6－26）和式（6－27）计算各计算单元内的不透水和透水面积比：

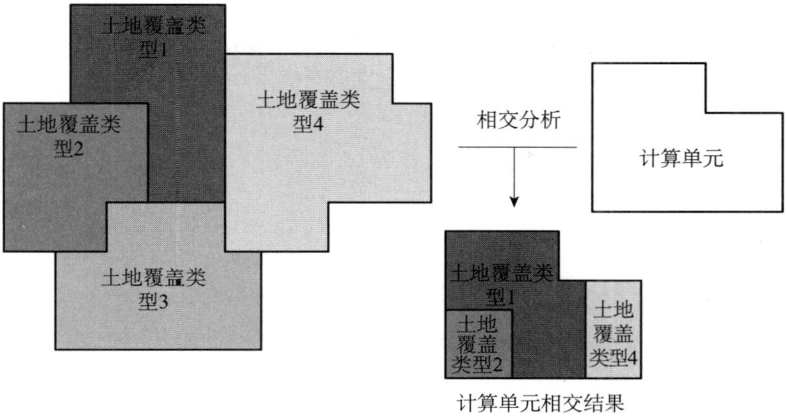

图 6－14　土地覆盖类型叠加示意图

$$\alpha_I = \frac{\sum S_I}{A} \cdot 100 \tag{6-26}$$

$$\alpha_P = \frac{\sum S_P}{A} \cdot 100 \tag{6-27}$$

式中 α_I 和 α_P 为计算单元不透水和透水面积比（%），S_I 和 S_P 分别代表计算单元内某一种不透水和透水土地覆盖类型的面积（ha），A 为计算单元总面积（ha）。

8. 透水曼宁与不透水曼宁

曼宁即曼宁系数，能够综合反映管渠内壁或者流域地表粗糙度对水流的影响。与地表透水性类似，地表曼宁与土地覆盖类型也存在着明显的相关性。SWMM 模型认为相同的土地覆盖类型具有相近的地表曼宁值，并给出了不同地表覆盖类型的曼宁系数经验参照表。因此，可以根据流域土地覆盖类型的分类结果，参考不同覆盖类型对应的曼宁值，采用面积权重法计算各个计算单元内不透水和透水地表的曼宁系数。透水曼宁 N_P 的率定方法为：

$$N_P = \frac{\sum n_P \cdot S_P}{\sum S_P} \tag{6-28}$$

式中 n_P 为某一种透水土地覆盖类型对应的曼宁系数值；S_P 为此类土地覆盖在计算单元内的面积（ha）。

不透水曼宁 N_I 的率定方法为：

$$N_I = \frac{\sum n_I \cdot S_I}{\sum S_I} \quad (6-29)$$

式中 n_I 为某一种不透水土地覆盖类型对应的曼宁系数值；S_I 为此类土地覆盖在网格单元内的面积（ha）。

9. 透水洼蓄与不透水洼蓄

与地表曼宁类似，SWMM 模型给出了不同地表覆盖类型的最大洼蓄经验值参照表（见表 6－3）。因此可以同样采用面积权重法计算各个计算单元内的透水洼蓄和不透水洼蓄值。透水洼蓄 D_P 的率定方法为：

$$D_P = \frac{\sum d_P \cdot S_P}{\sum S_P} \quad (6-30)$$

式中 d_P 为某一种透水土地覆盖类型对应的最大洼蓄值（mm）；S_P 此类土地覆盖在计算单元内的面积（ha）。

不透水洼蓄 D_I 的率定方法为：

$$D_I = \frac{\sum d_I \cdot S_I}{\sum S_I} \quad (6-31)$$

式中 d_I 为某一种不透水土地覆盖类型对应的最大洼蓄值（mm）；S_I 此类土地覆盖在计算单元内的面积（ha）。

10. 霍顿参数

流域霍顿参数是计算网格地表产流的重要依据，包括最大下渗率、稳定下渗率和衰减系数三个参数值。由于霍顿下渗模型源于实验观察资料的统计结果，其参数一般可由特定流域类型的经验值确定。可以结合 SWMM 模型参考资料和目前国内外相关应用文献，结合研究对象流域自身环境因素确定网格单元的霍顿参数值。

第五节 本章小结

在城市内涝灾害数值模拟中，产汇流模型能够提供内涝计算中十分重要的输入条件，包括流域超载管网节点分布与溢流水量信息等。SWMM 模型是目前应用十分广泛的城市雨水产汇流计算模型，与其他模型相比，SWMM 模型具有符合城市流域特征、使用范围广和易于开发等特点，这些特点与城市内涝数值模拟中的产汇流计算的应用需要相符。然而在目前的应用研究成果中，SWMM 模型仍存在一些局限。另一方面，结合空间信息科学技术，利用第五章中介绍的城市雨水多级网格计算单元的优势，可以对以 SWMM 为代表的传统雨水产汇流计算模型进行优化和改进。本章以此为主要内容，首先对 SWMM 模型的产汇流计算原理进行了概述，并对基于空间信息科学技术的产汇流计算模型进行了详细描述，对包括模型构建、计算单元属性表结构设计、模型参数采集和率定方法等内容进行了系统介绍。

一般而言，以 SWMM 为代表的城市雨水产汇流计算模型并不能直接获取内涝积水的淹没信息。因此在完成产汇流计算后，需要根据相关结果，继续构建城市内涝积水计算模型完成积水范围、深度与时长等信息的模拟与预测。

第七章
基于空间信息科学技术的内涝积水计算

内涝积水是城市暴雨灾害损失的主要来源，内涝积水计算是根据内涝洪水水量与地形信息模拟积水在地表的演进过程，从而获取内涝积水的淹没范围、深度及时长等信息。内涝积水计算是城市暴雨内涝数值模拟过程中的最后一步，其结果作为数值模拟的主要输出，能为城市内涝灾害损失评估、灾害应急响应和决策提供参考。本章将根据城市暴雨内涝的形成机理，归纳总结现有内涝积水淹没算法的局限，并根据城市内涝积水淹没过程的特点，介绍空间信息科学技术在内涝积水计算建模及算法设计中的应用，设计以空间信息多级网格为计算单元的内涝积水计算算法与模型，从而解决传统内涝积水算法在城市流域应用困难的现状。

第一节　城市内涝积水计算概述

早期的内涝积水淹没结果通过人工实地测量获取，这种方式效率低、误差大，缺乏时效性。近年来，随着信息技术革命的到来，使用计算机演算技术和方法，对暴雨内涝积水及一般洪水的淹没情形进行高效准确的描述成为水文模拟领域的研究热点。随着3S技术的飞速发展，借助地理信息系统和遥感技术，现有的地表积水演进计算模型已逐渐成熟，能够胜任一般流域洪水淹没范围、深度、历时等结果的快速模拟与计算，以流域地形和洪水淹没水位为基础进行淹没区域的可视化展示也已成为可能。目前，应用较广泛的城市内涝积水淹没计算方法包括基于水动力学的LISFLOOD-

FP 模型、基于水文学的种子蔓延算法和基于遥感影像的淹没信息提取模型。

一、基于水动力学的 LISFLOOD-FP 模型

LISFLOOD-FP 模型是英国布里斯托大学的保罗·贝茨和阿德·德罗等（Paul Bates & Ad De Roo et al.）于2000年提出的二维水动力模型。该模型以规则栅格 DEM 数据为基础，以 DEM 栅格为计算单位，通过构建并求解一维与二维圣维南方程模拟一维河道水力变化和二维地表洪水演进过程。该模型自公开以来，经过了国内外众多学者的验证与优化改进，其计算效率和应用效果不断提升，已被广泛应用于城市及一般流域的洪水数值模拟中。

LISFLOOD-FP 模型能够用于一维河道和二维地表洪泛区的水动力模拟，有两大对应的求解方式，这两类求解器在应用过程中并不独立，可以相互调用。在模拟洪水波的传播过程中，模型使用了简化的浅水波方程，其原理都是连续性方程和动量方程的组合。对于一维渠道的水力模拟，模型运用了简化的一维圣维南方程，包括运动波和扩散波两种模式：

$$\frac{\partial A}{\partial t} + \frac{\partial Q}{\partial x} + q = 0 \tag{7-1}$$

$$S_0 = S_f \tag{7-2}$$

式中，Q 为流量，A 为过流断面面积，t 为时间，q 为横向流量，S_0 为河床坡度，S_f 为摩擦比降。

在城市内涝积水淹没计算过程中，可以使用 LISFLOOD-FP 构建地表二维洪水演进模型，从而对积水淹没的范围与深度随时间变化的规律进行模拟。在 LISFLOOD-FP 模型中，对于二维地表洪泛区的水力模拟，一般基于洪泛区的地形 DEM 数据，构建连续性方程和动量方程，考虑相邻 DEM 栅格之间的水量平衡，有：

$$\frac{dV}{dt} = Q_{up} + Q_{down} + Q_{left} + Q_{right} \tag{7-3}$$

$$Q_{ij} = \frac{A_{ij} R_{ij} S_{ij}^{1/2}}{n} \tag{7-4}$$

式中，V 为单元 DEM 栅格的总流量，t 为时间，Q_{up}、Q_{down}、Q_{left}、Q_{right} 分别为各个栅格与四个方向邻接栅格的流量，Q_{ij} 为第 i 个栅格与第 j 个栅格之间的流量，A_{ij} 和 R_{ij} 分别为相邻栅格 i 与 j 交界处的界面面积和水利半径，S_{ij} 为相邻栅格 i 与 j 之间的水面坡度，n 为曼宁系数。

二、基于水文学的种子蔓延算法

除以连续与动量浅水波方程为基础的水文学方法外，以水量平衡原理为依据，以流域地形起伏条件为基础，构建模型算法来描述输入洪水水量与积水范围、深度之间相关性的水力学方法也被广泛地应用于内涝积水计算中，其中最具代表性的为种子蔓延算法。

种子蔓延算法是刘仁义等于 2004 年设计的洪水有源淹没算法，该算法将洪水淹没过程分为两大类情形，即无源淹没和有源淹没，并以数字高程模型（DEM）数据为基础，分别计算两种情形的积水淹没过程。

无源淹没是指洪水在流域地表均匀分配并造成积水的过程，如图 7－1（a）所示。比较有现实代表意义的洪水无源淹没是无排水设施地区的均匀降水过程。

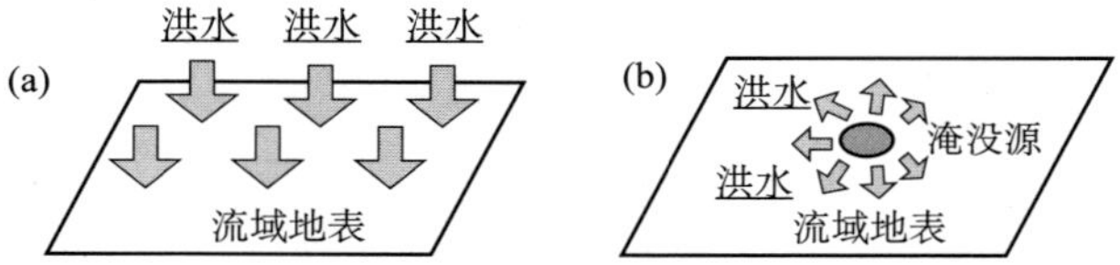

图 7－1 （a）无源淹没过程；（b）有源淹没过程

无源淹没的计算方法较为简单，根据流域地表特征，所有的低洼地区将首先形成积水。给定淹没水位条件下的无源淹没计算，可参照流域数字高程信息，将凡是高程值低于淹没水位的地表划分为淹没区。

有源淹没是指洪水以流域内的某一个点或区域作为淹没源，在重力的作用下向流域低洼处扩散的过程，如图 7－1（b）所示，其典型的现实表现包括洪水溃堤、管道井喷等。

有源淹没计算时，由于淹没洪水可能在流域地形的约束下不能进入低洼地区，因此必须考虑淹没源在流域内的连通性，并根据淹没源的空间位置信息以及流域内的地形起伏情况获取淹没源的连通区范围。

结合 GIS 技术和流域 DEM 数据，可以使用种子蔓延算法计算有源淹没的连通区。种子蔓延算法是一种基于种子空间特征的扩散探测算法，该算法以规则 DEM 栅格数据为基础，首先将淹没源点所处的 DEM 栅格单元作为种子点，判断该点周围四邻域或者八邻域内的 DEM 栅格单元是否符合连通条件，在洪水淹没水位已知的条件下，判断标准为：

$$E_i \leqslant H \tag{7-5}$$

式中，E_i 为种子点邻域某一栅格单元的高程值（m），H 为洪水淹没水位（m）。

将所有符合连通条件的 DEM 栅格单元添加至淹没源连通区栅格集合，并放入缓冲队列中，不断弹出缓冲队列中的第一个 DEM 栅格单元作为新的种子点，以同样方式判断新种子点的邻域栅格单元是否符合连通条件，使淹没连通区不断累加扩大。如此循环计算直到缓冲队列为空，最终连通区内所有 DEM 栅格单元的集合便构成了实际的淹没范围，如图 7－2 所示。

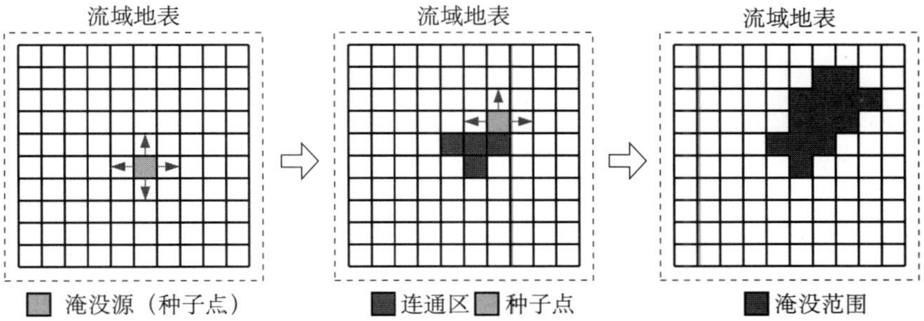

图 7－2　种子蔓延算法

对于淹没区内的各个栅格单元，计算其高程与洪水淹没水位的差值作为栅格单元处地表的淹没深度。

在实际淹没水位未知的情况下，可以根据洪水水量的大小使用“体积法”计算有源淹没情形。“体积法”根据淹没洪水水量与实际淹没范围内积水体积相等的原则计算洪水水位。该方法预先设定一个假想淹没洪水水位 h(m)，使用种子蔓延算法获取淹没区，并使用下式计算洪水水位为 h 时的淹没水量 Q_h(m^3)：

$$Q_h = \sum (h - E_i) \cdot A_i \tag{7-6}$$

式中，E_i 为淹没区内某个 DEM 栅格单元 i 的高程值（m），A_i 为该 DEM 栅格单元的面积（m^2）。将 Q_h 与实际淹没水量 Q 比较，根据两者的大小关系调整淹没水位 h 的大小，并再次计算对应的淹没水量，通过不断修正淹没水位 h 使计算得到的淹没水量尽可能逼近实际值，最终找到一个 h 满足：

$$\min(|Q - Q_h|) \tag{7-7}$$

此时将 h 作为淹没水位，并计算整个流域的淹没范围和深度。

三、基于遥感影像的淹没信息提取模型

基于遥感影像的淹没信息提取模型源于使用遥感影像获取淹没范围的思想。随着遥感影像精度的提高和数字高程模型的引入，基于遥感影像的淹没信息提取方法也经历了一系列的改进和发展，目前主要使用的提取方法由两个部分组成：遥感影像淹没范围提取和 DEM 栅格水深计算。

遥感影像淹没范围提取以遥感水体提取方法为基础，根据洪水发生前后的遥感影像数据，分别提取灾前和灾后的水体分布结果，并通过下式计算洪水淹没范围：

$$R = \{x \mid x \in R_a \&\& \; x \notin R_b\} \tag{7-8}$$

式中，R 为洪水淹没范围，R_a 为灾后水体分布结果，R_b 为灾前水体分布结果。

遥感水体提取是获取水资源和水信息分布的重要手段，目前基于遥感影像提取水体的方法有很多，如单波段阈值法、谱间关系法、指数模型法、多光谱混合分析法等，下面将就几种常用的提取方法进行简要说明。

（一）谱间关系法

谱间关系法将多个波段的遥感影像合成，利用合成影像包含的丰富信息，分析水体与其他地物的波谱曲线特征，得到水体在不同波段间的特征关系，如在 TM 影像中，水体的谱间关系满足：

$$(TM2 + TM3) > (TM4 + TM5) \tag{7-9}$$

式中，$TM2$、$TM3$、$TM4$、$TM5$ 分别表示水体在 TM 影像不同波段的灰度值。根据式（7－9）建立逻辑关系式将水体从遥感影像中的各类地物中区

分开来，从而获取水体实际范围。

（二）植被指数法

由于植被在红光波段亮度大于近红外波段，而其他地物则相反，且水体在两波段亮度变化最小，和其他地物有比较明显的灰度差异，因此可以利用植被在红光和近红外波段的光谱特征，先从遥感影像中获取植被分布，然后从结果中提取水体范围。

淹没范围提取完成后，将淹没分布结果转化为空间矢量图层，并结合DEM数据计算淹没范围内每一点的水深。淹没水深计算的核心是确定淹没范围内水面高程。一般来说，大范围洪水淹没水面应为较为复杂的曲面，为了简化计算，一般将该曲面近似为以一定角度倾斜的平面处理。通过淹没范围图层与DEM图层的叠加分析，首先获取水陆边界的高程集合，再根据边界高程分布对淹没范围内的各点进行内插计算，获取各点的水面高程。差值方法可选用双线性内插法，即根据淹没范围某一点所处的空间位置，在上下左右四个方向上搜索距离该点最近的水陆边界高程点，并以两者间的距离为权重计算四个边界点的加权平均高程作为该点的水面高程。将水面高程与淹没范围内DEM栅格原始高程结合，各栅格点水深的计算方式如下：

$$D_i = E_{wi} - E_i \tag{7-10}$$

式中，D_i 为淹没范围内的某一个栅格单元 i 的淹没深度（m），E_{wi} 和 E_i 分别为该栅格单元对应的水面高程和地表原始高程（m）。

上述两种方法都是比较成熟的洪水淹没情景分析方法，在自然流域的洪水淹没计算中应用较多，在城市内涝积水淹没计算中，现有研究一般参照上述模型的思想实现积水模拟，并没有提出相对完整和独立的城市内涝积水淹没计算模型。然而，由于城市暴雨积水淹没与一般自然流域洪水淹没的形成机理和特点有所不同，上述两种方法在城市内涝积水淹没计算中仍存在一定局限。

四、城市内涝积水形成机理与特征

按照有源淹没与无源淹没的定义，大范围降雨造成的积水应属于无源淹没过程。然而由于城市流域的特殊性，城市暴雨内涝积水在流域地形地貌和管网排水设施的共同作用下发展，其形成机理和特征都与简单的暴雨积水淹没过程不同。

（一）城市内涝积水形成机理

城市内涝积水由多方面因素造成，流域管网节点的满载溢流是最为直接的因素。城市流域拥有独立的雨水排水系统，一般情形下的降雨产流沿地表坡面聚集到管网系统的节点处，都能通过雨水管道迅速被排放到附近的自然湖泊和江河水系中，不会出现地表积水。然而在重现期较大的暴雨事件中，流域内各个排水管段和节点处的流量可能超过其设计标准的最大排水能力，导致地表雨水无法及时由管网节点进入排水网络，甚至反而通过各节点由管段向地表溢出。无法及时排放的雨水和节点溢出的雨水在地表低洼处汇集，最后造成了不同程度的内涝积水。

（二）城市内涝积水的特征

由于城市流域的特殊性，城市内涝积水过程的特征主要表现为：

1. 城市内涝积水淹没为有源淹没过程，且一般包含多个淹没源

根据城市内涝积水的形成机理，积水主要成因是城市管网系统的排放标准无法应对极端暴雨天气产生的径流，导致在各个管网节点处出现的满载溢流状况。对于重现期较长的特大暴雨事件，往往会造成流域多个管网节点在同一时段出现溢流，在流域内形成多个淹没源点，并同时产生积水，如图 7－3 所示。

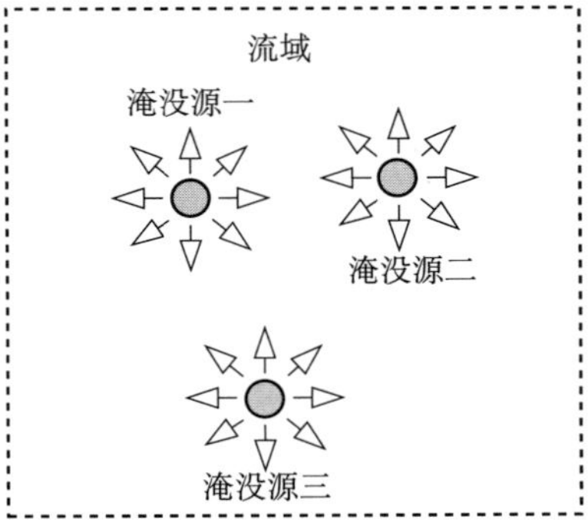

图 7－3　城市暴雨积水多源淹没示意图

2. 城市内涝积水淹没计算中，洪水水位为未知量

根据城市内涝积水的形成机理，暴雨内涝洪水的直接来源是流域内各溢流节点处产生的溢流洪水及由于溢流导致无法正常排放的地表雨水径流。通过第六章介绍的流域产汇流模拟，能够获取流域管网系统内所有发生溢流的节点集合以及各淹没源的淹没水量。然而对于各个淹没源积水造成的实际淹没洪水水位则无法直接根据产汇流计算获知。

3. 城市内涝积水过程中，来自各个淹没源点的洪水相互影响频繁

在城市化程度较高的流域，排水管网系统布设较为密集，流域内各管网节点之间的距离较短。在极端降雨事件中，短时间内出现的高洪峰会导致多个相邻的节点同时出现溢流。由于城市地表起伏不大，来自各个淹没源的积水通过地表汇流相互蔓延、彼此影响，各个淹没源点的实际淹没区可能相互重叠，如图 7－4 所示。

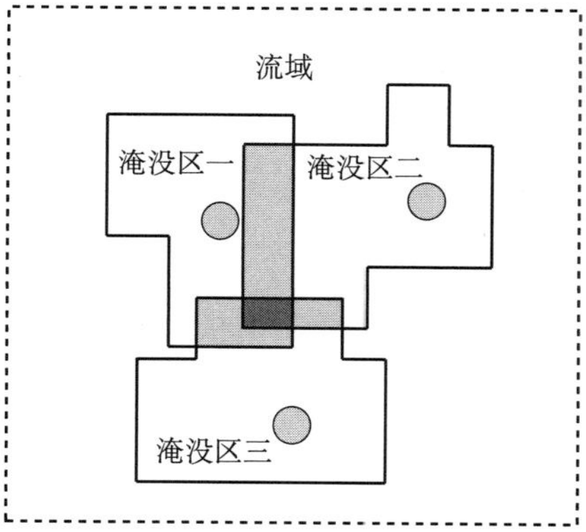

图 7－4　城市暴雨积水淹没区示意图

五、现有内涝积水淹没算法在城市流域的局限

由于城市内涝积水淹没过程的上述特征，现有洪水淹没计算模型难以在城市流域取得理想的应用效果，以本节前文介绍的三种方法为例，其局限性主要表现如下：

（1）城市暴雨淹没属于多源点有源淹没过程，各个淹没源的连通区可能相互重叠。而现有的水文学（种子蔓延）与水动力学（LISFLOOD-FP）方法通常以 DEM 栅格作为地表洪水演进模拟的计算单元，各计算单元与

淹没源连通范围没有明确的对应关系，对多源点淹没过程中各淹没源连通区之间可能产生的相互影响作用，现有算法中也没有给出相应的处理方法，难以对各淹没源连通区范围 DEM 栅格集合进行精确的界定。对于水文学算法而言，由于各淹没源的洪水水位未知，只能依据“体积法”思想，由洪水水量不断通过迭代运算逼近实际洪水水位。对于水动力学方法则需要对圣维南方程进行求解计算。在大尺度流域环境中，DEM 栅格单元数量级很大，上述两种方法的计算复杂度将明显提高，将严重影响模型的计算效率。最后，水文与水动力方法的计算精度主要取决于流域地形数据精度的优劣，在资料相对不完备的流域，由于 DEM 数据的分辨率不高，可能导致模型计算精度大幅下降，积水淹没模拟结果的参考价值将无法得到保障。

（2）遥感技术可以为大尺度流域的洪水淹没计算提供良好的支持，然而城市雨洪流域范围与一般流域相比尺度较小，对积水范围计算结果精度的要求较高，遥感算法一般以遥感影像中的像元作为基本计算单元，其淹没范围提取方法会受到遥感影像计算单元分辨率、水体提取算法误差、云层遮挡等多方面因素的影响，在资料匮乏地区精度难以保证。此外，城市暴雨积水过程动态性很强，从积水出现、发展蔓延到最终消退历时往往不超过 24 小时，以目前遥感卫星普遍的访问周期很难及时获取城市暴雨积水发生前后时段的影像，使计算结果失去时效性。

第二节 基于空间信息科学技术的城市内涝积水算法

由前一小节可知，传统的积水淹没模型对城市内涝积水的特点缺乏考虑，模型计算单元（DEM 栅格单元、遥感影像像元）无法与各个淹没源的积水淹没过程形成较为明确的对应关系，导致模型计算复杂度较高，模拟结果的精确性和时效性不足。城市内涝积水过程可以作为包含多个淹没源点的有源淹没过程考虑，各淹没源与人工排水设施（雨水口、排水管网、泵站等）的空间分布密切相关。在现有的诸多洪水淹没及内涝积水计算方法研究中，一般认为洪水将由于重力的作用在地表低洼处汇聚，并逐渐向高处蔓延，即遵循“淹没源—低洼点汇聚—高地扩散”的演进规律。另一方面，在城市地表的雨水汇流过程中，雨水同样在地形的引导下由高到低进行坡面汇流，最终通过人工雨水口进入管网系统，即遵循“高地—低洼点汇聚—雨水口”的演进规律。不难看出，上述两者之间有着十分相似的地表演进规律。对于各个淹没源而言，其内涝积水的作用范围也与雨水口对应的坡面汇流区间关系密切。

在第五章中，已经利用空间信息多级网格思想，结合城市流域的多级河网体系，以各级河网对应的汇流区间作为几何参照构建了城市雨水多级网格作为内涝数值模拟的计算单元。城市雨水多级网格是描述城市流域地表水文特征的基本单元，其构建方法既体现了城市流域路管网设施的分布规律，也考虑了流域地形起伏这一重要的物理基础。各个网格与流域管网节点之间的对应关系十分明确，能够清晰地反映各节点产汇流过程的作用范围，十分契合内涝积水计算的需求。同时，雨水多级网格作为流域各类水文信息的载体，体现了城市流域地表水文特征的空间非均匀性，能为内涝积水计算提供有力的数据支撑。鉴于此，可以将其作为内涝积水模拟的计算单元，利用各级网格在反映流域水文时空特征、提高流域水文信息利用率等方面的优势，解决目前城市暴雨积水模拟存在的问题，进而构建符合城市内涝积水发展特征、数据需求度低、计算效率高的内涝积水算法。

一、算法思想与整体结构

城市内涝积水过程以流域地表出现溢流的管网节点（雨水口）为淹没源。来自溢流节点处淹没洪水产生后，遵循重力的作用在地表低洼处汇聚，流域地形在暴雨积水发展过程中起到了引导作用。积水在节点处产生后，会在地形影响下沿地表向管网下游方向蔓延，内涝积水的作用范围与其下游管段汇流区间密切相关。基于以上事实，可以对城市内涝积水过程进行两点假设：

第一，各个淹没源的内涝积水首先作用于下游管段汇流区间内，积水过程与汇流区间内雨水产汇流过程互逆。在城市内涝积水过程中，内涝洪水通过管网节点到达地表，接着在重力的作用向管网下游蔓延，并在下游管段汇流区间内的低洼处聚集，随着内涝水量的增多，积水由低到高向四周扩散，最后到达汇流区间边缘。因此，这里将管段作为流域微观汇流水系考虑，其汇流区间内的内涝积水过程与地表坡面汇流过程相似，只是各阶段次序相反，如图 7－5 所示。

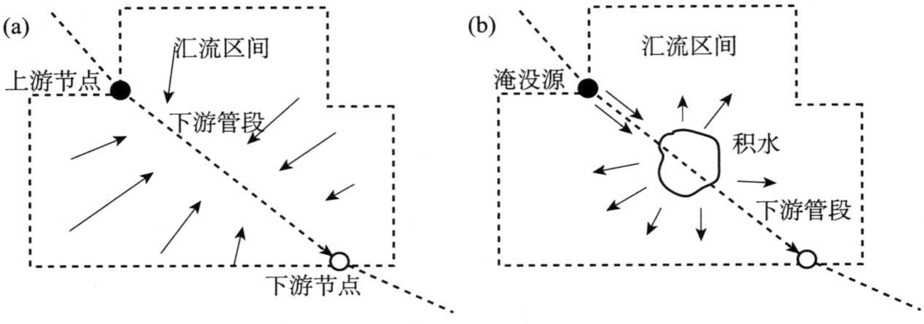

图 7－5 （a）排水区坡面汇流过程；（b）地表积水的形成过程

第二，各汇流区间内的内涝积水过程在该汇流区间被完全淹没之前是相对独立的。在城市流域地表微观产汇流模型中，将管段汇流区间视为微观子流域，认为汇流区间内部的地表产汇流过程是相对独立的。由于各淹没源的积水作用于下游管段排水区，且与其微观产汇流过程互逆，因此认为各汇流区间内同样具有相对独立的内涝积水过程，即积水首先在淹没源下游管段的汇流区间内形成和发展，并且在该汇流区间被完全淹没之前不会向邻域汇流区间漫流。

根据城市管网系统的设计原则，管网节点与下游管段通常为一一对应关系。由此可以根据上述两个假设，以各个淹没源对应的下游管段汇流区间作为计算单元实现城市内涝积水淹没过程的计算。在城市雨水多级网格体系中，城市雨水二级网格与三级网格是以管段和节点分布为基础、以各管段汇流区间为几何参照提取的。鉴于城市雨水二级、三级网格反映了各淹没源内涝积水作用范围的空间分布特征，整合了流域内的地表起伏规律，且各级网格出水口与积水淹没源之间形成了明确的对应关系，因此在本章介绍的内涝积水算法中，将以各个淹没源对应城市雨水二级、三级网格为计算单元，从而根据各计算单元与内涝积水淹没源的一一对应关系，将各个淹没源的内涝积水过程划分为以下两个阶段，并采用分布式的思想完成内涝积水模拟，如图 7－6 所示。

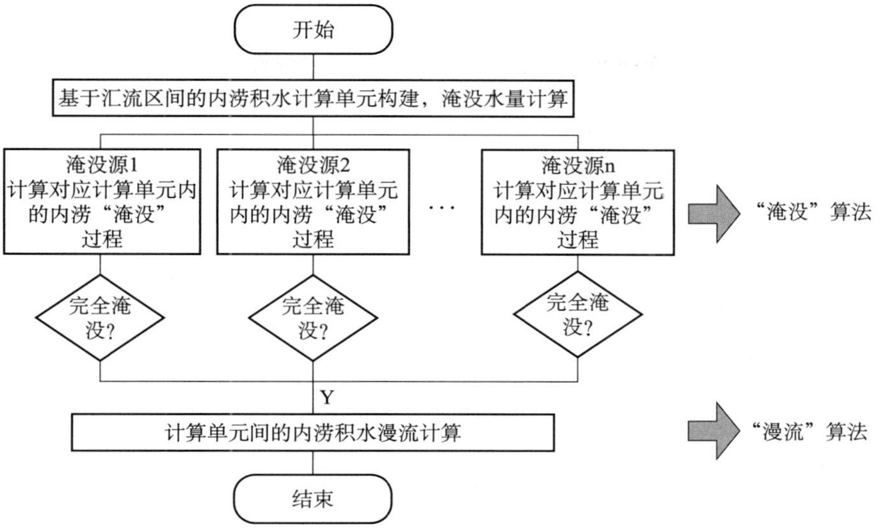

图7－6　分布式城市内涝积水算法结构

“淹没（Filling）”阶段：对于每个发生内涝的淹没源，内涝洪水首先“淹没”淹没源对应的计算单元，即管网节点所在的地表坡面汇流区间（雨水二、三级网格）；

“漫流（Spilling）”阶段：如果淹没洪水量很大，可能使整个计算单元被完全淹没，则剩余的内涝洪水会在重力作用下向其他计算单元漫流。

二、内涝积水“淹没”算法

各个淹没源的内涝洪水首先作用于其对应的计算单元内部，要完成给定洪水水量条件下的内涝淹没范围和深度计算，最常见而有效的方法是利用淹没积水体积与洪水水量相等的原则，以计算单元内DEM栅格单元分布为物理参照，构建并求解以淹没范围和深度为未知量的水量平衡方程。一般而言，计算单元内各DEM栅格单元的高程值相对独立且无明显的空间分布规律，流域地表高低起伏特征难以直接使用简单的模型描述。若使用相对复杂的模型进行描述，则一方面增大了算法的复杂度，另一方面对流域地形数据分辨率提出了较高的要求。

由城市内涝积水过程的基本假设可知，各计算单元内部的积水过程为地表汇流的逆过程，即由计算单元内低洼处开始，积水向四周扩散，且水位逐渐升高，当内涝水量较大时，积水扩散范围可能最终超过计算单元的边界而向外漫流。不难看出，计算单元内由低洼地区不断向高处积水的过程与一个顶点朝下的倒圆锥体由底部顶点向上储水的过程相似。因此，可以将各个计算单元内部的积水空间近似为一个正圆锥体，圆锥顶部表面近似为面积与计算单元表面积相等的正圆，圆锥底部顶点对应计算单元内的高程最低点，在积水模拟过程中无须考虑该顶点在计算单元中的具体空间位置，而是假设该点处于圆锥体中心，如图 7－7 所示。图中 $area$ 为圆锥顶部表面积，即网格单元的面积，ra 为圆锥顶部表面圆的半径，h 为网格圆锥体的最大深度，α 为圆锥体的斜度夹角。

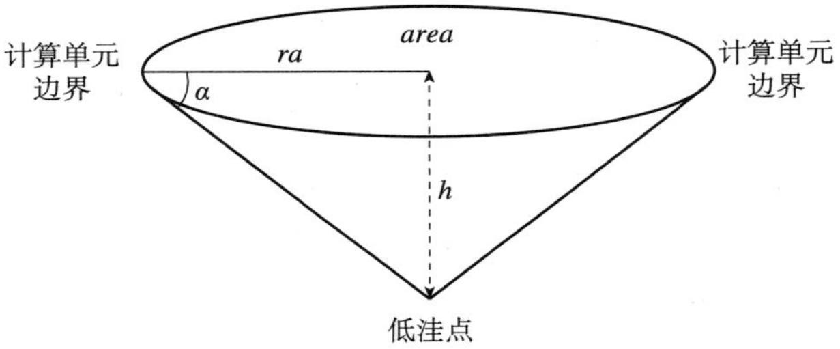

图 7－7　城市内涝积水计算单元假想圆锥体

设计算单元平均坡度百分比为 $slope$，由于计算单元被近似为正圆锥体，$slope$ 也为圆锥体内壁表面的平均坡度，且可以按照下式计算：

$$slope = \tan\alpha \cdot 100 = \frac{h}{ra} \cdot 100 \tag{7-11}$$

式（7－11）成立的证明过程如下：

在计算单元圆锥体内构建数字高程模型，通过规则 DEM 栅格单元的高程值集合描述圆锥体内壁的地形特征。将各 DEM 栅格单元对应的计算单元内壁想象为具有相同高程值的平面，对于任意一个位于圆锥体内的 DEM 栅格单元 k，其八邻域栅格单元（$k1, k2, \cdots, k8$）在圆锥体内的位置关系如图 7－8 所示。

由于 DEM 栅格单元边长与圆锥体直径差距较大，可以忽略图中各栅格单元空间分布受到圆锥内壁弧度的影响，将 DEM 栅格单元 k 与其八邻域栅格单元近似为标准的九宫格处理，九宫格内同一行的 DEM 栅格单元在圆锥内壁处于同一水平面，因此有：

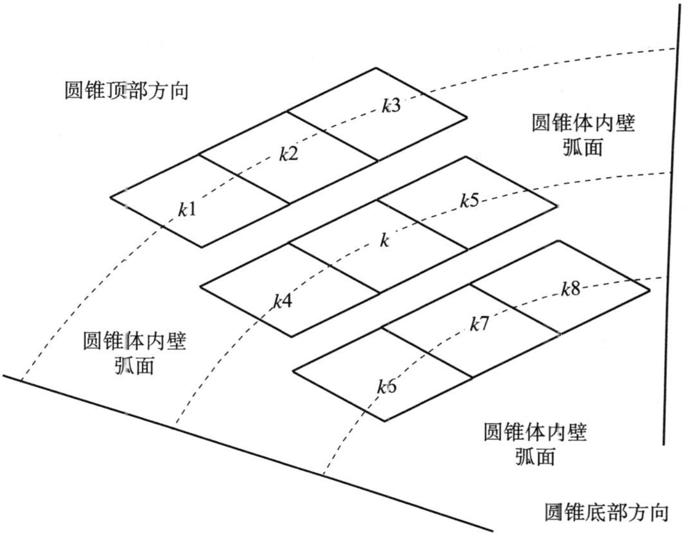

图 7－8　圆锥体八邻域栅格单元空间分布图

$$E_{k1} = E_{k2} = E_{k3},\quad E_{k4} = E_{k} = E_{k5},\quad E_{k6} = E_{k7} = E_{k8} \qquad (7-12)$$

式中，E_k，E_{k1}，E_{k2}，…，E_{k8} 分别为栅格单元 k 及 $k1$，$k2$，…，$k8$ 的高程值。

栅格单元 k 及 $k1$，$k2$，…，$k8$ 的纵向截面图如图 7－9 所示。

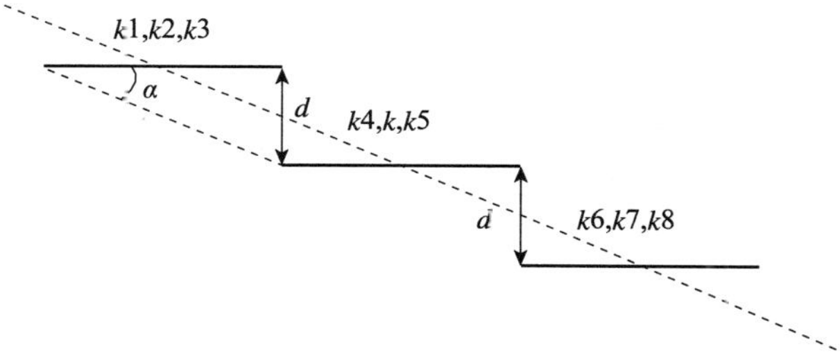

图 7－9　八邻域栅格单元纵向截面图

图中 d 为上下相邻两列 DEM 栅格单元之间的高程差，由图 7－8 中各栅格单元的空间位置关系可得：

$$d = cellsize \cdot \tan\alpha \Rightarrow \tan\alpha = d/cellsize \qquad (7-13)$$

$$E_{k1} = E_{k2} = E_{k3} = E_{k} + d \qquad (7-14)$$

$$E_{k1} = E_{k2} = E_{k3} = E_{k} - d \qquad (7-15)$$

cellsize 为 DEM 栅格单元的边长，即 DEM 栅格数据的分辨率。

根据第四章第二节第一部分中基于GIS的地表坡度分析方法，栅格单元 k 的坡度值为该栅格到相邻栅格单元的高程变化率，可通过式（7－16）和式（7－17）计算栅格单元 k 在水平方向（x 轴）上的高程变化率 dE/dx 和垂直方向（y 轴）的高程变化率 dE/dy：

$$\frac{dE}{dx}=\frac{(E_{k3}+2\cdot E_{k5}+E_{k8})-(E_{k1}+2\cdot E_{k4}+E_{k6})}{8\cdot cellsize} \tag{7-16}$$

$$\frac{dE}{dy}=\frac{(E_{k6}+2\cdot E_{k7}+E_{k8})-(E_{k1}+2\cdot E_{k2}+E_{k3})}{8\cdot cellsize} \tag{7-17}$$

将式（7－12）至式（7－15）代入式（7－16）和式（7－17）可得：

$$\frac{dE}{dx}=0,\quad \frac{dE}{dy}=\frac{-8\cdot d}{8\cdot cellsize}=-\frac{d}{cellsize}=-\tan\alpha \tag{7-18}$$

联立式（7－4）和式（7－18），栅格单元 k 的坡度百分比 S_k 满足：

$$S_k=\sqrt{\left(\frac{dE}{dx}\right)^2+\left(\frac{dE}{dy}\right)^2}\cdot 100=\tan\alpha\cdot 100 \tag{7-19}$$

对于分布于圆锥体内壁上的每一个DEM栅格单元，由于圆锥体内壁各处的斜度夹角 α 相同，各栅格单元的坡度百分比均为 $\tan\alpha\cdot 100$。位于圆锥体底部顶点的栅格单元坡度为0，但是其取值对整个圆锥体内的平均坡度影响甚微。因此有各计算单元圆锥体的平均坡度 $slope=\tan\alpha\cdot 100$，证明成立。

各级计算单元的平均坡度 *slope* 和面积 *area* 可以按照第六章第四节第三部分设计的方法依据流域DEM数据采集，根据 *area* 和 *slope* 的值，能进一步确定圆锥体的顶面圆半径与最大深度：

$$ra=\sqrt{area/\pi} \tag{7-20}$$

$$h=ra\cdot slope/100 \tag{7-21}$$

计算单元的最大积水容积为圆锥体的体积 V，有：

$$V=\frac{1}{3}\cdot area\cdot h=\frac{1}{300}ra^3\cdot\pi\cdot slope \tag{7-22}$$

设计算单元的内涝积水洪水总量为 Q，有：

$$Q=q+q' \tag{7-23}$$

式中，q 为来自计算单元自身对应淹没源的内涝洪水水量，由两部分组成：溢流节点的总溢流量和地表雨水滞留量。前者为产汇流模型的直接计算结果；后者是在溢流过程中由于节点排水能力丧失导致地表雨水无法及时排放形成的滞留水量，可以根据节点溢流起止时间结合节点入流量过程线计算，如图 7 - 10 所示。

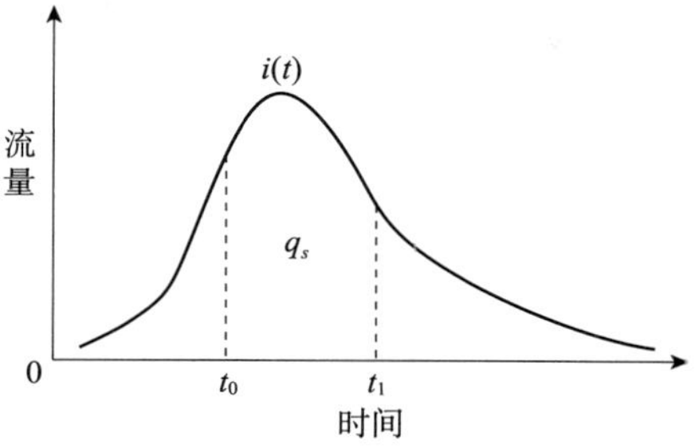

图 7 - 10　淹没源地表雨水滞留量计算

如图 7 - 10 所示，溢流节点的入流量过程线为 $i(t)$，发生溢流的起止时间分别为 t_0 和 t_1。则图中起止时间代表的虚线与入流过程线围成的面积即为地表雨水的滞留量 q_s，有：

$$q_s = \int_{t_0}^{t_1} i(t)\,dt \tag{7-24}$$

q'为来自计算单元外的内涝洪水量，即由其他计算单元漫流而来的积水总量。

对于内涝数值模拟研究区域内的任何一个计算单元，若满足 $Q>0$，则说明该计算单元内出现了内涝积水，此时通过“圆锥体”思想计算其内部的内涝积水淹没情形，如图 7 - 11 所示。

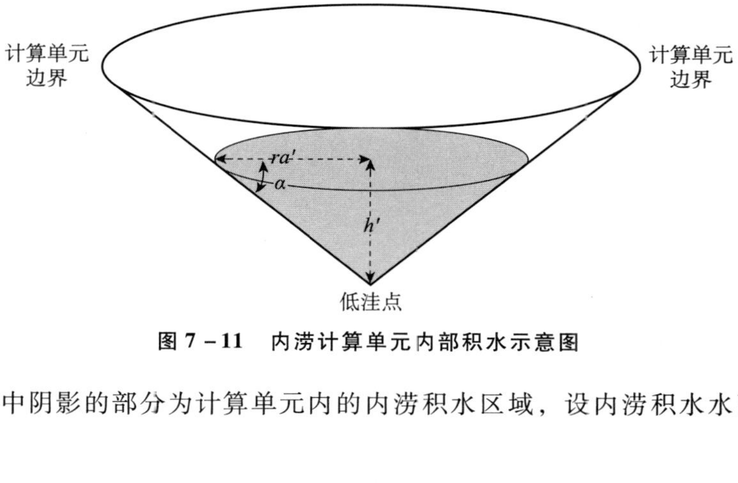

图 7 - 11　内涝计算单元内部积水示意图

图中阴影的部分为计算单元内的内涝积水区域，设内涝积水水面为均匀平面，则计算单元内部的内涝积水构成了一个斜度夹角同样为 α 的圆锥体，积水圆锥体表面为正圆，设其半径为 ra'，最大淹没深度为 h'，根据"体积法"有：

$$Q = \frac{1}{3} \cdot (ra')^2 \cdot \pi \cdot h' = \frac{1}{300} \cdot (ra')^3 \cdot \pi \cdot slope \tag{7-25}$$

由式（7－25）求解 ra'，有：

$$ra' = \sqrt[3]{\frac{300 \cdot Q}{slope \cdot \pi}} \tag{7-26}$$

当 $ra' \leqslant ra$ 时，说明内涝积水实际作用范围没有超过计算单元边界，不会向其他计算单元漫流，此时计算单元内的最大内涝积水深度为：

$$h' = ra' \cdot slope/100 \tag{7-27}$$

一般情形下，深度小于 30mm 的内涝积水能够通过地表张力和扩散作用自然消退，对日常生活的影响可以忽略。因此可将计算单元内积水深度大于 30mm 的区域定义为实际内涝区，如图 7－12（a）所示，计算单元实际内涝淹没面积 S_l 可通过下式计算：

$$S_l = \begin{cases} \left(\frac{(h' - 0.03) \cdot 100}{slope}\right)^2 \cdot \pi, & h' > 0.03 \\ 0, & h' \leqslant 0.03 \end{cases} \tag{7-28}$$

当积水深度超过 250mm 时，将对人类正常生活生产造成较大的影响，因此可将计算单元内积水深度超过 250mm 的区域定义为内涝受灾区域，如图 7－12（b）所示，计算单元内涝受灾面积 S_d 可按照下式计算：

$$S_d = \begin{cases} \left(\frac{(h' - 0.25) \cdot 100}{slope}\right)^2 \cdot \pi, & h' > 0.25 \\ 0, & h' \leqslant 0.25 \end{cases} \tag{7-29}$$

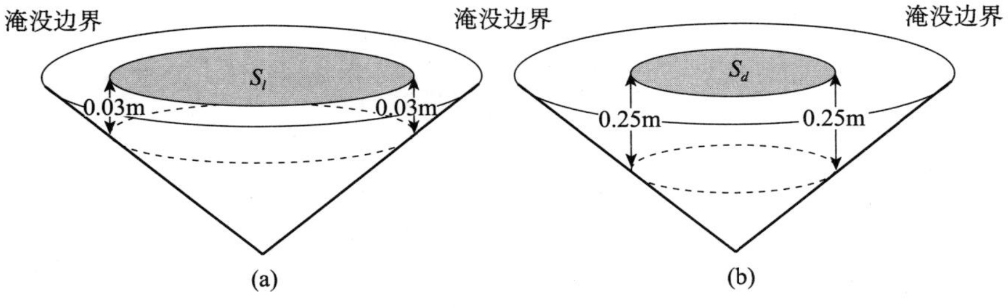

图 7－12 （a）内涝积水范围计算；（b）内涝受灾范围计算

当 $ra' > ra$ 时，说明此时计算单元已经完全被内涝积水淹没，剩余的内涝水量会向邻域计算单元漫流，此时需要设计相应的算法模拟内涝积水的漫流过程。

三、内涝积水“漫流”算法

（一）漫流方向计算

计算单元内的内涝积水溢出计算单元边界后，在重力的作用下按照地形由高向低的规律在计算单元之间漫流，该过程与一般流域地表的水体流动方式类似。如第五章第一节第二部分所述，流域地表水流方向可以使用基于 DEM 数据的 D8 算法计算。因此，可以将 D8 算法思想与城市内涝积水漫流方向计算结合，将流向计算单元由 DEM 栅格扩大为城市雨水网格，设计计算单元之间的内涝积水漫流方向算法。

以各计算单元的平均高程和质心坐标为参考依据，对于流域内每一个发生积水漫流的中心计算单元，计算其距离权落差最大的邻域计算单元作为积水漫流的目的地。具体实现步骤如下：

（1）设流域中某个中心计算单元的平均高程值为 E，质心为 p，对于任意一个与之相邻的计算单元，设其平均高程为 E'，质心为 p'，则由中心计算单元到该邻域计算单元的距离权落差 D 为：

$$D = \frac{E - E'}{d} \tag{7-30}$$

式中 d 为 p 到 p' 的欧氏几何距离，在流域内建立二维直角坐标系，设 p 与 p' 的坐标分别为 $(p.x, p.y)$ 和 $(p'.x, p'.y)$，有：

$$d = \sqrt{(p.x - p'.x)^2 + (p.y - p'.y)^2} \tag{7-31}$$

（2）遍历中心计算单元到所有邻域计算单元的距离权落差值，寻找计算结果最大的计算单元作为中心计算单元的内涝积水漫流方向，并记录其计算单元编码。若对于所有邻域计算单元都有 $E - E' < 0$，则将此类中心计算单元定义为洼地单元。当洼地单元被内涝积水完全淹没后，剩余的内涝水量不会立即流向邻域计算单元，而是在洼地单元上方继续累积，直到淹没水位高于邻域某个计算单元的平均高程时才会开始漫流。

对于洼地单元，可以在邻域计算单元中搜寻 $(E'-E)/d$ 最小的计算单元作为内涝积水漫流方向，并定义：

$$comp = E' - E \tag{7-32}$$

式中 $comp$ 表示该洼地单元被完全淹没后到开始漫流前还需要继续累积的内涝积水深度，可将其命名为洼地单元的“高程补差”（m），对于非洼地单元，有：$comp=0$。

（3）遍历流域内的每一个计算单元，按照上述步骤计算内涝积水漫流方向和高程补差，并保存计算结果。

（二）内涝积水漫流计算

当计算单元内出现内涝积水漫流时，首先需要计算漫流水量 q^0，计算公式如下：

$$q^0 = Q - V \tag{7-33}$$

联立式（7－22）和式（7－33）有：

$$q^0 = Q - \frac{1}{300}(ra)^3 \cdot \pi \cdot slope \tag{7-34}$$

对于非洼地单元，q^0 即为最终的漫流水量。洼地单元由于存在高程补差，被完全淹没后内涝积水会在计算单元的上方继续累积，此时将内涝积水继续累积的空间近似为圆柱体，如图 7－13 所示。

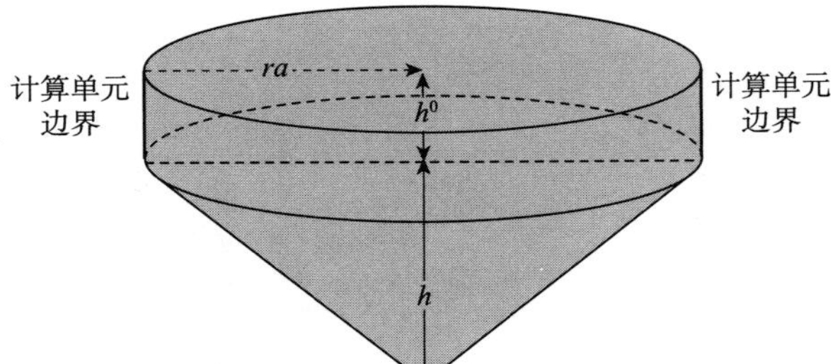

图 7－13　城市内涝洼地单元积水示意图

圆柱体的底面积与计算单元面积相等，高为 h^0，根据“体积法”有：

$$h^0 \cdot area = q^0 \Rightarrow h^0 = q^0/area \tag{7-35}$$

当 $h^0 \leqslant comp$ 时，由于高程补差的作用将不会发生内涝积水漫流，内涝淹没区域仍在当前计算单元空间范围内，此时最大内涝积水深度为：

$$h' = h^0 + h \tag{7-36}$$

由于计算单元表面的所有区域都被积满，此时内涝淹没面积 S_l 满足：

$$S_l = \begin{cases} area, & h^0 > 0.03 \\ \left(\dfrac{(h + h^0 - 0.03) \cdot 100}{slope}\right)^2 \cdot \pi, & h^0 < 0.03 < h + h^0 \\ 0, & h + h^0 \leqslant 0.03 \end{cases} \tag{7-37}$$

计算单元的内涝受灾面积 S_d 满足：

$$S_d = \begin{cases} area, & h^0 > 0.25 \\ \left(\dfrac{(h + h^0 - 0.25) \cdot 100}{slope}\right)^2 \cdot \pi, & h^0 < 0.25 < h + h^0 \\ 0, & h + h^0 \leqslant 0.25 \end{cases} \tag{7-38}$$

当 $h^0 > comp$ 时，则仍有剩余的内涝水量发生漫流，最终漫流的水量满足：

$$q^0 = q^0 - area \cdot comp \tag{7-39}$$

此时计算单元内的最大内涝积水深度 h'为：

$$h' = h + comp \tag{7-40}$$

根据计算单元实际的内涝积水水量以及计算单元内对应管网节点的最大排水能力，可以得到计算单元内的内涝积水淹没历时 T，有：

$$T = t + \frac{Q'}{v} \tag{7-41}$$

式中 t 为计算单元对应管网节点的溢流时长，v 为该管网节点的最大排水能力，其取值根据管网节点及连接管段的物理特性决定，Q'为计算单元内实际的内涝积水水量。

如果计算单元没有发生漫流，有：

$$Q' = Q \tag{7-42}$$

若发生了内涝积水漫流，有：

$$Q' = V + comp \cdot area \tag{7-43}$$

当计算单元内实际内涝积水淹没面积大于 0 时，可将内涝积水区域近似为圆柱体计算内涝积水的平均深度，如图 7－14 所示。

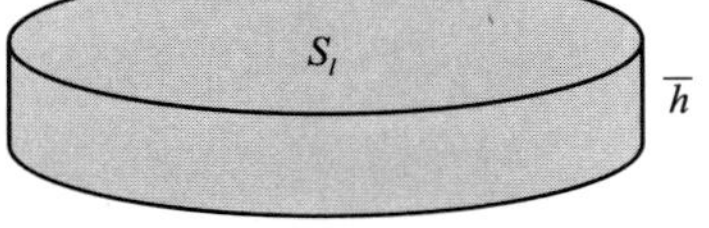

图 7－14　计算单元内积水圆柱体

圆柱体的底面面积为计算单元内积水淹没面积 S_l，体积为计算单元内实际内涝积水总体积 Q'，圆柱体的高为内涝积水平均深度 $\overline{h}$，因此有：

$$\overline{h} = Q'/S_l \tag{7-44}$$

当前计算单元的内涝积水情形计算完毕后，记录内涝淹没范围、受灾范围、最大积水深度、平均积水深度和淹没历时等结果，如果发生内涝积水漫流，则根据漫流方向计算其漫流方向对应的计算单元，将当前计算单元的实际内涝漫流水量加入到该计算单元的 q' 中，并跳转到下一个计算单元计算内涝积水淹没过程。

四、内涝积水算法优化

由于洼地单元的存在，确定各个计算单元内涝积水漫流方向时，两个相邻计算单元之间可能出现积水相互漫流的情况，如图 7－15 所示。

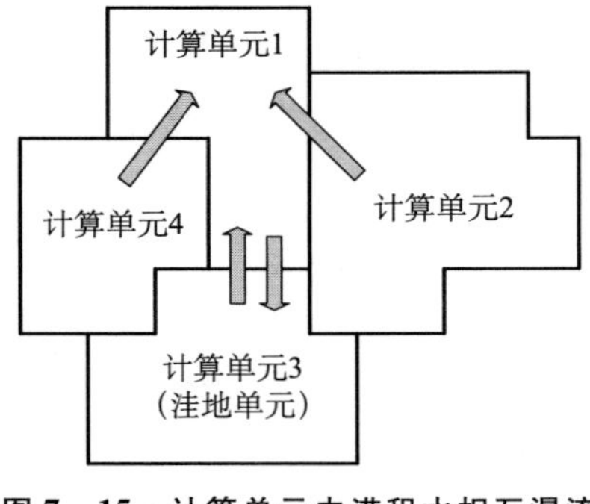

图 7－15　计算单元内涝积水相互漫流

图 7－15 中箭头为计算单元间的积水漫流方向。计算单元 1 到计算单元 3 的距离权落差最大，因此计算单元 1 的漫流方向指向计算单元 3。计算单元 3 为洼地单元，按照内涝积水漫流方向算法，选取距离权落差绝对值最小的邻域计算单元（计算单元 1）作为漫流方向，并以它们之间的高程差值作为计算单元 3 的高程补差。如此一来，计算单元 1 和计算单元 3

之间形成了内涝积水相互漫流的情形。

在实际内涝积水计算过程中，设计算单元 1 先进行内涝淹没计算，由于计算单元内内涝洪水量很大，计算单元 1 被完全淹没并开始漫流。按照积水漫流计算原理，将漫流水量计入计算单元 3 的外来淹没水量，开始计算单元 3 内的积水淹没计算。在极端情况下，如果计算单元 3 也被内涝淹没，并且积水在其上方的累积深度超过了高程补差，则计算单元 3 也发生漫流，漫流方向指向计算单元 1。然而计算单元 1 此时已经处于积满状态，因此来自计算单元 3 的积水漫流至计算单元 1 后直接再次发生漫流，并且根据漫流方向的指向重新回到了计算单元 3。如此积水漫流计算进入了无限循环的异常状况，如图 7－16 所示。

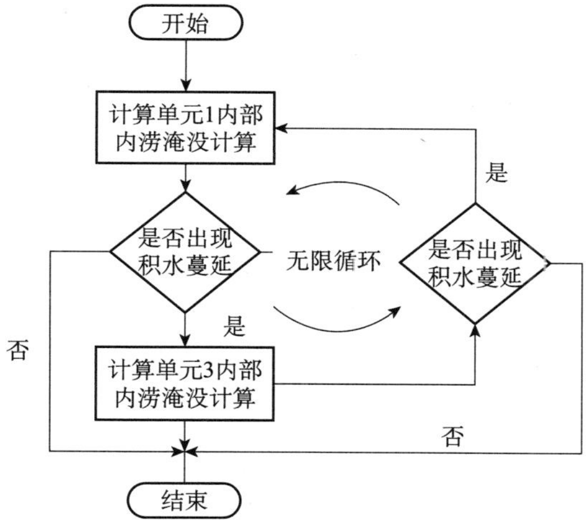

图 7－16　内涝积水漫流计算无限循环

为了避免上述异常的发生，可以使用积满标记法来处理内涝计算单元之间的相互漫流情形。积满标记法的核心思想是：任意计算单元一旦积满后则不再接受来自邻域计算单元的漫流洪水。在计算的过程中，若计算单元被内涝积水完全淹没，则在漫流计算前，先对将当前计算单元标记为积满状态。计算内涝积水漫流过程时，如果某计算单元的内涝积水漫流方向所指向的计算单元已经被标记为积满状态，则说明该计算单元不再接受外来漫流洪水，当前计算单元的剩余内涝积水将无法从该方向漫流，此时在当前计算单元的邻域所有未被标记的计算单元中重新计算漫流方向，并按照新的方向计算积水漫流过程，如图 7－17 所示。

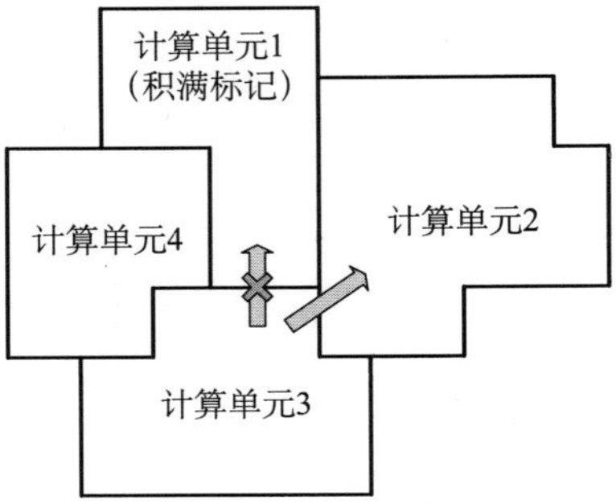

图 7－17　积满标记算法

使用积满标记法后，当计算单元 3 发生漫流时，由于计算单元 1 已经被标记为积满状态，此时重新获取计算单元 3 的漫流方向，并按照新的漫流方向结果（计算单元 2）计算积水漫流过程。

对于洼地单元，计算新的漫流方向后将得到新的高程补差 *comp'*，此时使用 *comp'* 代替原有的 *comp* 重新模拟洼地单元内的积水情形，并更新原有的计算结果，如果仍发生漫流，则按照新的漫流方向跳转至下一个计算单元进行内涝淹没计算。在极端暴雨条件下，可能出现某计算单元的所有邻域计算单元都被标记的情况，此时将 *comp'* 设为极大值，让内涝积水在计算单元上方不断累积直到不再有剩余内涝水量发生漫流。

需要说明的是，积满标记法简化了内涝积水漫流可能出现的回水现象，虽然这样会对计算结果的真实性产生一定的影响（如将 *comp'* 设为极大值时，可能造成某计算单元内涝积水深度高于邻域计算单元平均高程而不发生漫流的失真情形），但该现象仅在少数极为苛刻的条件下才会出现，此类计算误差对模型总体的模拟效果影响不大。

五、内涝积水计算整体流程

由城市内涝积水淹没过程的特点可知，流域中往往有多个淹没源同时造成内涝积水，且它们之间有时存在相互影响作用，从而可能导致在数值模拟的过程中部分内涝水量被遗漏的情况。为了确保来自各个淹没源的所有内涝水量都在内涝积水算法中得到处理，可以使用按照每股内涝洪水为循环依据的内涝计算流程。以该流程为参考，首先通过产汇流计算结果确定研究区域内所有的内涝积水淹没源，根据来自各淹没源的内涝水量确定每一股内涝洪水，接下来以各股内涝洪水为单位进行内涝淹没和漫流计算，若在漫流过程中出现下述两种状况的一种，则结束这一股内涝洪水的模拟，跳转到下一股内涝洪水开始计算：

（1）该股内涝洪水已经没有剩余内涝水量继续在计算单元间漫流；

（2）该股内涝洪水漫流到另一股内涝淹没源对应的计算单元处，此时将该股内涝的剩余水量并入另一股内涝等待处理。

按照上述流程计算每一个内涝淹没源产生的内涝积水，直到每一股内涝洪水处理完毕，最终获得整个研究区域的内涝积水模拟结果，以每股内涝洪水为循环依据的内涝积水算法详细实施流程具体如图 7－18 所示。

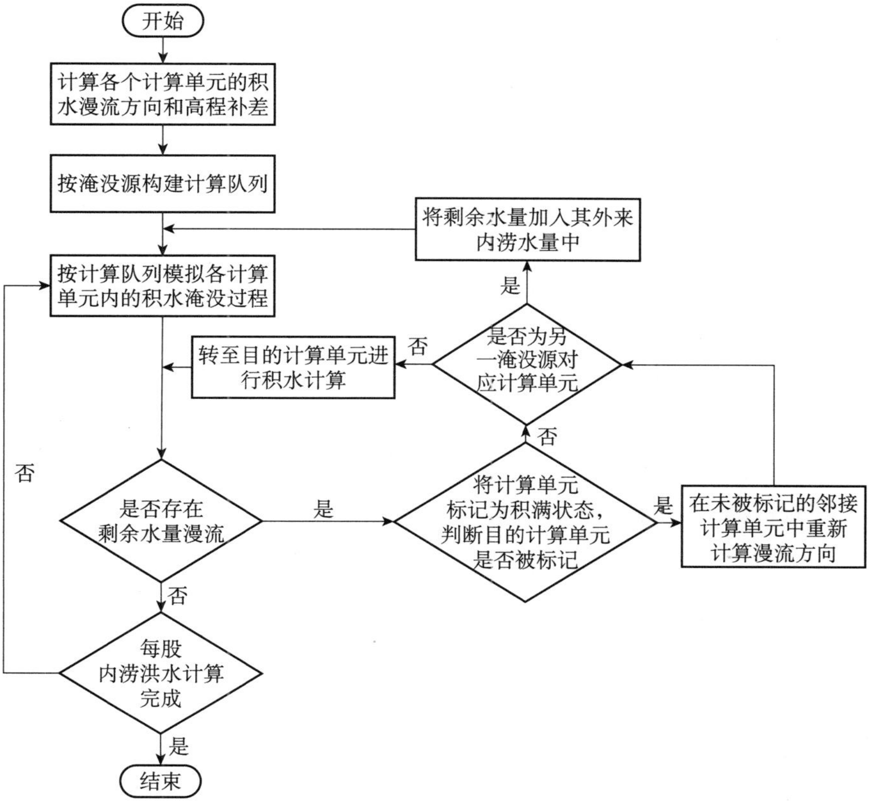

图 7－18　内涝积水计算整体流程

（1）根据内涝产汇流计算结果，结合各级计算单元（城市雨水二级、三级网格）与管网节点的对应关系，将各个淹没源的内涝水量计入对应计算单元的 q 中。

（2）按照内涝积水漫流方向计算思想，以各个计算单元的平均坡度为基础计算内涝积水漫流方向，对于洼地单元，计算其高程补差。

（3）遍历研究区流域内的各个计算单元，将所有满足 $q>0$ 的计算单元放入计算队列中，每个计算单元对应的内涝水量 q 即为一股内涝洪水，将处于队列中的计算单元定义为淹没源计算单元。

（4）为了避免进行某计算单元内积水淹没计算时，受到其他内涝洪水的影响，将所有淹没源计算单元按照平均高程由高到低排序，由平均高程最高的计算单元开始计算每股内涝洪水的积水过程。

（5）依照顺序计算一股内涝洪水的积水过程，首先使用“淹没”算法计算淹没源计算单元内的积水。如果没有发生漫流，则当前内涝洪水计算完毕，直接跳转到下一股内涝洪水开始模拟；若发生漫流，则首先将当前计算单元标记为积满状态，并根据漫流方向计算结果确定其漫流目的计算单元。

（6）判断漫流目的计算单元是否已被标记。若已被标记，则重新计算漫流方向，并确定新的漫流目的计算单元，若需要更新高程补差，则重新计算当前计算单元内的内涝积水情况，若当前计算单元所有的邻域单元都已被标记，则将高程补差设为极大值，让当前计算单元不断积水直至没有剩余内涝水量继续漫流为止。

（7）若漫流目的计算单元没有被标记或重新计算积水后仍发生漫流，则首先判断漫流目的计算单元是否为另一股内涝洪水对应的淹没源，若是，则将剩余内涝水量并入另一股洪水，当前内涝洪水计算过程结束；若不是，则将剩余水量加入目的计算单元的外来淹没水量 q' 中，并跳转至目的计算单元继续计算。

（8）不断计算该股内涝洪水的淹没及漫流过程直至满足结束当前内涝洪水计算的条件，接下来跳转至步骤（5），按照计算队列次序模拟下一股内涝洪水的积水过程。

（9）按照上述流程计算研究区流域内每一股内涝洪水，最终得到所有

满足 $Q>0$ 的计算单元内的内涝积水淹没面积、受灾面积、最大积水深度、平均积水深度和淹没历时等结果。

第三节　城市内涝积水计算模型

以上一节介绍的城市内涝积水算法为基础，结合城市雨水多级网格中存储与管理的各类地形与水文信息，以多级网格为计算单元，构建城市内涝积水计算模型，得到内涝积水范围（面积）、深度和历时等关键信息。

一、模型层次结构与组成要素

根据城市内涝积水算法的基本思想，城市内涝积水过程与流域微观产汇流过程密切相关。城市雨水二级网格与三级网格作为微观产汇流过程的计算单元，各级网格反映了流域地表产汇流过程各阶段的物理特性。为了以不同尺度模拟内涝积水淹没过程，可以将城市雨水多级网格体系结构作为依托，分别以雨水二级网格与三级网格作为计算单元，构建包含两层结构的城市内涝积水计算模型，每一层模型使用独立的城市内涝积水算法（包含“淹没”算法和“漫流”算法），从而以不同计算单元尺度实现城市内涝积水计算。

第一层模型以城市雨水二级网格为计算单元，以出现溢水的各管网交叉节点作为淹没源，实现流域全局范围内的宏观内涝积水淹没过程数值模拟。

第二层模型以城市雨水三级网格为计算单元，以出现溢水的各管段节点作为淹没源，实现各管网连通区以及二级雨水网格内部的微观内涝积水淹没数值模拟。

城市内涝积水计算模型继承了城市雨水网格多层结构的优势，能够根据网格粒度按照由粗到细的顺序模拟城市内涝积水状况。如首先使用基于城市雨水二级网格的第一层内涝积水计算模型模拟流域内的积水淹没过程，了解整体的积水分布情况，实现对全流域积水灾情的宏观掌控；接下来根据需要使用基于城市雨水三级网格的第二层内涝积水计算模型模拟某一具体区域的内涝积水淹没过程，获取流域小范围内更精确的积水结果，对内涝重灾区或重要设施所在地的灾害损失情况进行详细评估。

二、模型计算单元属性表结构设计

在包含两层结构的城市内涝积水计算模型中，城市雨水二级、三级网格是各层模型的计算单元，同时也是模型计算所需的各类流域水文信息和参数的载体。因此，计算单元内部的属性表结构应以内涝积水“淹没”与“漫流”算法原理作为理论基础构建，并将所有内涝积水计算中需要的输入参数采集到计算单元属性表字段中。内涝积水模拟完成后，各个计算单元的内涝积水计算输出结果也应以计算单元为单位储存。基于上述要求，各级计算单元属性表字段结构如表 7－1 所示。

表 7－1　计算单元属性表字段结构

参数字段	相关描述
编码	计算单元的编码，各个计算单元的唯一标示符
面积	计算单元的占地面积（ha）
出水口编码	计算单元对应的出水口（即管网节点）编码值
平均高程	计算单元内的平均高程值大小（m）
平均坡度	计算单元内地表平均坡度大小（%）
排水能力	计算单元出水口节点最大排水能力（m^3/s）
内涝水量	计算单元出水口节点的淹没水量（m^3）
外来内涝水量*	由邻域计算单元漫流而来的内涝洪水水量（m^3）
漫流方向	当前计算单元漫流方向对应的计算单元编码
高程补差	洼地单元与漫流计算单元之间的高程差值（m）
最大积水深度*	计算单元内涝最大积水深度（m）
平均积水深度*	计算单元内涝平均积水深度（m）
淹没面积*	计算单元内涝实际淹没面积（m^2）
受灾面积*	计算单元内涝受灾面积（m^2）
淹没历时*	计算单元内涝积水从产生到消退所经历的时间（min）

上述属性表字段中，各个计算单元的编码、出水口、面积、坡度等作为模拟输入参数，可根据第六章第四节第三部分中的内容，利用空间信息科学技术结合流域 DEM 数据完成采集。“排水能力”根据计算单元对应出水口节点及连接管段的参数确定，“内涝水量”是基于空间信息科学技术

的城市雨水产汇流计算结果之一，“漫流方向”和“高程补差”可根据本章第二节第三部分中内涝积水“漫流”算法获取。余下标有星号的参数为数值模拟输出结果参数，在内涝积水计算模型的运行过程中获取。

各级计算单元构建完成后，内涝积水计算模型将以各级计算单元属性表内的参数为参照，完成计算单元积水空间概化、内涝积水“淹没”及“漫流”过程的计算，并将计算结果写入计算单元属性表中存储，以便结合空间信息科学技术的专题渲染功能，实现内涝积水结果空间分布信息的可视化展示。

三、模型整体优势与特点

城市内涝积水计算模型是空间信息科学技术在城市内涝数值模拟研究中的又一拓展应用，两者的结合为城市内涝灾害数值模拟提供了高效、科学的实现方案。与传统自然流域的淹没计算模型相比，该模型在城市内涝积水数值模拟中具有以下优势与特点：

（一）模型充分适应了城市内涝积水过程多淹没源的特征

本章第二节介绍的城市内涝积水算法中，充分考虑了城市暴雨积水的形成机理和特点，明确了各淹没源与计算单元的对应关系，简化了获取淹没源连通区的步骤，降低了同时模拟多个淹没源内涝积水过程的难度。模型以城市雨水多级网格为计算单元，其空间分布全面地反映了城市流域水文过程的时空变化规律，以网格几何分布及内部地形参数为依据，使用积水空间概化思想实现内涝模拟具有科学、严谨的理论基础，符合城市内涝积水淹没过程的物理特征。

（二）模型充分考虑了各淹没源内涝积水之间的相互影响和作用

当计算单元被来自淹没源的内涝积水完全淹没时，剩余的内涝水量会在流域地表漫流。鉴于内涝积水在漫流过程中仍在流域地形起伏的引导下运动，模型引入了 D8 算法思想，参照流域地形信息，设计了内涝积水“漫流”算法。该算法结合了 D8 算法良好的物理特性和城市流域自身的特点，全面地描述了流域中各个淹没源内涝积水之间的相互作用过程，妥善地处理了计算中可能涉及的洼地单元地形，并通过对模型计算流程的合理规划确保无论内涝积水如何漫流汇聚，都不会在模拟过程中被遗漏。

（三）模型降低了对流域地表信息的精度要求，提升了计算效率并保证了精确度

模型将计算单元由传统模型中的 DEM 栅格单元和遥感影像像元扩大为城市雨水多级网格，并采用规则空间几何体描述计算单元内的空间特征，不仅降低了模型对流域地形资料的精度要求，而且使计算单元的数量大幅度减少，在大尺度环境下提升了模型的计算效率。同时根据雨水网格构建体系确立了内涝积水计算模型的多层结构及组成要素，实现了内涝积水由宏观到微观的多尺度模拟。在建模过程中，可根据研究区地形数据分辨率的不同选取不同粒度的计算单元采集流域地形参数，在一定程度上弥补了由模型计算单元扩大和简化处理所带来的误差，保证了模拟结果的精度。

第四节　本章小结

城市内涝积水计算是内涝灾害数值模拟的关键环节，决定了模拟过程的最终产出，其模型设计与实现在城市内涝灾害管理中十分重要。本章首先对具有代表性的传统流域淹没计算模型及相关原理进行了介绍，并根据城市内涝积水淹没过程的形成机理和发展特点，分析了传统洪水淹没模型在城市流域的局限性。接下来将空间信息科学技术应用于城市内涝积水计算中，结合第五章介绍的城市雨水多级网格体系，考虑城市内涝的多源淹没特征，将内涝过程划分为“淹没”与“漫流”阶段，并分别介绍了其算法设计思想与模型构建方法。整体而言，城市内涝积水计算模型将计算单元由 DEM 栅格和遥感影像像元扩大为城市雨水网格，更加符合城市内涝积水多源淹没的特点，且可以大幅度减少模型计算单元的数量，在大尺度流域环境下显著提升模型的效率。

第八章
应用案例与结果分析

本书前面的章节介绍了如何利用空间信息科学技术的相关工具和方法，设计并构建用于城市内涝灾害数值模拟的技术方案，包括地形预处理方法、计算单元构建、城市产汇流与内涝积水计算模型等。为了验证这些理论与模型方法在城市内涝数值模拟中的实际应用效果，本章选取了不同尺度的城市流域作为研究区，利用有限的数据资料完成城市内涝数值模拟方案的应用实验，详细介绍模型构建过程及各阶段模拟输出结果，并通过与现有传统数值模拟方法的对比分析验证模型对地形数据精度的需求度及在城市流域的代表性。

第一节　研究区简介

本章选取的研究区地处我国中部地区的湖北省武汉市，该市位于我国腹地，属于亚热带季风性湿润气候区。一年中降雨主要出现在初夏梅雨季节，4～8 月份降雨量占全年的 65.6%，汛期 5～10 月份降雨量占全年的 73.6%，年均降水量约为 1100mm。

在多方面因素的共同作用和影响下，该市一直受到特大暴雨造成的内涝灾害的威胁。2013 年 7 月初，一场特大暴雨袭击该市，中心城区最大降雨量达 333.75mm。该次降雨导致全市 49 条路段大面积积水，城市交通受到了严重影响。据统计，当日全市受灾人口 25 万人，损毁房屋 73 户，紧急转移安置2524人。受灾农田67.1万亩①，重灾28.5万亩，受灾水产面积13.5万亩、重灾4.1万亩，初步估计经济损失约2.5亿元。

研究区位于该市东南部某高校校园，占地面积2.3348km^2，附录中图1所示研究区地表覆盖由城市用地、绿化覆盖以及灌木林覆盖组成，没有大型自然水系分布，流域出水口为与研究区东南侧边缘相接的自然湖泊。研究区海拔高度24~147m，北部为地势较高、坡度较大的山丘地带，由北向南地势逐渐平缓，中部区域整体较为平坦，东侧地形较西侧稍低，平均坡降不大。研究区内排水设施布设密集，埋深较深，但流域内没有设置排水泵站，且排水管径普遍较小，兼有不同程度的老化。2013年7月的特大暴雨事件造成研究区中西部发生较为严重的内涝灾害，部分地段积水过膝，学生宿舍区受灾严重，宿舍木质家具、文档书籍、电子设备都有不同程度的损坏。

研究区基础地理及水文测量资料相对匮乏，暴雨内涝过程实测数据十分有限。且现有的资源存储结构分散、形式各异，各类数据之间没有建立有效的关联，难以实现统一的组织与管理，无法为排水系统改造和内涝灾害应急响应提供有效的支持。因此选取此处作为基于空间信息科学技术的城市内涝灾害数值模拟研究区，具有重要的现实意义及应用价值。

第二节　实验环境与平台

在本章的应用实验中，需要使用大量的空间信息科学技术与城市水文计算模型，需借助空间信息科学技术与水文模型应用平台与工具完成相关工作。具体而言，在实验过程中，使用了目前应用广泛的ArcGIS 10和ERDAS 9.3平台完成有关空间信息组织、分析与管理的实际操作。两者都是专业地理信息系统和遥感处理软件，彼此具有很好的集成性和交互性，其相关内容已在第二章进行了详细介绍。在水文模拟方面，使用了EPA SWMM 5.0作为城市产汇流计算工具，同时选择了内置于ArcMap的VBA

① 1万亩≈666.67公顷（ha）。

编程方式对 ArcGIS 平台进行二次开发，从而完成城市内涝积水计算模型的开发以及计算单元构建及应用过程中涉及的各类图形数据处理和空间分析操作。此外，还引入了 LISFLOOD - FP 模型与快速洪水蔓延模型（Gouldby. B & Sayers. P）分别完成基于水动力与水文学的城市内涝积水模拟，它们的结果将作为对比分析的参照数据，进而验证本书介绍的内涝数值模拟方法在不同地形数据精度下的预测效果。

第三节 数据获取及计算单元构建

一、基础数据获取

在城市内涝数值模拟模型构建过程中，需要先获取流域基础地形、遥感影像、河网水系以及人工水文设施等信息，这些信息不仅是模型计算单元（城市雨水多级网格）划分的依据，同时也是其属性表字段中各类水文信息和参数的采集来源。由于研究区内的水文信息并不完备，需要充分利用网络共享资源和有限的实测资料，结合基于空间信息技术的数据分析与组织方法获取流域各类基础数据。

（一）原始地形数据与坡度数据

研究区的原始地形数据为数字高程数据（DEM），反映了流域最基本的地形起伏特性，在计算单元构建、产汇流和积水淹没计算中都将发挥重要的作用。由于条件的限制，无法通过实地测量的方式获取研究区内高精度 DEM 数据，因此采用了可以免费获取的全球 DEM 数据产品 ASTER GDEM v2，并利用 ArcGIS 工具根据研究区所处位置对其进行裁剪，得到研究区范围内的原始 DEM 数据如图 8 - 1 所示。

该数据为规则栅格 DEM 数据，水平分辨率为 30m，空间坐标参考系为大地坐标系 WGS_ 1984。图 8 - 1 中，栅格单元的亮度反映了流域地形的高低。颜色越亮的栅格对应高程值越高，图 8 - 1 上方的明亮区域代表了研究区北部的高地，最大高程值达到 147m；颜色较暗的栅格对应高程值较低，研究区南侧大部分颜色偏暗，且明暗差异较小，说明该区域范围内地

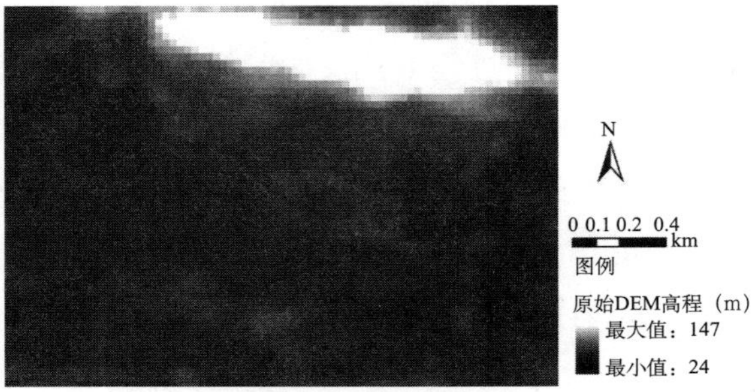

图 8－1　研究区原始 DEM 数据

势较低，且地形起伏较为平缓，高程取值范围在 30m 左右，且东侧颜色总体相对于西侧稍暗，符合研究区概况中所描述的流域地形起伏特点。

根据研究区地表 DEM 数据，使用基于空间信息科学技术中的地形因子坡度分析方法计算各个 DEM 栅格单元的坡度，获取研究区地表坡度栅格图层，如附录中图 2 所示。

附录中图 2 中各栅格单元颜色越红，对应的坡度值越高。由于研究区北部为山丘地带，整体坡度较大，因此呈现出一片红色的集中区；研究区中南部整体坡度较小，只有少数栅格单元为橙黄色，大部分区域呈绿色或浅黄色分布，表明该区域内的地形条件较为平坦。

（二）遥感影像数据及土地覆盖分类

遥感影像数据是研究区土地覆盖类型分类的参考依据，是内涝数值模拟中产汇流计算参数采集和率定的数据基础。本次实验通过中科院计算机网络信息中心的共享资料获取研究区范围内的 TM 遥感影像数据，该影像由美国 landset4 及 landset5 卫星采集，包含 7 个波段，空间分辨率为 30m，影像拍摄日期为 2009 年 11 月 25 日，空间参考坐标系为基于 WGS_ 1984 大地坐标参考的通用横轴墨卡托投影（UTM）坐标系（WGS1984_ UTM_ 49N）。根据研究区校园地物分布的特点和光谱特性（主要区分植物和人工建筑道路等），分别选取了 1（蓝色可见光），4（近红外），5（远红外）三个波段进行合成，形成待分类的研究区遥感影像数据。该数据以 IMG 图像的形式存储，如附录中图 3 所示。

各类植被在近红外波长范围内几乎不发生吸收作用，可以达到最大反射率，而在中红外波长范围内由于植被叶片内水分的作用，反射率稍有降低，但仍然高于可见光波长内的反射率，因此灌木林地、植被草地覆盖在附录的图 3 中一般呈现蓝绿色，主要分布于研究区北部以及中部地区；道路和人工建筑设施一般以水泥和沥青砂石铺砌为材料，在近红外波长范围内的吸收率较高，因此在附录的图 3 中呈现紫红色，分布于研究区的东西两侧大部分地区。

确定各类地物在影像中的光谱特征后，即可对地表土地覆盖类型进行监督分类。研究区位于高校校园内部，不存在工业设施、农林生产等用地分布，且没有大型天然湖泊和水系。首先根据《我国城市用地分类与规划用地建设标准》将研究区内的土地利用类型分为植被草地、林地与枯叶层、教育科研用地三类。为了更方便地将土地覆盖分类结果与《SWMM 模型使用手册》中的参数率定参照表结合，将教育科研用地进一步分为混凝土和建筑、水泥和沥青铺砌两类。最终研究区流域内的土地覆盖类型被归纳为四类：草地、林地、混凝土和建筑以及水泥和沥青铺砌。根据各类地物的透水率参数，判定四类土地覆盖中前两者为透水覆盖类型，后两者为不透水覆盖类型。根据研究区遥感影像数据中各类土地覆盖的光谱特性，确定影像不同颜色像元对应的覆盖类型，并使用基于 ERDAS 9.3 软件平台的监督分类模块构建土地覆盖分类模板，如附录中图 4 所示。

按照分类模板使用最大似然法完成研究区地表土地覆盖类型的监督分类，并根据分类结果不断调整分类模板，直到达到理想的分类精度为止。最终的栅格数据分类结果如附录中图 5（a）所示，空间参考为 WGS1984_ UTM_ 49N。对分类结果进行聚类［见附录中图 5（b）］和消除斑点［见附录中图 5（c）］处理，使用 ArcGIS 平台下的数据管理工具 raster to polygon 将分类结果由栅格图层转化为矢量面图层，根据分类结果渲染图层中的面要素，深绿色与浅绿色代表林地植被覆盖，淡紫色与灰色代表混凝土建筑与人工铺砌覆盖，如附录中图 5（d）所示。

（三）建筑物数据

城市建筑群会对流域地表径流过程产生影响，其空间分布信息是流域地形预处理和流向计算的重要依据。参考研究区城市规划资料，结合百度卫星影像地图与人工实地测量比对，获取了研究区范围内的主要建筑物分布信息，如图 8－2 所示。

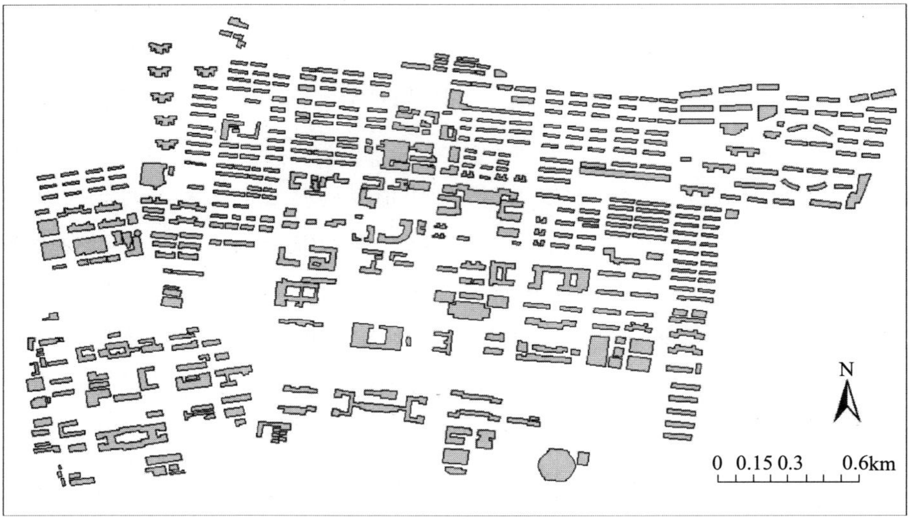

图 8－2　研究区建筑物分布

研究区建筑数据以矢量面图层的形式存储，空间参考为 WGS_1984。该图层包含代表研究区内主要建筑物的空间面要素共计 498 个，主要建筑类型包含教学楼、实验室及教研室、学生宿舍、后勤设施和行政楼等。建筑物对应的属性信息存放于图层属性表中，各属性字段结构如表 8－1 所示。

表 8－1　建筑物图层属性表结构

字段名称	描述
编号	各个建筑物的编码，各条记录的唯一标示符
名称	各个建筑物的名称
面积	建筑物的占地面积（m^2）
高度	建筑物的标高（m）
地基高度	建筑物地基高度（m）
层数	建筑物的楼层数

研究区内建筑物的尺寸及建筑物间隙统计信息如图 8－3（a）所示。其中建筑物尺寸可以通过将各个建筑物近似为规则矩形，并根据其短边长度来确定其取值；而建筑物之间的间隙则通过建筑物外墙轮廓分布确定。

由图8-3（a）所示的统计结果可知，研究区内约98%的建筑物尺寸在5m及以上，约70%的建筑物间隙宽度分布在5~15m的区间内。如第四章所述，建筑物的尺寸及间隙宽度是基于建筑物的地形预处理过程中重要的参考信息。现有的应用结果证明，当DEM数据水平分辨率较低时，可能导致DEM栅格单元的尺度超过建筑物尺寸及间隙宽度，进而严重影响地形预处理及建筑物效应表达的效果。因此，在实际应用中一般要求DEM分辨率不得低于研究区内建筑物尺寸的最小值及建筑物间隙的平均值。从图8-3（a）中的统计结果可知，对于本章实验中的研究区而言，至少需要分辨率高于5m的DEM数据进行预处理才能保证所有建筑物分布特征被正确表达。然而，当前能够获取的研究区DEM数据资料显然无法满足这一要求（水平分辨率为30m）。为了解决这一问题，本章中将使用第四章中所介绍的栅格重采样方法，利用双线性插值重采样法将原始DEM数据的分辨率修改为5m后再进行基于建筑物分布的地形预处理。

另外，根据建筑物图层对应的属性表数据，研究区内的建筑物地基高度统计结果如图8-3（b）所示。该结果是通过从所有建筑物中随机选取100个采样数据统计得到，其中84%的建筑物地基高度分布于0.3~0.7m的区间内。为了降低地形预处理的计算复杂度，将选取其平均值0.6m作为研究区内统一的建筑物地基高度进行后续处理。

二、多级河网构建及编码

城市流域多级河网体系反映了流域宏观汇流到微观汇流过程的特点，是雨水多级网格体系构建的基础。本部分将根据研究区流域排水管网及节点信息，构建研究区流域多级河网体系，并完成各级河网编码。

（一）一级河网构建

根据城市流域多级河网构建标准，城市流域一级河网由天然水系构成，反映流域宏观汇流过程。然而由遥感影像可知，研究区范围内没有明显的天然水系分布，全流域的降雨通过排水管网及道路完成汇流，并最终到达研究区东南边界的出水口进入天然湖泊中。因此，在研究区流域内不存在一级河网，下面将从二级河网开始构建流域水系。

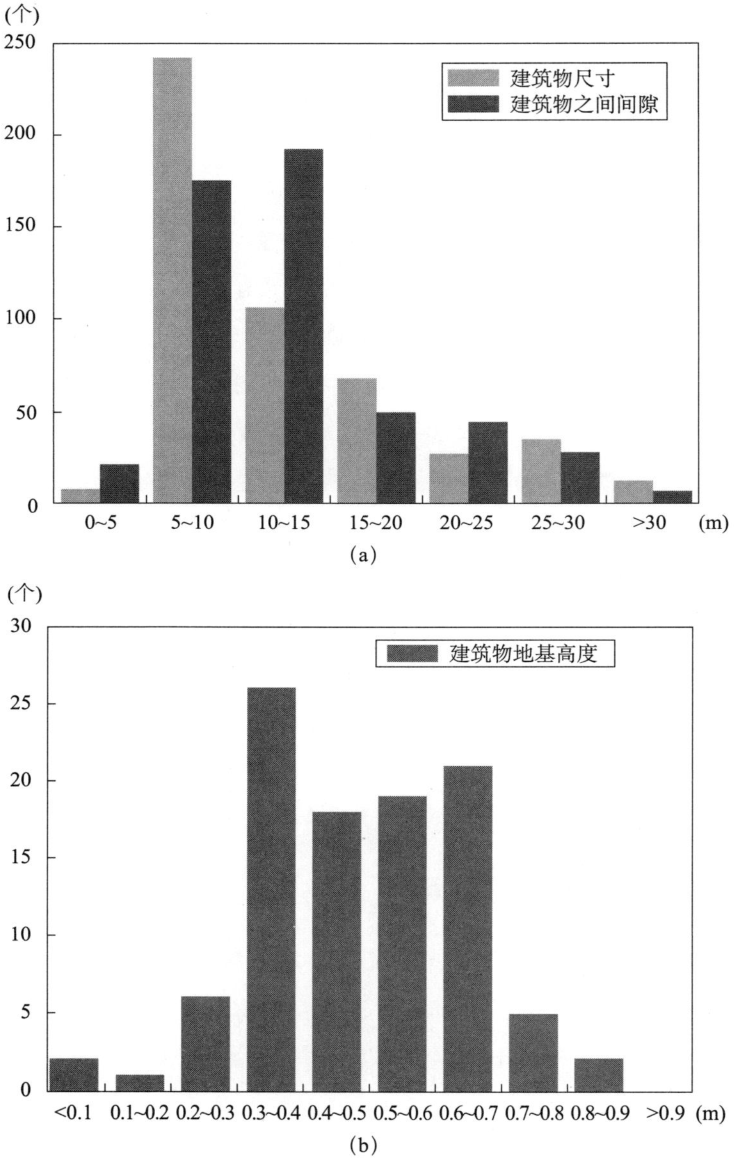

图 8－3　研究区内建筑物相关统计信息

（二）二级河网构建

城市流域二级河网由管网连通体中的各条管段组成，在本章选取的研究区内，降雨产汇流都经由同一个出水口进入天然水系，全流域内所有的管网系统集合构成了一个管网连通体，联通体内由管网交叉节点分割而成的各条管段构成城市流域二级河网。这里通过市管道网络共享数据中心和校园规划资料获取研究区范围内的路网与雨水管网数据，如图 8－4 所示。

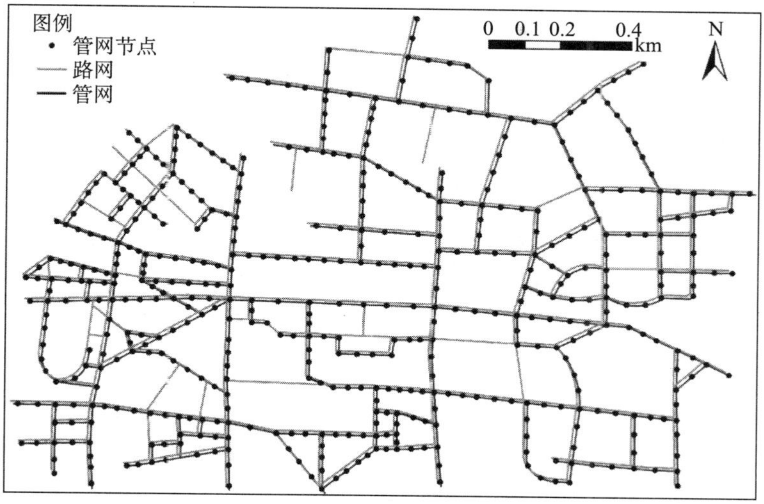

图 8－4　研究区流域路管网分布

鉴于研究区内的路管网系统较为复杂，且流域水文基础资料精度有限，若生成的河网和计算单元粒度过细，将不利于内涝数值模拟模型的构建和计算结果的表达。故本部分按照仅保留主要排水路线的原则，对研究区路管网进行了较大幅度的概化与合并处理。处理后的河网数据以矢量线图层的形式存储，空间参考为 WGS_1984。根据研究区流域总体地势，管网内部的水流方向为由南北两侧向中部、由西部向东部流动，主干级管网主要分布于研究区的东部，出水口位于流域的东侧边缘。按照城市流域二级河网编码方法对各条二级管网进行编码，并省略编码结构中一级河网编码对应的字段，缩短二级河网编码的码长。研究区流域内二级河网共 23 条，采用顺序唯一值编码，流域二级河网分布及编码结果如图 8－5 所示。

（三）管网节点合并

由图 8－5 可知，二级河网上布设的管段节点十分密集，提取流域三级河网前，应先对管段节点进行合并处理。由第五章第三节第二部分可知，管段节点的合并距离大小将决定流域三级河网的长度，并关系到对应计算

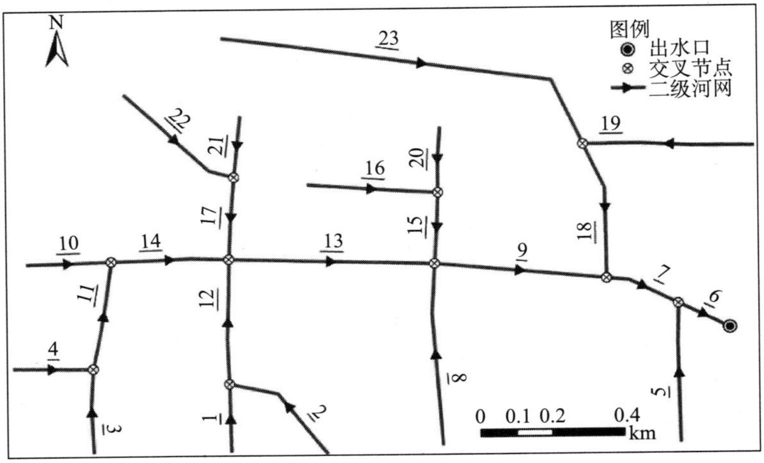

图 8－5　研究区流域二级河网编码结果

单元的面积。由于研究区范围不大，拟将各条二级河网离散为 2～6 条三级河网来描述二级河网汇流区间内的微观汇流状况。为了在实现二级河网离散化的同时保证模型计算效率，本部分根据二级河网的长度制订动态的管段节点合并距离，使每一条二级河网都被分割为 2～6 条三级河网，最终构成 2～6 个三级计算单元。经过合并后研究区全流域包括出水口在内管网节点共计 67 个，以矢量点图层的形式存储，空间参考为 WGS_1984，如图 8－6 所示。

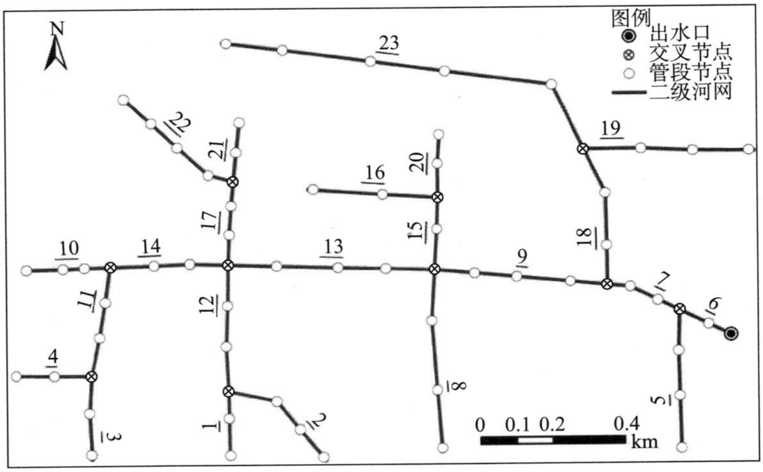

图 8－6　研究区管网节点概化结果

（四）三级河网构建

城市流域三级河网由管网连通体内的各子管段构成，根据合并后的管网节点分布对研究区内的各二级河网进行分割，得到流域三级河网共计66条，河网数据以矢量线图层的形式存储，空间参考为WGS_1984。按照第五章第三节第三部分中的编码方式对三级河网以及管网节点进行编码，流域出水口节点编码为006S00，如图8－7所示。

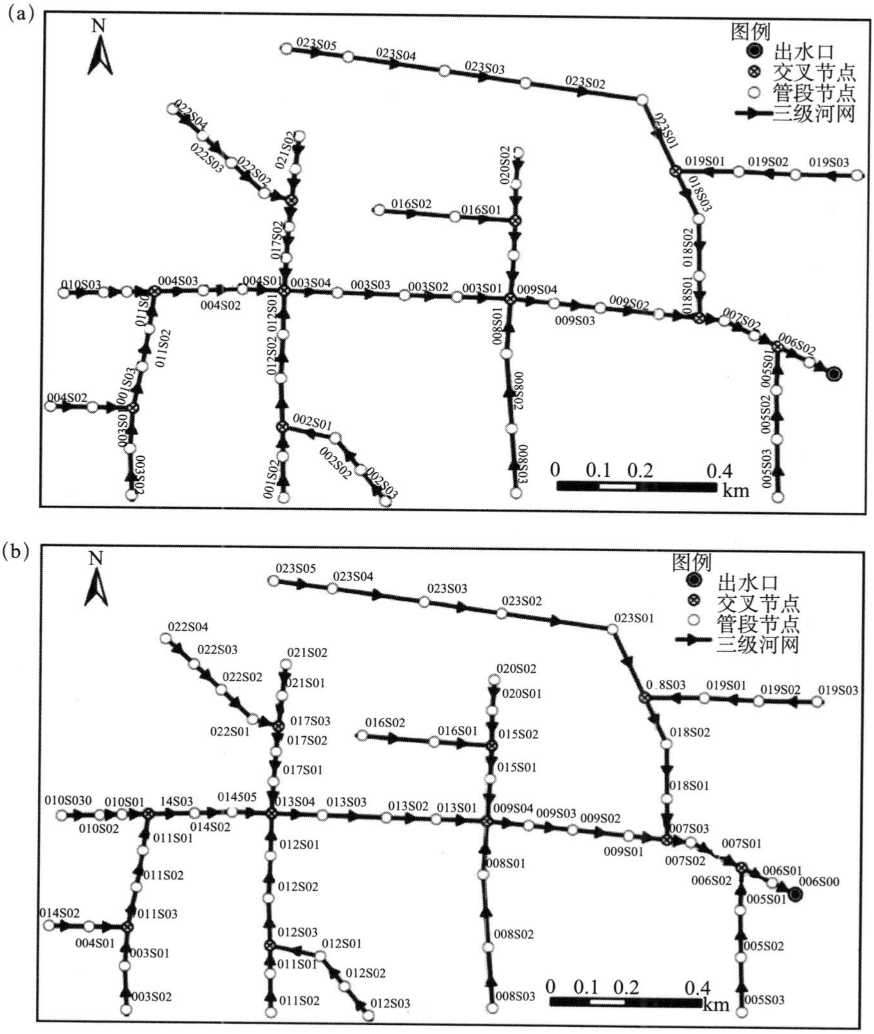

图8－7 （a）研究区流域三级河网编码；（b）研究区管网节点编码

（五）河网与节点信息采集

城市流域多级河网和管网节点的属性信息是流域地形预处理以及产汇流计算的重要参数来源。本部分将利用空间信息科学技术中的空间分析与距离计算方法，以各管段、子管段和节点为单位采集河网相关水文参数，并在相应图层的属性表中存储。根据地形预处理及产汇流计算所需要的信息，研究区流域二级河网与三级河网的属性表字段结构如表8-2所示。

表8-2　研究区流域二级河网、三级河网属性表结构

参数字段	相关信息
编码	管段的编码值，描述管段的唯一值信息
长度	管段的长度（m）
埋深	管段底部距离地面的深度（m）
管径	管段内部横截面的直径（mm）
曼宁系数	管段内壁的粗糙率

上述字段信息中除编码外，其他信息的采集方式如下：

（1）长度。研究区流域各级河网基本呈直线型，将各级河网图层进行投影变换，获取河网线要素中各顶点的投影坐标，计算它们之间的欧式距离作为任意两点之间的管段长度，将所有顶点之间的管段长度相加，即可得到某一条管段的总长度；

（2）埋深、管径和曼宁系数。研究区内的排水管网主要为圆管，根据管段级别的不同，其埋深、管径、材质及曼宁系数也不相同。参考研究区排水管网资料，将所有管段分为3个等级，其中1级管网为主干级管网，材质为混凝土管；2级和3级管网为支线管网，材质为钢管。各级别管网的埋深、管径和曼宁系数的取值如表8-3所示。

表8-3　研究区排水管网级别

管网级别	管径	埋深	管网类型	曼宁系数
1级	1500mm	3m	混凝土管	0.014
2级	1000mm	2.5m	钢管	0.014
3级	500mm	2m	钢管	0.013

研究区1~3级管网与流域一级河网的对应关系如表8-4所示。

表 8-4 各级管网与一级河网对应关系

管网级别	一级河网编码
1 级	6、7
2 级	5、9、13、18、23
3 级	1、2、3、4、8、10、11、12、14、15、16、17、19、20、21、22

结合表 8-3 和表 8-4，可以确定二级、三级河网对应管段的管径、埋深以及曼宁系数值。以二级河网为例，各类信息采集完成后，其属性表各字段信息如表 8-5 所示。

表 8-5 研究区二级河网属性表信息

编码	长度（m）	管径（mm）	曼宁系数	埋深（m）	编码	长度（m）	管径（mm）	曼宁系数	埋深（m）
1	197.19	500	0.013	2	13	495.81	1000	0.014	2.5
2	331.53	500	0.013	2	14	283.8	500	0.013	2
3	243.29	500	0.013	2	15	207.5	500	0.013	2
4	193.76	500	0.013	2	16	315.39	500	0.013	2
5	402.34	1000	0.013	2.5	17	240.24	500	0.013	2
6	143.11	1500	0.014	3	18	400.72	1000	0.014	2.5
7	190.65	1500	0.014	3	19	412.79	500	0.013	2
8	527.22	500	0.013	2	20	190.8	500	0.013	2
9	417.57	1000	0.014	2.5	21	178.44	500	0.013	2
10	205.8	500	0.013	2	22	366.1	500	0.013	2
11	319.37	500	0.013	2	23	1006.02	1000	0.014	2.5
12	361.54	500	0.013	2	—	—	—	—	—

研究区管网节点数据的属性表字段结构如表 8-6 所示。

表 8-6 城市雨水管网节点属性表结构

参数字段	相关信息
编码	节点的编码值，描述节点的唯一值信息
节点高程	反映节点内底的标准高程值（m）
节点深度	节点内底到地表的高度（m）

上述字段中除编码外，节点高程和深度信息的采集方式如下：

（1）节点深度。节点内底通常直接与管段相连，其深度与节点所在管段的最大埋深相等，因此可根据节点所属二级河网编码查询二级河网属性表信息确定各节点的深度；

（2）节点高程。节点高程为节点内底的实际高程值，根据研究区的DEM数据，结合各节点的空间分布信息，使用ArcGIS中3D分析工具的surface spot功能，将节点图层与研究区DEM栅格图层叠加，采集与节点位置相同的DEM栅格单元高程值，设采集得到的高程值为E，节点深度为d，则节点的内底高程E'满足：

$$E' = E - d \tag{8-1}$$

各类数据采集完毕后，研究区部分管网节点属性信息如表8－7所示。

表8－7　研究区管网节点属性信息（部分）

编码	节点深度（m）	节点高程（m）	编码	节点深度（m）	节点高程（m）	编码	节点深度（m）	节点高程（m）
001S01	2	45.78	008S01	2	37.43	016S01	2	43.97
002S01	2	45.38	009S01	2.5	29.41	017S01	2	40.70
003S01	2	46.47	010S01	2	42.71	018S01	2.5	29.60
004S01	2	44.55	011S01	2	42.69	019S01	2	36.57
005S01	2.5	28.37	012S01	2	39.73	020S01	2	44.35
006S00	3	21.32	013S01	2.5	34.49	021S01	2	44.83
006S02	3	25.37	014S01	2	39.61	022S01	2	44.44
007S01	3	26.28	015S01	2	36.15	023S01	2.5	46.13

三、地形预处理

为了使地表流向计算结果符合城市流域的水文特性，为各级计算单元的划分提供科学的物理参照，可以采用第四章中介绍的地形预处理方法，根据研究区管网与建筑物空间分布信息对流域地形DEM数据进行预处理。本部分将利用ArcGIS软件平台提供的水文分析和栅格计算功能完成研究区流域地形预处理。

（一）基于建筑物分布的地形预处理

按照图4－13中介绍的预处理步骤，为了实现建筑物与DEM栅格图层之间的叠加操作，首先需要使用ArcGIS中的数据转换工具polygon to raster将建筑物矢量面图层转换为栅格图层，各个栅格单元属性值为建筑物的地基高度。为了降低计算复杂度，将所有建筑物的地基高度统一设置为0.6m。接下来使用ArcGIS中的栅格计算器实现栅格图层叠加与高程修正处理。栅格计算器是 ArcGIS 平台下基于栅格数据的空间分析函数工具，它通过创建和执行地图代数表达式来实现复杂的图层分析、运算和编辑处理。在栅格计算器中输入如下语句：

DEM_建筑 = CON(isnull [建筑],[DEM_管网],[DEM_管网] + [建筑])

其中“DEM_建筑”为栅格数据名，代表修正后的结果，CON 为条件判断函数，函数第一个参数为条件判断语句，第二个参数为条件成立时返回的值，第三个参数为条件不成立时返回的值；“[建筑]”代表建筑物分布栅格图层，“[DEM_管网]”代表管网修正后的 DEM 数据。

执行上述语句后，建筑物所在的 DEM 栅格单元会赋予原始地表高程与建筑地基高度相加后的结果作为其高程，在其他区域则保留原有 DEM 高程不变，处理后的 DEM 栅格图层局部结果如图 8－8 所示（为了更加清晰地描述地形修正结果，使用了 ArcGIS 中的山体阴影效果）。经过预处理后，建筑物所在区域的 DEM 栅格单元的高程明显高于邻域栅格单元，雨水将难以直接通过建筑物所在的区域汇流，而当内涝积水深度升高并超过建筑物地基高度时，建筑物所在区域将重新成为雨水径流路径，更加符合研究区流域雨水地表演进过程的实情。

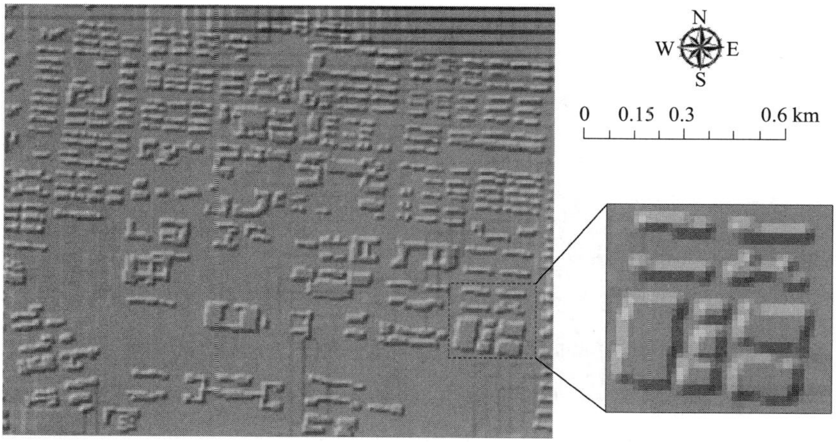

图 8－8 基于建筑物分布的研究区 DEM 预处理结果

（二）基于管网分布的地形预处理

与基于建筑物的预处理过程类似，按照图 4－15 中介绍的预处理步骤，为了实现与DEM栅格单元的空间叠加操作，先以研究区流域二级河网线图层作为管网数据，使用ArcGIS平台提供的数据转换工具Polyline to Raster将流域二级河网图层转化为栅格图层，各个栅格单元的属性值为管段的埋深。接下来使用ArcGIS水资源数据模型arcHydro中的DEM数据预处理模块对DEM数据进行修正，按照流域管段的埋深值降低其所在位置的DEM栅格单元的高程，并以30m（栅格单元边长）为缓冲距离设置缓冲区，以管段埋深的二分之一为修正值降低缓冲区内栅格单元的高程。

四、计算单元划分与编码

完成研究区流域地形预处理后，得到修正后的地表流向计算结果。根据流向结果以及流域多级河网的空间分布，可按照第五章第三节第五部分中的方法实现研究区各级雨水网格的划分和编码，进而构建内涝数值模拟的计算单元。

（一）雨水一级网格划分

按照城市雨水多级网格的提取方法，城市雨水一级网格根据流域一级河网的子流域范围划分。由于研究区流域内部不存在一级河网，因此可将整个研究区范围作为雨水一级网格，用以计算研究区流域整体的城市内涝过程。

（二）雨水二级网格划分

研究区雨水二级网格以二级河网的汇流区间为依据划分。根据流域地表流向计算结果提取二级河网各管段汇流区间的栅格单元集合，并转化为矢量面图层，即为研究区雨水二级网格，网格图层空间参考为WGS_1984。各二级河网管段与雨水二级网格单元数量相等，形成一一对应关系，按照二级河网的编码方式确定各雨水二级网格单元的编码，其结果如图8－9所示。由图8－9可知，研究区被离散为23个雨水二级网格，覆盖了流域的绝大部分区域，未覆盖的区域由于其地表雨水最终会流向研究区外的河网水系，故不在城市内涝数值模拟计算考虑范围内。

（三）雨水三级网格划分

研究区雨水三级网格以各三级河网子管段的汇流区间为依据划分。根

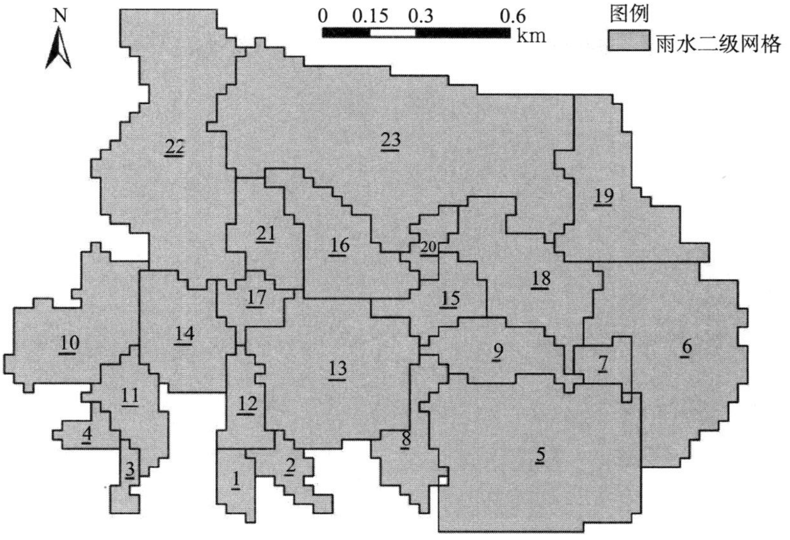

图 8－9　研究区二级雨水网格划分与编码

据研究区流域地表流向计算结果，结合研究区三级河网分布，提取各二级网格单元内部的三级河网汇流区间，从而将各个二级网格单元细化为研究区雨水三级网格，并按照研究区三级河网的编码方式对各个三级网格单元进行编码，如附录中图 6 所示。

研究区雨水三级网格与三级河网各子管段一一对应，共计 66 个网格单元。附录的图 6 中颜色相同的三级网格单元属于同一个二级网格。不难看出，在研究区流域内，每个雨水二级网格内都被离散为 2～6 个雨水三级网格单元，它们能够反映各二级网格单元内部更详细的城市内涝灾害演进过程。

从划分结果空间分布来看，按照第五章设计的城市雨水多级网格构建方法构建城市内涝灾害数值模拟的计算单元，可以实现研究区流域不同尺度、不同级别的空间离散，同时确保各级计算单元与研究区河网的一一对应关系。接下来，将以各级计算单元为基础构建产汇流和内涝积水模型，从而通过内涝积水预测结果验证城市内涝灾害数值模拟方案的有效性。

第四节　雨水产汇流计算

由第六章可知，基于空间信息科学技术的产汇流计算模型以 SWMM 模型产汇流计算原理为核心算法。故本节将依托 EPA SWMM5.0 平台，以研究区流域内的各类水文环境要素为基础完成雨水产汇流模型的构建。

一、设计暴雨

降雨数据是流域产汇流模拟必不可少的输入参数。鉴于研究区实测降雨数据较为有限，本节将根据研究区暴雨雨型、发生频率、强度分布规律等经验信息设计满足不同重现期标准的暴雨，并对各种设计暴雨条件下的研究区流域内涝灾害过程进行数值模拟，在实际暴雨事件发生时为内涝防灾工作提供数据参考。

根据气象部门常年统计的降雨实测数据参考资料，我国城市设计暴雨公式的一般形式为：

$$q = \frac{60 \cdot 167 \cdot a}{(T+b)^c} \tag{8-2}$$

式中，q 为设计暴雨的平均强度（mm/h）；T 为降雨历时（h）；a，b，c 为待定参数。

参考研究区所在武汉市的《排水防涝系统规划设计标准》白皮书，在重现期 10 年及以下时，该市的暴雨强度公式中 a，b，c 参数满足：

$$a = 885 \cdot [1 + 1.58\lg(P + 0.66)] \tag{8-3}$$

$$b = 6.37, \quad c = 0.604 \tag{8-4}$$

式中，P 为设计暴雨的重现期。联立式（8－3）和式（8－4）可以计算不同重现期内的暴雨平均雨强 q。设暴雨雨型为单峰型降雨，瞬时雨强随时间变化过程线为 $i(t)$，由雨量平衡公式可知，平均雨强 q 与降雨过程线的关系满足：

$$q \cdot T = \int_0^T i(t)\,dt \tag{8-5}$$

将等式两端微分，并引入雨峰系数来描述降雨峰值发生时间点在降雨过程中所处的位置，峰值前后瞬时雨强随时间 t 的变化曲线如下：

$$i(t)=\begin{cases}\dfrac{a[(1-c)\cdot(T\cdot r-t)/r+b]}{[(T\cdot r-t)/r+b]^{c+1}}, & t\leqslant T\cdot r\\ \dfrac{a[(1-c)\cdot(t-T\cdot r)/(1-r)+b]}{[(t-T\cdot r)/(1-r)+b]^{c+1}}, & t>T\cdot r\end{cases} \tag{8-6}$$

式中，雨峰系数为 r，取值范围满足 $0<r<1$。参考《排水防涝系统规划设计标准》白皮书，研究区所在地区雨峰系数值与降雨重现期的关系满足：

$$r=\begin{cases}0.5, & P\geqslant 10A\\ 0.45, & 5A\leqslant P<10A\\ 0.4, & P<5A\end{cases} \tag{8-7}$$

联立式（8－3）、式（8－4）、式（8－6）和式（8－7），可以计算研究区设计暴雨各个时间点的瞬时雨强，获取不同重现期内瞬时雨强时间序列集合。

以流域范围标准来判断，研究区流域占地面积不大，为小型城市流域。设全流域内降雨均匀分布，分别设计重现期为 1 年、5 年和 10 年的降雨，以研究区 2013 年 7 月发生的特大暴雨事件记录为参照，将设计暴雨的总历时设为 2 小时，以 5min 作为时间步长计算研究区不同重现期的暴雨雨强时间序列，如表 8－8 所示。

表 8－8　研究区设计暴雨强度时间序列

时间（hh:mm）	瞬时雨强（mm/h）		
	1 年	5 年	10 年
00:00	10.12357612	16.39305057	19.59565201
00:05	10.90397134	17.49715293	20.76753096
00:10	11.86464037	18.82015249	22.14291924
00:15	13.08334767	20.4412653	23.78525762
00:20	14.69263263	22.48512259	25.78866002
00:25	16.94006431	25.16074543	28.29950142
00:30	20.35260348	28.84979387	31.5595412
00:35	26.30520915	34.33731636	36.00094565
00:40	40.01797251	43.55746539	42.48529323

续表

时间（hh:mm）	瞬时雨强（mm/h）		
	1年	5年	10年
00:45	94.78957514	63.03157642	53.0307705
00:50	65.50155895	140.4556957	73.81531838
00:55	39.38514864	120.3518381	138.4019048
01:00	29.25680829	65.46325152	173.5378557
01:05	23.77833597	47.16277162	80.75741811
01:10	20.30194998	37.79567417	56.01136278
01:15	17.87715698	32.01820425	44.16713849
01:20	16.07665448	28.05657994	37.0941774
01:25	14.67901974	25.1478284	32.33428297
01:30	13.55760798	22.90768484	28.88137252
01:35	12.63450844	21.12068534	26.24425572
01:40	11.85902644	19.65619745	24.15330788
01:45	11.19667424	18.4301625	22.4475588
01:50	10.62312431	17.38589301	21.0246264
01:55	10.12069273	16.48368205	19.81608944

二、模型参数采集与率定

鉴于研究区流域水文实测资料不足，本节将采用《SWMM模型使用手册》中提供的模型参数率定参照表，结合第八章第三节第一部分中获取的流域基础数据，依靠雨水多级网格在信息整合与数据深度挖掘方面的优势，结合基于空间信息科学技术的空间分析与统计方法，完成研究区产汇流模型参数的采集和率定。

按照第六章第四节第二部分中介绍的属性表字段结构构建研究区各级计算单元的属性表，根据研究区流域遥感影像分类结果和SWMM模型参数率定参照表，确定研究区流域各地表土地覆盖类型对应的最大洼蓄和地表曼宁参数，如表8－9所示。此外，考虑到地表建筑物的滞水效应，在原有各地表覆盖类型曼宁系数的基础上，根据研究区建筑物分布信息为其所覆盖的地区设置更高的曼宁系数值（在原始值基础上提升0.2）。

表 8-9　研究区地表土地覆盖类型对应最大洼蓄与曼宁系数

地表覆盖类型	最大洼蓄（mm）	地表曼宁系数
草地	5.08	0.2
林地	7.62	0.4
混凝土和建筑	2.5	0.015
沥青与水泥铺砌	2.5	0.011

参考现有的文献资料，城市流域内的各类透水地表覆盖的霍顿参数值差异并不明显，故本节按照现有文献资料中的经验取值对研究区内的霍顿参数进行整体率定：最大下渗率 76.2mm/h，稳定下渗率 3.81mm/h，衰竭系数为 6。

将上述参数与研究区流域基本地形、坡度数据以及遥感影像分类结果结合，并依据第六章第四节第三部分中的介绍的方法完成模型参数采集和率定，其具体过程不再赘述。所有流域水文信息采集完成后，存放于各级计算单元相应的属性表字段中，从而为各个计算单元的产汇流计算提供支持。研究区各级计算单元（雨水网格）参数采集和率定结果如下文所述。

（一）雨水一级网格参数采集和率定结果

研究区雨水一级网格只包含一个网格单元，其几何范围为研究区二级雨水网格集合的外接多边形。雨水一级网格参数采集和率定结果代表了研究区全流域整体的水文特性，各参数字段具体取值结果如表 8-10 所示。

表 8-10　雨水一级网格参数采集和率定结果

字段	取值	字段	取值
编码	1	不透水曼宁	0.0144
面积（hm^2）	233.48	透水曼宁	0.2112
出水口	006S00	透水洼蓄（mm）	5.24
平均高程（m）	52.58	不透水洼蓄（mm）	2.5
特征宽度（m）	1050.23	最大渗入率（mm/h）	76.2
平均坡度（%）	4.88	稳定渗入率（mm/h）	3.81
不透水比例（%）	58	衰减系数	6

（二）雨水二级网格参数采集和率定结果

根据研究区雨水二级网格的划分结果，全流域共包含雨水二级网格单元 23 个，反映了研究区以二级河网管段为基础的微观汇流过程，各网格单元参数采集和率定结果如表 8－11 所示。

表 8－11　雨水二级网格参数采集与率定结果

编码	面积（ha）	出水口	平均高程（m）	特征宽度（m）	平均坡度（%）	不透水比例（%）	不透水曼宁	透水曼宁	透水洼蓄（mm）
1	2.22	001S02	46.59	93.23	1.8	54	0.015	0.2	5.08
2	2.72	002S03	48.55	77.97	3.6	54	0.015	0.2	5.08
3	1.4	003S02	50.59	54.68	0.8	87	0.0144	0.2	5.08
4	1.73	004S02	44.62	73.29	1	64	0.015	0.2	5.08
5	27.68	005S03	42.55	345.6	0.7	76	0.0139	0.2	5.08
6	20.1	006S03	36.98	363.68	2.3	97	0.0138	0.2	5.08
7	2.14	007S03	45.15	90.81	5.4	71	0.0149	0.2	5.08
8	5.19	008S03	50.6	94.15	7.6	67	0.015	0.2	5.08
9	6.43	009S04	47.78	129.19	1.4	21	0.0139	0.2	5.08
10	11.04	010S03	44.83	243.7	1.5	98	0.0141	0.2	5.08
11	5.11	011S03	45.69	116.09	1.9	59	0.0141	0.2	5.08
12	3.54	012S03	51.98	97.41	1.3	27	0.0149	0.2164	5.29
13	18.37	013S04	50.73	318.05	5.2	34	0.0143	0.203	5.12
14	8.49	014S03	46.46	205.98	2.2	55	0.0149	0.2089	5.19
15	4.78	015S02	52.26	143.59	3.3	33	0.0139	0.2	5.08
16	9.31	016S02	52.76	143.99	1.6	44	0.0144	0.2	5.08
17	3.05	017S03	48.16	124.47	2.5	81	0.015	0.2	5.08
18	11.7	018S03	50.54	181.78	1	42	0.0149	0.2069	5.17
19	12.61	019S03	62.52	238.24	7.1	49	0.014	0.2196	5.33
20	2.14	020S02	53	76.7	0.4	46	0.014	0.2407	5.6
21	5.52	021S02	51.04	178.64	1.7	94	0.015	0.2	5.08
22	26.03	022S04	53.8	272.14	4.7	59	0.0144	0.2537	5.76
23	42.18	023S05	74.14	353.98	15.6	17	0.0141	0.2265	5.42

网格属性表字段参数中，由于不透水洼蓄（取值 2.5mm）和各霍顿下渗参数在研究区全流域内为统一值，因此没有列入表 8－11 中。

（三）雨水三级网格参数采集和率定结果

根据研究区雨水三级网格的划分结果，全流域共包含雨水三级网格单元 66 个，反映了各二级网格单元内部以三级级河网子管段为基础的微观汇流过程，由于网格单元数量较多，在此仅列举网格单元属性表中各个字段的统计参数，如表 8－12 所示。

表 8-12　雨水三级网格参数采集和率定结果统计

字段	最大值（网格编码）	平均值	最小值（网格编码）
面积（ha）	26.45(005S03)	3.49	0.25(007S01)
平均高程（m）	77.79(023S01)	50.5	36.81(006S01)
平均坡度（%）	14.2(023S01)	2.27	0.2(005S03,016S01)
特征宽度（m）	368.09(005S03)	109.23	29.87(007S01)
不透水比例（%）	100(003S02,005S02,…)	54.78	0(023S04)
不透水曼宁	0.015(001S01,001S02,…)	0.0144	0.011(016S02)
透水曼宁	0.27（020S02）	0.21	0.2(001S01,001S02,…)
透水洼蓄（mm）	5.97(020S02)	5.17	5.08(001S01,001S02,…)

三、产汇流计算模型构建与应用

以研究区流域计算单元（雨水多级网格）、设计暴雨、多级河网（管网）及管网节点等水文要素为基础，以 EPA SWMM5.0 为软件平台构建研究区流域产汇流模型。根据研究区雨水多级网格的层次体系，研究区流域产汇流模型包含三层结构。

（一）第一层产汇流模型

研究区流域第一层产汇流模型以雨水一级网格作为汇水区要素，旨在实现以研究区全流域为单元的整体产汇流过程模拟，由于研究区内没有一级河网，第一层产汇流模型中不包含传输要素，雨水直接通过地表汇流到达出水口，将网格、出水口以及设计暴雨作为水文要素，按照 SWMM5.0 软件的输入标准格式导入 SWMM 模型，完成第一层产汇流模型的构建，如图 8-10 所示。

（二）第二层产汇流模型

研究区流域第二层产汇流模型以雨水二级网格作为汇水区要素，以流域二级河网，即各管段作为传输要素。雨水经过地表汇流后，通过各个网格单元对应的出水口节点进入管网系统，将二级网格、二级河网、管网节点及设计暴雨作为水文要素，按照 SWMM5.0 软件的输入标准格式导入 SWMM 模型，完成第二层产汇流模型的构建，实现研究区微观产汇流过程的模拟，如图 8-11 所示。

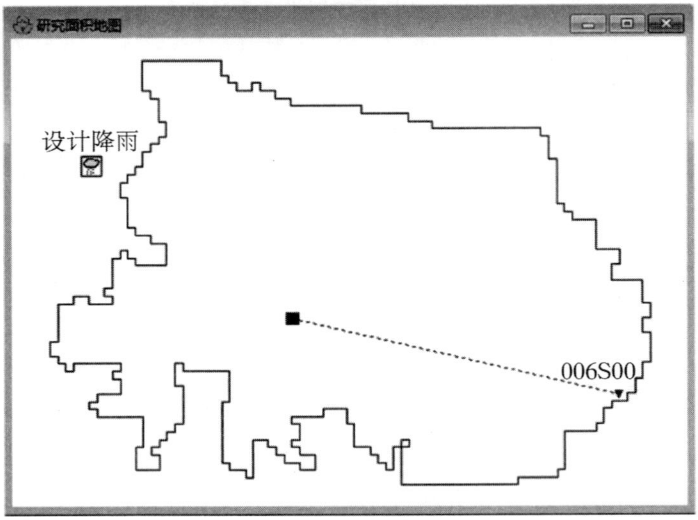

图 8－10　研究区流域第一层产汇流模型

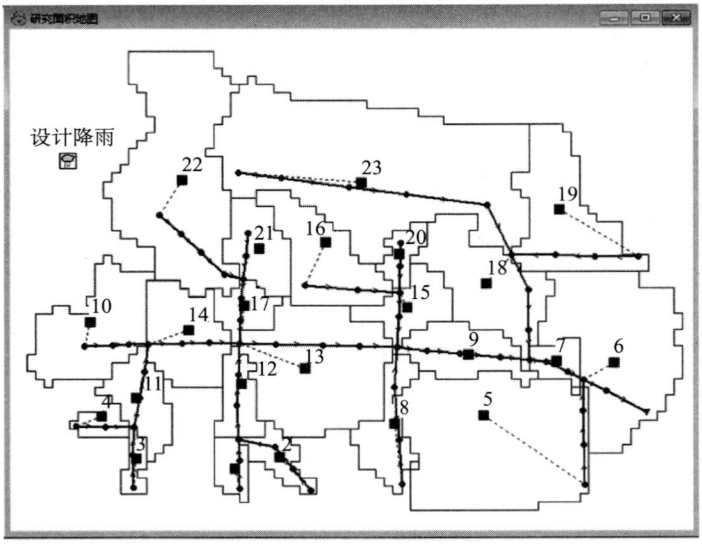

图 8－11　研究区流域第二层产汇流模型

（三）第三层产汇流模型

研究区流域第三层产汇流模型以雨水三级网格作为汇水区要素，以流域三级河网，即各子管段作为传输要素，将三级网格、三级河网、管网节点及设计暴雨作为水文要素，按照 SWMM5.0 软件的输入标准格式导入 SWMM 模型，完成第三层产汇流模型的构建，从而实现研究区二级网格内产汇流过程的进一步细化模拟，如图 8－12 所示。

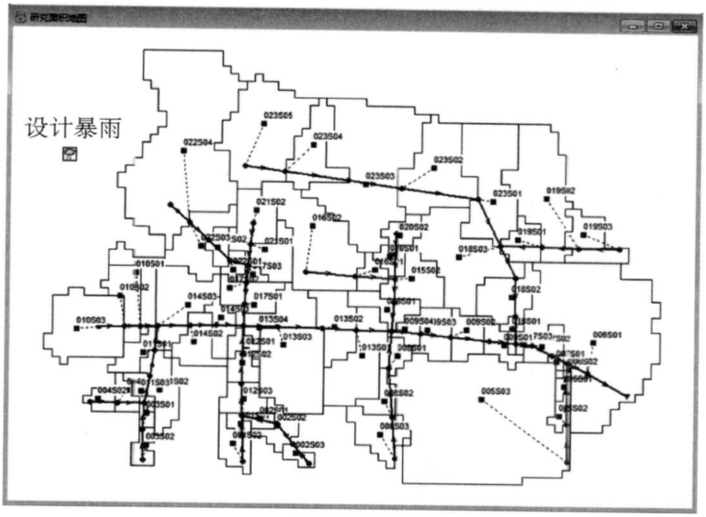

图 8－12　研究区流域第三层产汇流模型

（四）运行参数设置

研究区流域产汇流模型构建完毕后，便能以不同的计算单元尺度模拟研究区流域雨水产汇流过程。在执行模拟之前，需要对模拟参数进行设置：

1. 模拟时长

研究区设计暴雨历时为 2 小时，在实际的内涝灾害过程中，降雨过程停止后流域的汇流过程还没有结束，为了保证模拟结束之前所有的雨水产汇流过程全部完成，本节将整个产汇流过程的模拟时长设置为 6 小时。

2. 演算时间步长

模型的计算时间步长越短，产汇流过程演算的时间精细度就越高，但同时演算次数会增加，导致计算效率降低。模型计算的时间步长应在精确度与效率之间权衡，本节根据研究区流域的空间尺度以及模型运行的硬件条件，选取 15s 为模型计算时间步长，并以每一分钟为时间点记录模型产汇流过程的各项参数。

3. 模型计算方法

根据研究区的水文资料采集结果，分别选择霍顿下渗模型、线性水库模型、圣维南方程组的动态波方程完成研究区流域下渗、地表汇流和管网汇流过程演算。

四、产汇流模拟结果及分析

执行模拟后，模拟结果将以多种形式在 EPA SWMM5.0 平台中显示输出，包括：运行效率、流域模拟总体报告、各计算单元产汇流参数时间变化序列、各河网管段汇流参数时间变化序列、各管网节点连接参数时间变化序列等。由于本次实验研究区范围不大，可以直接利用基于雨水三级网格的产汇流模型实现对微观产汇流过程的细化模拟，得到相对具体和精确的计算结果。因此，除运行效率及流域总体报告外，本节将重点介绍第三层产汇流模型的部分计算结果。

（一）运行效率

不同重现期内各层产汇流模型的整体模拟计算耗时统计结果如表 8－13 所示。

表 8－13　产汇流模型计算耗时统计结果

重现期	第一层模型耗时（s）	第二层模型耗时（s）	第三层模型耗时（s）
1 年	1.17	4.26	5.19
5 年	1.21	4.23	5.14
10 年	1.18	4.26	5.13

由表 8－13 可知，产汇流计算耗时主要受到模型计算单元的尺度大小影响，不同暴雨重现期对产汇流模拟耗时作用较小。总体来看不同层级产汇流模型的耗时均较短（10s 以内），可见基于空间信息科学技术的产汇流计算模型运行效率具有一定保障。

（二）总体报告

根据第一层产汇流模型的总体报告结果，可以对研究区流域不同重现期暴雨环境下的宏观产汇流过程进行整体性的描述，表 8－14 列举了第一层产汇流模型在不同重现期暴雨条件下的产汇流总体报告统计结果。

表 8-14 第一层产汇流模型整体统计结果报告

重现期	降水总量（mm）	入渗总量（mm）	洼蓄总量（mm）	产流总量（mm）
1 年	46.327	14.528	1.245	30.464
5 年	75.251	15.262	1.891	58.098
10 年	90.179	15.461	2.085	72.633

（三）计算单元产汇流结果

对于流域内的任意一子汇水区，即研究区内的各个计算单元，以计算单元内降雨、损失和产流随时间变化的序列为基础，绘制相应的曲线图实现可视化展示，以位于研究区最西侧城市雨水三级网格计算单元 010S03 为例，根据第三层产汇流模型计算结果，重现期为 1 年、5 年、10 年的暴雨过程中产流量随时间变化曲线如图 8-13 所示。

由图 8-13 可知，计算单元 010S03 在不同暴雨重现期下的产流曲线与降雨变化过程相吻合，随着降雨强度的增加，计算单元内地表产流量也随之增大。由于各重现期暴雨雨峰系数不同，子汇水区产流峰值出现的时间由重现期的增长而后延，峰值大小也显著增大。不同重现期内径流过程线的总体变化趋势相对一致，其形状表现由降雨雨型和计算单元自身的水文特性所决定。

（四）管网节点结果

对于流域内的任意管网节点，以节点流量、水位、水头以及溢流量随时间变化的序列为基础，绘制相应的折线图实现可视化显示，以研究区雨水三级网格计算单元 010S03 的出水口节点 010S03 为例，根据第三层产汇流模型计算结果，重现期为 1 年的暴雨中该节点入流量、水深和溢流量随时间变化曲线图如图 8-14 所示。

如图 8-14 所示，节点 010S03 的水头高度曲线与节点入流量变化过程相一致。在降雨开始后约 40min 时，随着入流量峰值的出现，节点水深也迅速增长。由于节点 010S03 最大深度为 2m，当节点水位达到 2m 时处于满载运行状态。此时，雨水径流由于无法继续通过该节点进入管网而向外溢出，并在其对应的城市雨水三级网格计算单元 010S03 内形成一定程度的内涝。比较节点溢流量曲线与节点深度曲线可以看出，节点溢流时间与节点水位处于最大高度的时间相吻合。峰值过后，随着降雨强度减小，节点

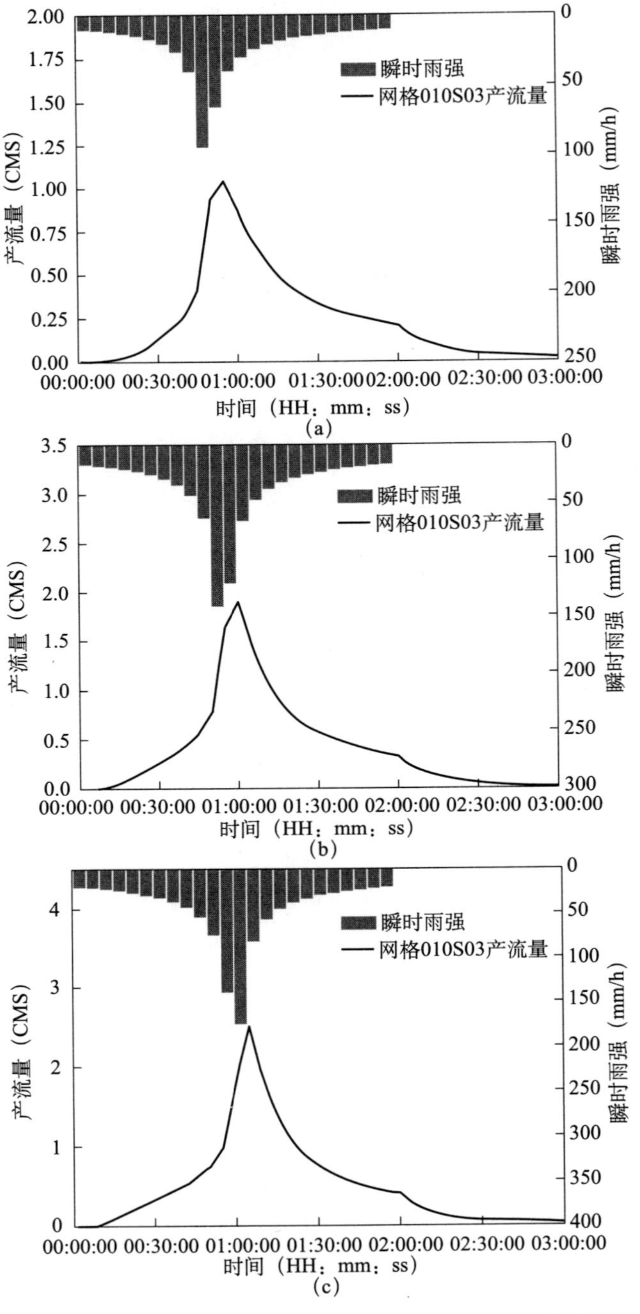

图 8-13　不同重现期暴雨中计算单元 010S03 产流曲线［（a）1 年；（b）5 年；（c）10 年］

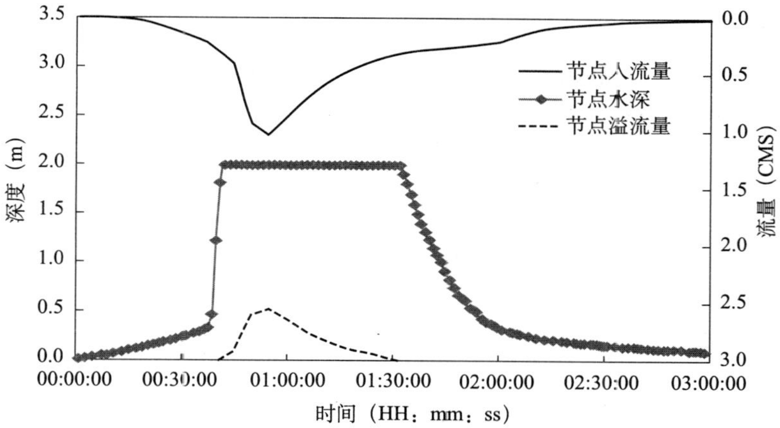

图 8－14　研究区管网节点 010S03 进流量、水深和溢流量曲线 (1 年)

入流量降低，节点内的水位也随之降低，溢流过程结束。由于节点排水功能的恢复，地表的内涝积水也开始消退。

(五) 管段结果

对于流域内的任意管段，即研究区各级河网，以管段流量、横截面水流深度、流速随时间变化的序列为基础，绘制相应的曲线图实现可视化显示，以雨水三级网格计算单元 010S03 内的流域三级河网子管段 010S03 为例，根据第三层产汇流模型计算结果，重现期为 1 年的暴雨中管段流量和水流深度随时间变化曲线如图 8－15 所示。

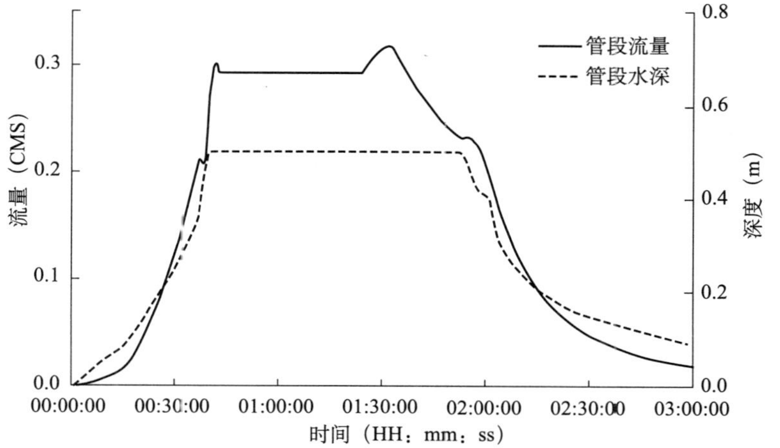

图 8－15　研究区三级河网管段 010S03 流量及深度曲线 (1 年)

如图 8－15 所示，子管段 010S03 内的水位变化与流量变化曲线相吻合，流量和水位在降雨过程开始后约 40min 时达到最大值，由于管段 010S03 的直径为 500mm，因此管内水位达到 500mm 时管段处于满载状态，此时水位和流量将维持在最大值，并且由于管段沿线管网节点内的雨水无法得到及时排放，其水位也随之迅速上升直到达到节点最大深度，并发生漫流，结合管段对应节点 010S03 的模拟结果，节点满载和溢流时间与管段的满载时间具有一致性。

第五节　内涝积水淹没计算

根据第七章所述的模型构建思想，本节将以研究区流域雨水多级网格为计算单元构建内涝积水淹没计算模型，并在 ArcGIS 10 软件平台中使用基于 VBA 语言的二次开发方法完成模型的开发和实现。

一、积水淹没模型构建

根据第七章第三节第一部分的内容，研究区内涝积水计算模型应包含两层独立模型构造，分别以研究区雨水二级网格和三级网格为计算单元实现多尺度内涝积水淹没模拟。考虑到研究区范围不大，本节将直接以三级网格为基础构建内涝积水计算模型，从而详细描述研究区内的内涝积水淹没状况。

根据模型计算原理，以各三级计算单元为依据对模型计算参数进行采集和率定，获取计算单元面积、平均高程、平均坡度等信息，并存储于计算单元属性表中。以计算单元平均高程信息为基础，采用第七章第二节第三部分所述的方法计算各计算单元的积水漫流方向，记录漫流目的计算单元的编码，统计洼地单元的高程补差。经计算研究区三级洼地单元共计 8 个，其相关参数与漫流方向计算结果如表 8－15 所示。

表 8－15　研究区三级洼地单元及参数

编码	面积（ha）	出水口	平均高程（m）	平均坡度（%）	漫流方向	高程补差（m）
001S01	0.58	012S03	46.00	1.2	001S02	0.80
004S02	0.82	004S01	45.90	1.1	004S01	0.28

续表

编码	面积（ha）	出水口	平均高程（m）	平均坡度（%）	漫流方向	高程补差（m）
009S04	0.82	009S03	47.83	1.1	C08S01	0.38
011S03	0.82	011S02	44.20	0.7	C11S01	0.12
013S02	3.3	013S01	49.15	0.4	C13S01	0.28
013S04	0.82	013S03	47.70	1.4	C12S01	0.57
016S01	1.15	015S02	50.21	0.2	C15S01	0.06
017S02	0.82	017S01	43.48	1.3	C22S01	0.27

内涝积水计算模型的另一项重要的输入条件是流域内淹没源数据，通过雨水产汇流模型能够获取不同重现期暴雨输入下研究区流域管网节点的溢流状况，明确内涝积水淹没源的空间分布及各淹没源的内涝淹没水量。根据基于三级计算单元的第三层雨水产汇流模型模拟结果，以重现期为5年的设计暴雨为例，发生溢流的管网节点编码与淹没参数如表8－16所示。

表8－16　研究区第三层产汇流模型得到的内涝淹没源分布（5年）

节点编码	淹没水量（m^3）	溢流时（min）	节点编码	淹没水量（m^3）	溢流时（min）
004S01	37	15	013S03	2103	33
004S02	50	37	013S04	35	7
009S04	1974	37	014S01	548	20
010S01	363	25	016S02	761	40
010S02	1168	77	017S02	562	28
010S03	2487	88	017S03	2081	28
011S01	186	20	018S01	44	4
011S02	1131	70	022S02	457	19
011S03	615	43	022S03	540	16
013S01	2199	43	022S04	495	14

由表8－16可知，在重现期5年的设计暴雨中，研究区内共有20个管网节点出现了不同程度的溢流，节点010S03中的内涝淹没水量最大，达到了2487m^3，研究区内另有3个管网节点的内涝淹没水量超过了2000m^3，其编码分别为013S01、013S03和017S03。将各个溢流节点的内涝淹没水量存入相应计算单元的淹没水量字段中，并将上述淹没源计算单元按照平均高程由高到低排序，构建内涝积水淹没计算队列，从而以之为基础进行研究区的内涝积水淹没计算。

二、内涝积水模拟结果及分析

（一）模型功能模块实现

根据基于空间信息科学技术的内涝积水计算模型设计思想和原则，其主要功能模块分为三个部分：

（1）积水漫流趋势计算。使用 D8 算法思想计算所有计算单元的积水漫流方向，将积水漫流目的计算单元的编码写入漫流方向属性字段中，并统计洼地单元的高程补差。

（2）积水计算。对各个计算单元内的内涝“淹没”及计算单元之间的积水“漫流”过程进行计算，统计流域中出现内涝积水的计算单元中内涝淹没范围、最大内涝积水深度、平均积水深度、内涝受灾面积以及淹没时长等结果，并分别写入相应的属性字段中。

（3）积水初始化。重置所有计算单元内的待定内涝计算结果值，初始化流域积水漫流方向计算结果，以便在流域水文参数和淹没水量发生改变时重新模拟内涝积水淹没过程。

本次实验通过基于 VBA 编程的 ArcGIS 二次开发方法实现上述功能模块，并以定制按钮的形式放置于 ArcMap 界面中，通过点击各个按钮实现各功能模块的相应操作，如图 8-16 所示。

图 8-16　城市内涝积水计算模型开发功能按钮

（二）内涝积水数值模拟结果及对比分析

为了检验内涝积水数值模拟结果的真实性，本次实验收集了 2013 年 7 月特大暴雨事件中研究区流域内部分内涝积水记录点的相关资料。鉴于测量条件的限制，研究区流域内设置的积水记录点共计 7 个，根据研究区过往暴雨内涝灾情的出现规律，内涝积水记录点主要被放置于研究区流域的中西部地区，各内涝积水记录点的空间位置分布与研究区雨水三级网格的对应关系如图 8-17 所示。

根据研究区内 2013 年 7 月的特大降雨事件记录资料，在 120min 内研

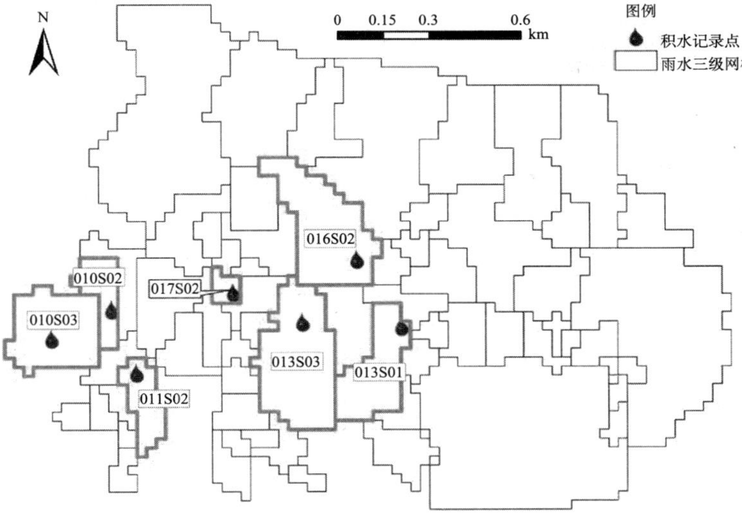

图 8-17 研究区 2013 年 7 月降雨事件内涝积水记录点分布

究区流域的平均降雨量达到了 69.2mm，与 5 年一遇的设计暴雨降雨量接近。使用内涝积水计算模型对设计暴雨重现期为 5 年条件下的积水进行数值模拟，模拟结果中出现内涝积水的计算单元编码及相关内涝积水结果如表 8-17 所示。

表 8-17 内涝积水数值模拟结果（5 年）

编码	淹没面积（m^2）	受灾面积（m^2）	最大深度（m）	平均深度（m）	淹没历时（min）
004S01	352.2	0	0.24	0.11	18
004S02	579.7	0	0.18	0.09	18
009S04	8200	2528.2	0.62	0.24	41
010S01	2051.3	500	0.46	0.18	39
010S02	5251	1990.7	0.60	0.22	122
010S03	10300.1	4362.5	0.66	0.24	185
011S01	1597	20.5	0.28	0.12	28
011S02	4270.2	2009.6	0.72	0.26	118
011S03	4898.9	204.5	0.31	0.13	59
013S01	7248.4	3869.6	0.75	0.30	69
013S03	6784.3	3685.6	0.77	0.31	58
013S04	395.6	0	0.19	0.09	17
014S01	3938.1	377.8	0.35	0.14	24
016S02	4997.9	749.7	0.39	0.15	51

续表

编码	淹没面积（m^2）	受灾面积（m^2）	最大深度（m）	平均深度（m）	淹没历时（min）
017S02	5159.3	1750.6	0.56	0.21	33
017S03	4416.4	1637.5	0.59	0.22	33
018S01	473.8	0	0.2	0.09	14
022S01	5238.9	54.9	0.28	0.12	13
022S02	2133.9	763.5	0.58	0.21	21
022S03	1973.6	959.9	0.76	0.27	19
022S04	1342.7	823	1.04	0.37	17

由表 8－17 可知，研究区共有 21 个计算单元内出现了内涝积水，17 个计算单元内的最大内涝积水深度超过 25cm，内涝淹没面积最大的计算单元位于研究区的最西侧，其编码为 010S03，计算单元中内涝积水淹没面积超过了 10000m^2，该计算单元同时也是所有计算单元中内涝受灾面积最大的，其受灾面积达到了 4362m^2。根据研究区建筑物分布数据，该计算单元内的建筑物主要为学生公寓。大范围及高深度（最大深度 0.66m，平均深度 0.24m）的内涝积水无疑会对公寓各类设施与学生日常作息带来严重的影响。研究区内积水深度最大的计算单元编码为 022S04，位于研究区西北的山丘地带，由于该处地表平均坡度较高，来自淹没源的内涝洪水更容易在计算单元内低洼处汇集，因而形成了较大的内涝淹没深度（最大深度 1.04m，平均深度 0.37m），但较大的坡度会使内涝积水更加集中，因此该计算单元内的内涝淹没面积和受灾面积不大。

对比表 8－16 与表 8－17 可以看出，研究区内出现内涝积水的计算单元数量大于内涝淹没源的数量，这表明计算单元之间出现了漫流，如表 8－18 所示。

表 8－18　内涝积水漫流情况

编码	漫流方向	内部淹没水量（m^3）	外来淹没水量（m^3）
017S03	022S01	2081	0
022S01	017S02	0	1113
017S02	022S01	562	508

由表 8－18 可知，计算单元 022S01 自身雨水口处没有出现满载溢流的情形，但由于邻域计算单元 017S03 被完全淹没，剩余内涝水量通过地表漫

流到达计算单元 022S01，因而造成了内涝积水。由计算单元 017S03 到 022S01 的漫流水量高达 1113m^3，同时计算单元 022S01 本身面积较小，且地形较为平坦（平均坡度 0.6%，面积 0.66hm^2），因此该计算单元被外来内涝洪水完全淹没，其剩余内涝水量（508m^3）通过地表漫流到达计算单元 017S02，与其自身的内涝洪水一起形成了内涝积水，并且没有继续漫流。除了上述三个计算单元外，计算单元 009S04 也被完全淹没，但由于该计算单元为洼地单元，高程补差为 0.38m，因此在其被完全淹没后，剩余内涝水量继续在计算单元上方累积，由于累积高度没有超过高程补差值，最终该计算单元没有出现内涝积水漫流情况。

2013 年 7 月研究区特大降雨事件中，各积水记录点采集的资料包括最大内涝积水深度和内涝持续时间，根据研究区内积水记录点位置分布与计算单元之间的对应关系，将实际内涝积水记录与对应计算单元内的内涝积水数值模拟结果进行对比，如表 8－19 所示。

表 8－19　内涝积水数值模拟结果与实际积水记录对比

内涝积水数值模拟结果				内涝积水记录点结果	
编码	最大深度（m）	平均深度（m）	持续时间（min）	最大深度（m）	持续时间（min）
010S02	0.60	0.22	122	0.34	102
010S03	0.66	0.24	185	0.37	141
011S02	0.72	0.26	118	0.38	104
013S01	0.75	0.30	69	0.38	50
013S03	0.77	0.31	58	0.41	46
016S02	0.39	0.15	51	0.21	34
017S02	0.56	0.21	33	0.26	29

由表 8－19 可以看出，在 2013 年 7 月的降雨事件中，研究区每一个内涝积水记录点处都出现了内涝。另一方面，在内涝积水数值模拟结果中，各记录点对应的计算单元内也都出现了积水，两者在空间分布上相符。对比具体的积水记录，各个内涝积水记录点的最大深度记录值介于相应计算单元最大深度和平均深度模拟值之间，且与平均深度值较为接近，计算单元内最大积水深度普遍高于实际积水记录，这一方面是由于设计暴雨总降雨量（75.3mm）本身高于实际暴雨的降雨量（69.2mm），另一方面由于各内涝积水记录点与计算单元内实际地形低洼点在空间位置上的差异，因

此上述内涝积水数值模拟结果是可以被接受的。同理，计算单元内的内涝持续时间也长于积水点的记录值，但两者差距不大。鉴于研究区内涝积水算法是以产汇流模拟结果作为参照的，其真实性也从侧面证明了产汇流计算模型的合理性和研究区雨水多级网格构建的有效性。此外，内涝积水数值模拟过程的整体计算效率较高（总耗时 5.23s）。综上所述，基于空间信息科学技术的城市内涝灾害数值模拟方案及计算结果在研究区内能够快速准确地反映暴雨内涝水文过程的时空变化规律，可以满足城市内涝灾害防治和排水设施改造工作的需要。

（三）内涝积水专题图展示

为了对研究区内涝积水数值模拟结果的空间分布进行直观的展示，可以利用空间信息科学技术中的图层渲染功能，以研究区雨水三级网格内积水淹没面积、内涝受灾面积、最大深度、平均深度和内涝历时等结果为参照对各个计算单元面要素进行空间渲染，并制作不同重现期降雨条件下的内涝积水灾情专题柱状图。暴雨重现期为 1 年时的结果如附录中图 7 所示。

附录图 7 中出现内涝积水的计算单元呈浅蓝色，各面要素图形中的柱状图高度表示各个内涝积水数值模拟结果的取值大小，没有出现积水的计算单元则为白色。根据计算单元的空间位置关系和内部柱状图的高度，可以清晰地了解研究区流域内内涝积水的受灾范围和程度。不难看出，在重现期为 1 年的降雨条件下，研究区内共有 11 个计算单元出现积水，积水区域主要分布于研究区的中西部。其中西南地区内涝灾情尤为严重：积水深度较大，淹没和受灾面积较广，淹没历时较长。这也与研究区西侧容易出现严重内涝灾害的实际情况相符。暴雨重现期为 5 年时，内涝积水专题柱状图结果如附录中图 8 所示。

当暴雨重现期增加为 5 年后，研究区流域内出现内涝的计算单元由 11 个增加为 21 个，且内涝积水淹没面积、内涝受灾面积、淹没深度和时长都有不同程度的增加，但内涝积水较为严重的区域仍集中在研究区中西部。对比图 8－17 和附录中图 8 不难发现，内涝积水数值模拟结果与内涝积水记录点采集的实际内涝积水结果在空间分布上具有一致性。当暴雨重现期增加为 10 年时，内涝积水专题柱状图结果如附录中图 9 所示。

当暴雨的重现期达到 10 年时，研究区出现内涝的计算单元总数达到了 28 个，全流域超过三分之一的地区遭受不同程度的内涝灾害。各计算单元平均积水深度最大值超过了 0.5m，最大内涝淹没范围和受灾范围分别高达 12665.6m^2 和 8200m^2，最大淹没历时达到了 224min。出现上述极端内涝积水情形的计算单元仍主要分布于研究区的中西部，严重的内涝灾害将对研究区内人民生命财产安全带来很大的威胁。

第六节 地形数据需求度分析

为了验证内涝数值模拟模型及方案在地形数据资料相对匮乏条件下的应用效果，下面将分别使用不同分辨率（30m 和 90m）的 DEM 数据为输入资料，并引入当前应用广泛的内涝积水计算模型 LISFLOOD-FP 和快速洪水蔓延模型（Gouldby. B & Sayers. P），共同完成大尺度研究区的内涝积水数值模拟，通过结果对比分析验证各个模型对地形数据的需求度和模拟计算效率。

一、大尺度研究区

本次实验选取了位于武汉市东南的南湖片区作为大尺度研究区完成模型地形数据需求度与计算效率的分析与验证。该研究区占地 92.3km^2，北侧与东湖接壤，西侧临近南湖，南侧则为汤逊湖，其地形数据同样通过全球数字高程模型产品 ASTER GDEM v2 获取，共包含 DEM 栅格单元 102573 个，如图 8－18（a）所示。根据第五章介绍的计算单元构建方法，根据该研究区内的人工管网分布数据将其划分为 2992 个计算单元（雨水三级网格）。根据第六章介绍的雨水产汇流计算模型对研究区内重现期为 5 年的暴雨产汇流过程进行模拟，得到出现超载溢流的管网节点共计 216 个，其空间分布如图 8－18（b）所示。这些节点将作为内涝淹没源被应用于内涝积水数值模拟中。

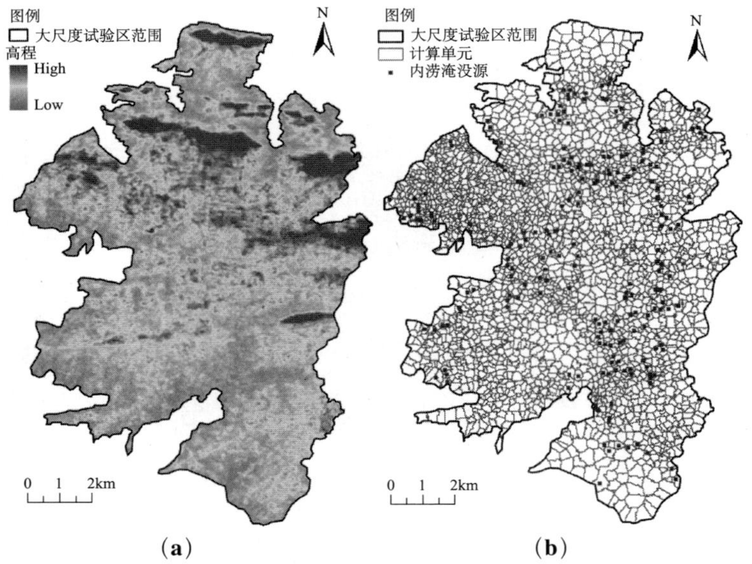

图 8-18　(a) 大尺度研究区地形数据；(b) 计算单元及内涝淹没源分布

二、验证方法

为了验证以快速洪水蔓延模型为代表的传统内涝积水数值模拟方法与本书介绍的内涝数值模拟计算模型在地形数据需求度和计算效率方面的效果，本节将从内涝淹没范围和最大积水深度两个方面评价模型表现。考虑到目前能够获取得到的内涝实测数据十分有限，这里引入目前应用十分广泛的内涝水动力计算模型 LISFLOOD-FP，并以其在高精度 DEM 数据（分辨率 5m）输入下的内涝积水模拟结果作为参考标准。此外，将每个计算单元作为内涝监测点，若其内部的最大内涝积水深度超过 30cm，则认为其为内涝点，而内涝积水深度不足 30cm 则为非内涝点。基于上述条件，各个模型的表现将通过以下指标衡量：

（一）积水范围契合度因子（FIE）

其计算方法为：

$$FIE = \frac{N_o}{N_t + N_o + N_l} \tag{8-8}$$

其中 N_o 为在测试模型（即快速洪水蔓延模型或内涝数值模拟模型）和验

证模型（即 LISFLOOD-FP 模型）中都被预测为内涝点的监测点数量；N_t 为在测试模型中被预测为内涝点，而在验证模型中为非内涝点的监测点数量；N_l 为在测试模型中被预测为非内涝点，而在验证模型中为内涝点的监测点数量。显然，FIE 的取值范围为 0 到 1 之间，且其取值越大，表示测试模型对于内涝淹没范围的预测表现越好。

（二）积水深度平均误差（MDD）

积水深度平均误差表示对于在测试模型与验证模型中都被预测为内涝点的监测点中，测试模型最大内涝积水深度预测值与验证模型预测值的误差（DD）的平均值，对于每个内涝监测点而言，DD 的计算方式如下：

$$DD = \frac{|D_t - D_l|}{D_l} \times 100\% \tag{8-9}$$

式中，D_t 和 D_l 分别为在该监测点处测试模型于验证模型预测得到的最大积水深度。显然，MDD 的取值越小代表当前测试模型对于内涝积水深度的模型表现越好。

三、结果比较与分析

（一）地形数据需求度

分别使用水平分辨率为 30m 和 90m 的 DEM 数据作为输入时，快速洪水蔓延模型和内涝数值模拟模型对研究区内 5 年一遇的设计暴雨条件下内涝积水数值模拟结果如附录中图 10 所示。其中红色的点代表在测试模型与验证模型中同时被预测为内涝点的监测点，蓝色与绿色的点则分别代表仅在验证模型与测试模型中被预测为内涝点的监测点。从附录中图 10（a）可知，在全部 536 个内涝点中，有 278 个点同时被两个模型预测为内涝点。以 30m DEM 数据为输入时，内涝数值模拟模型的 FIE 为 0.52。对于快速洪水蔓延模型而言，当 DEM 数据分辨率为 30m 时，全部 505 个内涝点中有 285 个点同时被两个模型预测为内涝点，其 FIE 表现值为 0.56，如附录中图 10（b）所示。显然，在 DEM 数据分辨率为 30m 时，传统的快速洪水蔓延模型在内涝淹没范围的表现相对更好。然而，当输入 DEM 数据分辨率由 30m 降低值 90m 后，快速洪水蔓延模型的预测效果大幅下降，其 FIE 表现值仅为 0.32，如附录中图 10（d）所示。另一方面，当 DEM 数据精度下降时，本书介绍的内涝数值模拟模型则相对表现较好，其 FIE 值为 0.39，如附录中图 10（c）所示。同时，在积水深度模拟方面也得到了类似的结果，当使用分辨率为 30m 的 DEM 数据时，快速洪水蔓延模型的 MDD 误差结果更低，为 27%，而快速洪水蔓延模型为 34%。而当 DEM 数据分辨率下降至 90m 时，快速洪水蔓延模型的 MDD 误差结果高达 46%，快速洪水蔓延模型则为 39%。

根据上述结果，可以证明本书介绍的内涝数值模拟模型虽然在 DEM 分辨率相对较高的条件下表现不如传统内涝模型，但对地形数据的需求度更低，在 DEM 数据分辨率不足时，可以提供更加精确的内涝灾害数值模拟结果。其原因可能是多方面的，如在地形预处理过程中充分考虑了建筑物水文效应，全面发挥了空间信息多级网格在数据管理与利用效率方面的优势，在内涝积水计算过程中构建了计算单元与内涝淹没源的一一对应关系等。

（二）计算效率

为了验证各个模型在计算效率方面的表现，本次实验记录了同样硬件环境下（Intel Core Duo i5-2430M CPU@2.40GHz，4GB 内存，Windows 7 操作系统），使用不同分辨率 DEM 数据作为数据输入时，各个模型完成两个研究区内涝积水模拟计算的耗时，其结果如表 8－20 所示。对于小尺度研究区而言，本书介绍的内涝数值模拟模型的计算效率最高，使用 30m 和 90m DEM 数据作为输入时计算时间分别为 5.23s 和小于 1s。当进行大尺度研究区内涝积水计算时，得益于计算单元数量的减少，内涝数值模拟模型在计算效率上方面的优势更加明显，在两种 DEM 数据输入下均可以在 1min 之内完成数值模拟计算。而对于其他两种模型而言，其计算效率方面的表现相对较差。尤其是 LISFLOOD-FP 模型，由于需要构建流域二维水动力方程组并进行求解，其在 30m DEM 数据输入条件下的计算耗时超过 2h，这无疑将为其在内涝灾害实时预测与应急决策中的应用带来不小的挑战。

表 8－20　内涝积水计算效率结果对比

模型	研究区（高校校园）		研究区（南湖片区）	
	30m DEM	90m DEM	30m DEM	90m DEM
快速洪水蔓延模型	55.8s	12.6s	27min52s	5min20s
内涝数值模拟模型	5.23s	<1s	53.9s	17.5s
LISFLOOD-FP	4min3s	51.8s	2h10min25s	25min16s

第七节　本章小结

本章主要介绍了本书介绍的城市内涝灾害数值模拟方案的应用实例。首先以各类空间信息科学技术相关软件工具为平台与应用环境，完成研究区基础数据的采集与预处理，并构建雨水多级网格作为计算单元。接下来根据城市雨水产汇流模型与内涝积水计算模型的算法思想，完成模型参数的采集和率定，并结合设计暴雨输入，对研究区暴雨产汇流和内涝积水淹没过程进行了数值模拟，列举了各阶段的模拟结果。最后将计算结果与实际测量资料以及传统内涝数值模拟模型的模拟结果进行了对比和分析，验证了城市内涝灾害数值模拟方案在不同尺度研究区内的预测精度、数据需求度及模拟效果。整体而言，城市内涝灾害数值模拟方案能够提供较为可靠的内涝灾害淹没范围、积水深度等信息，能够在资料相对匮乏的条件下为城市内涝灾害的应急预警与防治工作提供有效的数据参考，为空间信息科学技术在城市内涝灾害数值模拟的应用提供了可行案例。

参考文献

[1] 曹晓晨，尤红建，刘佳音，等．基于误差建模的SRTM高程精度提升方法研究［J］．遥感技术与应用，2017（5）．

[2] 岑国平．城市雨水径流计算模型［J］．水利学报，1990，10：68－75.

[3] 陈龙，罗蔚．SCS模型在我国的应用与改进［J］．生态与环境工程，2011，6：203.

[4] 丛翔宇，倪广恒，惠士博，等．城市立交桥暴雨积水数值模拟［J］．城市道桥与防洪，2006，20（2）：52－55.

[5] 丁志雄，李纪人，李琳，等．对洪水淹没分析的若干思考［C］．中国水利学会2003年学术年会论文集，2003：388－394.

[6] 丁志雄，李纪人，李琳．基于GIS格网模型的洪水淹没分析方法［J］．水利学报，2004（6）：56－67.

[7] 侯精明，王润，李国栋，等．基于动力波法的高效高分辨率城市雨洪过程数值模型［J］．水力发电学报，2018，37（3）：40－49.

[8] 胡伟贤，何文华，黄国如，等．城市雨洪模拟技术研究进展［J］．水科学进展．2010，21（1）：137－144.

[9] 姜晓明，李丹勋，王兴奎．基于黎曼近似解的溃堤洪水一维—二维耦合数学模型［J］．水科学进展，2012，23（2）：214－221.

[10] 李红霞，张新华，张永强，等．缺资料流域水文模型参数区域化研究进展［J］．水文，2011，31（3）：13－17.

[11] 李红霞，张永强，敖天其，等．无资料地区径流预报方法比较

与改进［J］．长江科学院院报，2010，27（2）：11－15．

［12］李琦，罗志清，郝力，等．基于不规则网格的城市管理网格体系与地理编码［J］．武汉大学学报（信息科学版），2005，30（5）：408－411．

［13］李世豪．郑州市区洪涝风险分析及内涝积水模拟研究［D］．郑州：郑州大学，2016．

［14］李晓丽，安天庆，吕海深，等．保持特征的变尺度DEM泊松重构算法［J］．兰州理工大学学报，2014，40（3）：111－115．

［15］李志锋，吴立新，杨振鑫，等．利用CD-TIN的城区暴雨内涝淹没模拟方法及其实验［J］．武汉大学学报信息科学版，2014，39（9）：1080－1085．

［16］梁灵君．城市化对北京市中心城区降水径流特征影响研究［J］．中国防汛抗旱，2021，31（6）：33－37，42．

［17］刘飞，范建容，崔兆岩，程多祥，唐嘉寅．基于DEM分形特征的坡度尺度变换模型［J］．山地学报，2019，37（1）：129－136．

［18］刘红艳．基于DEM的坡度尺度效应研究［D］．杨凌：西北农林科技大学，2011．

［19］刘经强，赵兴忠，王爱福．城市洪水防治与排水［M］．北京：化学工业出版社，2014．

［20］刘俊，郭亮辉，张建涛，等．基于SWMM模拟上海市区排水及地面淹水过程［J］．中国给水排水，2006，22（21）：64－70．

［21］刘仁义，刘南．基于GIS的复杂地形洪水淹没区计算方法［J］．地理学报，2001，56（1）：1－6．

［22］刘小生，黄玉生．“体积法”洪水淹没范围模拟计算［J］．测绘通报，2004（12）：47－49．

［23］刘学军，王彦芳，晋蓓．利用点扩散函数进行DEM尺度转换［J］．武汉大学学报信息科学版，2009，34（12）：1458－1462．

［24］马立山，姚力，张海平，等．利用DEM划分雨水汇水面积的方法研究［J］．中国给水排水，2011，27（15）：56－59．

［25］马晓宇，朱元励，梅琨，等．SWMM模型应用于城市住宅区非

点源污染负荷模拟计算 [J]. 环境科学研究, 2012, 25 (1): 95 - 102.

[26] 仇劲卫, 李娜, 程晓陶, 等. 天津市城区暴雨沥涝仿真模拟系统 [J]. 水利学报, 2000, 11: 34 - 42.

[27] 任希岩, 谢映霞, 朱思诚, 等. 在城市发展转型中重构——关于城市内涝防治问题的战略思考 [J]. 城市发展研究, 2012, 19 (6): 71 - 77.

[28] 孙海, 王乘. 利用 DEM 的"环形"洪水淹没算法研究 [J]. 武汉大学学报信息科学版, 2009, 34 (8): 948 - 951.

[29] 孙龙, 臧文斌, 黄诗峰. DEM 空间分辨率对流域水文特征信息提取及径流模拟影响研究 [J]. 水文, 2014, 34 (6): 21 - 25.

[30] 王正, 韩冬青. 格网——城市区段空间形态设计的一种方法 [J]. 城市规划, 2003, 27 (3): 67 - 72.

[31] 魏士俨, 马友青, 刘少创. 月球虹湾 DEM 超分辨率重建算法研究 [J]. 测绘科学, 2013, 38 (2): 17 - 18.

[32] 武海文. 基于卷积神经网络的 DEM 超分辨率重构方法研究 [D]. 杨凌: 西北农林科技大学, 2018.

[33] 徐光来, 许有鹏, 徐宏亮. 城市化水文效应研究进展 [J]. 自然资源学报, 2010, 25 (12): 2171 - 2178.

[34] 徐向阳. 平原城市雨洪过程模拟 [J]. 水利学报, 1998, 8: 34 - 37.

[35] 许栋, 徐彬, 白玉川, 等. 基于二维浅水模拟的河道滩地洪水淹没研究 [J]. 水文, 2015, 35 (6): 1 - 5.

[36] 杨邦, 任立良, 陈福容, 等. 无资料地区水文预报 (PUB) 不确定性研究 [J]. 水电能源科学, 2009, 27 (4): 7 - 10.

[37] 杨戈, 吴升. 城市暴雨积水模拟方法分析及研究 [J]. 测绘信息与工程, 2009, 34 (1): 35 - 37

[38] 易永红, 陈秀万, 吴欢. 基于遥感信息的淹没水深算法研究 [J]. 地理与地理信息科学, 2005, 21 (3): 26 - 29.

[39] 尹志聪, 郭文利, 李乃杰, 等. 北京城市内涝积水的数值模拟 [J]. 气象, 2015, 41 (9): 1111 - 1118.

[40] 贠法长，李旺民．城市高精度DEM建模方法研究［J］．测绘与空间地理信息，2019，42（1）：80－82，87.

[41] 张超，万庆，张继全，等．基于格网数据的洪水灾害风险评估方法——以日本新川洪灾为例［J］．地球信息科学，2003（4）：69－72.

[42] 张冬冬，严登华，王义成，等．城市内涝灾害风险评估及综合应对研究进展［J］．灾害学，2014，29（1）：144－149.

[43] 张建云．城市化与城市水文面临的问题［J］．水利水运工程学报，2012（1）：1－4.

[44] 张书亮，干嘉彦，曾巧玲，等．GIS支持下的城市雨水出水口汇水区自动划分研究［J］．水利学报，2007，38（3）：325－336.

[45] 张婷，冯平．基于DEM的资料短缺地区设计洪水推求［J］．中国工程科学，2011，13（12）：68－73

[46] 赵冬泉，陈吉宁，佟庆远，等．基于GIS构建SWMM城市排水管网模型［J］．中国给水排水，2008，24（7）：88－91.

[47] 赵飞，张书函，陈建刚，龚应安，苏东彬，郑航，尤庆国．我国城市雨洪资源综合利用潜力浅析［J］．人民黄河，2017，39（4）：48－52，57.

[48] 赵凯．城市内涝积水分析算法的研究与智慧防汛系统的实现［D］．长春：吉林大学，2018.

[49] 赵秀英，王耀强，李洪玉，等．基于DEM的有源淹没算法设计与实现——以种子蔓延法为例［J］．科技导报，2012，30（8）：61－64.

[50] 周玉文，赵洪宾．城市雨水径流模型研究［J］．中国给水排水，1997，13（4）：4－6.

[51] Anderson. D. G. Effects of urban development on floods in northern Virginia［M］. US Government Printing Office，1970.

[52] Armenakis. C，Nirupama. N. Estimating spatial disaster risk in urban environments［J］. Geomatics，Natural Hazards and Risk，2013，4（4）：289－298.

[53] Bates. P. B，Horritt. M. S，Fewtrell. T. J. A simple inertial formulation of the shallow water equations for efficient two-dimensional flood inundation

modeling [J]. Journal of Hydrology, 2010 (387): 33 – 45.

[54] Bates. P. D, De. Roo. A. P. J. A simple raster-based model for flood inundation simulation [J]. Journal of Hydrology, 2000 (236): 54 – 77.

[55] Bhagabati. S. S, Kawasaki. A. Consideration of the rainfall-runoff-inundation (RRI) model for flood mapping in a deltaic area of Myanmar [J]. Hydrological Research Letters, 2017, 11 (3): 155 – 160.

[56] Bloschl. G, Sivapalan. M. Scale issues in hydrological modeling review [J]. Hydrological Processes, 1995 (9): 251 – 290.

[57] Chen. A. S, Evans. B, Djordjević. S, et al. A coarse-grid approach to representing building blockage effects in 2D urban flood modelling [J]. Journal of Hydrology, 2012, s426 – 427 (6): 1 – 16.

[58] Chen. A. S, Evans. B, Djordjević. S, et al. Multi-layered coarse grid modelling in 2D urban flood simulations [J]. Journal of Hydrology, 2012, 470 – 471 (23): 1 – 11.

[59] Chen. J, Hill. A, Urbano. L. D. A GIS-based Model for Urban Flood Inundation [J]. Journal of Hydrology, 2009, 373 (1 – 2): 184 – 192.

[60] Croke. B. F. W, Merritt. W. S, akeman. A. J. J. A dynamic model for predicting hydrologic response to land cover changes in gauged and ungauged catchments [J]. Journal of Hydrology, 2004, 291: 115 – 131.

[61] Dong. C, Loy. C. C, He. K, et al. Image Super-Resolution Using Deep Convolutional Networks [J]. IEEE Trans Pattern Anal Mach Intell, 2014, 38 (2): 295 – 307.

[62] Ebaid. H. Accuracy enhancement of SRTM and ASTER DEMS using weight estimation regression model [J]. IJRET: International Journal of Research in Engineering and Technology, 2014, 3 (8): 371 – 377.

[63] Falter. D, Vorogushyn. S, Lhomme. J, et al. Hydraulic model evaluation for large-scale flood risk assessments [J]. Hydrological Processes. 2013 (27): 1331 – 1340.

[64] Fewtrell. T. J, Bates. P. D, Horritt. M, et al. Evaluating the effect of

scale in flood inundation modelling in urban environments [J]. Hydrological Processes, 2010, 22 (26): 5107 - 5118.

[65] Gouldby. B, Sayers. P, Mulet-Marti. J, et al. A methodology for regional-scale flood risk assessment [C]. Proceedings of the Institution of Civil Engineers-Water Management, 2008 (161): 169 - 182.

[66] Hunter. N. M, Horritt. M. S, Bates. P. D, et al. An adaptive time step solution for raster-based storage cell modelling of floodplain inundation [J]. Advances in Water Resources, 2005 (28): 975 - 991.

[67] Islam. M. D M, Sado. K. Development of flood hazard maps of Bangladesh using NOAA-AVHRR images with GIS [J]. Hydrological Sciences Journal, 2000, 45 (3): 337 - 355.

[68] Karakasis. E. G, Bampis. L, Amanatiadis. A, et al. Digital elevation model fusion using spectral methods [C]//2014 IEEE International Conference on Imaging Systems and Techniques (IST) Proceedings. IEEE, 2014: 340 - 345.

[69] Kling. H, Gupta. H. On the development of regionalization relationships for lumped watershed models: The impact of ignoring subbasin scale variability [J]. Journal of Hydrology, 2009, 373 (1): 337 - 351.

[70] Li. Z, Wu. L, Zhu. W, et al. A New Method for Urban Storm Flood Inundation Simulation with Fine CD-TIN Surface [J]. Water, 2014, 6 (5): 1151 - 1171.

[71] Mark. O, Weesakul. S, Apirumanekul. C, et al. Potential and limitations of 1D modelling of urban flooding [J]. Journal of Hydrology, 2004, 299 (3 - 4): 284 - 299.

[72] Maruya. M, Ohyama. H. Estimation of Height Measurement Accuracy for ALOS PRISM Triplet Images [C]. IEEE Transactions on Geoscience and Remote Sensing, 2007: 2869 - 2872.

[73] Mcclean. F, Dawson. R, Kilsby. C. Implications of Using Global Digital Elevation Models for Flood Risk Analysis in Cities [J]. Water Resources Research, 2020, 56 (10).

[74] Mignot. E, Paquier. A, Haider. S. Modeling floods in a dense urban area using 2D shallow water equations [J]. Journal of Hydrology, 2006, 327 (1/2): 186 - 199.

[75] Mihu-Pintilie. A, Cîmpianu. C. I, Stoleriu. C. C, Pérez, M. N, Paveluc. L. E. Using High-Density LiDAR Data and 2D Streamflow Hydraulic Modeling to Improve Urban Flood Hazard Maps: A HEC-RAS Multi-Scenario Approach. Water 2019, 11, 1832.

[76] Mohanty. M. P, Nithya. S, Nair. A. S, et al. Sensitivity of various topographic data in flood management: Implications on inundation mapping over large data-scarce regions [J]. Journal of Hydrology, 2020, 590.

[77] Munoth. P, Goyal. R. Effects of DEM Source, Spatial Resolution and Drainage Area Threshold Values on Hydrological Modeling [J]. Water Resources Management, 2019, 33 (6): 3303 - 3319.

[78] Neal. J, Schumann. G, Bates. P. A subgrid channel model for simulating river hydraulics and floodplain inundation over large and data sparse areas [J]. Water Resources Research, 2012, 48 (11): 11506.

[79] Noh. S. J, Lee. J. H, Lee. S, et al. Hyper-resolution 1D—2D urban flood modelling using LiDAR data and hybrid parallelization [J]. Environmental Modelling & Software, 2018 (103): 131 - 145.

[80] O'brien. J. S, Julien. P. Y, Fullerton. W. T. Two-Dimensional water flood and mudflow simulation [J]. Journal of Hydraulic Engineering, 1993 (119): 244 - 261.

[81] Paul. D, Nagaveni. C. H, Vani. V, et al. Study of error analysis and the effects of resampling on different DEMs [J]. Int. J. Res. Eng. Technol, 2015, 11 (4): 72 - 84.

[82] Phillips. B. C, Yu. S, Thompson. G. R, et al. 1D and 2D Modelling of Urban Drainage Systems using XP-SWMM and TUFLOW [C]. In Proceedings of 10th International Conference on Urban Drainage, 2005, 21 - 26.

[83] Sampson. C. C, Smith. A. M, Bates. P. B, et al. A high-resolution global flood hazard model [J]. Water Resources Research, 2015, 51: 7358 - 7381.

[84] Schubert. J. E, Sanders. B. F. Building treatments for urban flood inundation models and implications for predictive skill and modeling efficiency [J]. Advances in Water Resources, 2012 (41): 49 - 64.

[85] Seyoum. S. D, Vojinovic. Z, Price. R. K, et al. Coupled 1D and Noninertia 2D Flood Inundation Model for Simulation of Urban Flooding [J]. Journal of Hydraulic Engineering, 2012, 138 (1): 23 - 34.

[86] Shen. J, Tan. F, Zhang. Y. Improved Building Treatment Approach for Urban Inundation Modeling: A Case Study in Wuhan, China [J]. Water, 2018, 10 (12): 1760.

[87] Shen. J, Tan. F. Effects of DEM resolution and resampling technique on building treatment for urban inundation modeling: a case study for the 2016 flooding of the HUST campus in Wuhan [J]. Natural Hazards, 2020 (3 - 4).

[88] Shen. J, Zhang. Q. Parameter estimation method for SWMM under the condition of incomplete information based on GIS and RS [J]. Electronic Journal of Geotechnical Engineering, 2015, 20 (14): 6095 - 6108.

[89] Shih. D, Chen. C. H, Yeh. G. Improving our understanding of flood forecasting using earlier hydro-meteorological intelligence [J]. Journal of Hydrology, 2014 (512): 470 - 481.

[90] Shih. D, Yeh. G. Identified model parameterization, calibration, and validation of the physically distributed hydrological model WASH123D in Taiwan [J]. Journal of Hydraulic Engineering, 2011 (16): 126 - 136.

[91] Sivapalan. M, Takeuchi. K, Franks. S. W, et al. IAHS Decade on predictions in ungauged basins (PUB), 2003—2012: Shaping an exciting future for the hydrological science [J]. Hydrological Sciences Journal, 2003, 48 (6): 857 - 880.

[92] Tan. M. L, Ficklin. D. L, Dixon. B, et al. Impacts of DEM resolution, source, and resampling technique on SWAT-simulated streamflow [J]. Applied Geography, 2015, 63: 357 - 368.

[93] Wood. J. W. The geomorphological characterization of digital elevation models [D]. Ph. D. Dissertation, Dept. of Geogr. Univ. of Leicester, 1996.

[94] Wu. X, Wang. Z, Guo. S, et al. Scenario-based projections of future urban inundation within a coupled hydrodynamic model framework: a case study in Dongguan City, China [J]. Journal of Hydrology, 2017, 547: 428 -442.

[95] Xia. J. Q, Falconer. R. A, Lin. B. L, et al. Numerical assessment of flood hazard risk to people and vehicles in flash floods [J]. Environmental Modelling and Software, 2011, 26 (8): 987 -998.

[96] Xing. Y, Liang. Q, Wang. G, et al. City—scale hydrodynamic modelling of urban flash floods: the issues of scale and resolution [J]. Natural Hazards, 2019.

[97] Yang. T. H, Chen. Y. C, Chang. Y. C, et al. Comparison of Different Grid Cell Ordering Approaches in a Simplified Inundation Model [J]. Water, 2015 (7): 438 -454.

[98] Zerger. A, Smith. D. I, Hunter. G. J, et al. Riding the storm: A comparison of uncertainty modeling techniques for storm surge risk management [J]. Applied Geography, 2002 (22): 307 -330.

[99] Zhang. J, Han. D. Catchment Morphing (CM): A Novel Approach for Runoff Modeling in Ungauged Catchments [J]. Water Resources Research, 2017, 53 (12): 10899 -10907.

附　　录

图 1　研究区示意图

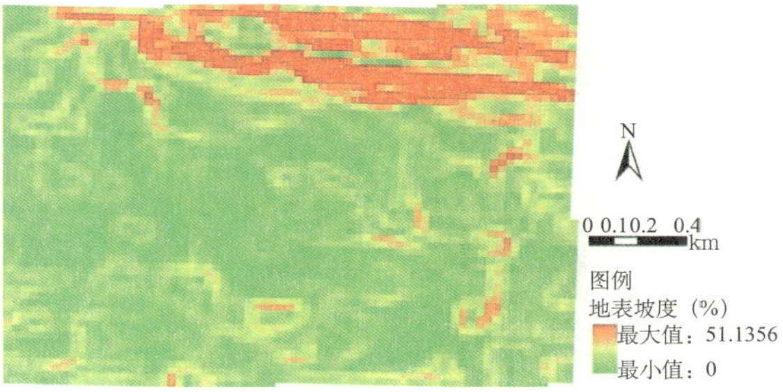

图 2　研究区地表坡度计算结果

图 3　研究区遥感影像

Class #	>	Signature Name	Color	Red	Green	Blue	Value	Order	Count	Prob.	P	I	H	A	FS
1	>	林地1		0.185	0.455	0.175	1	1	69	1.000	×	×	×	×	
2		草地1		0.201	0.813	0.426	2	2	80	1.000	×	×	×	×	
3		混凝土及建筑1		0.753	0.477	0.684	4	4	122	1.000	×	×	×	×	
4		混凝土及建筑2		0.559	0.174	0.313	5	5	70	1.000	×	×	×	×	
5		混凝土及建筑3		0.438	0.230	0.266	6	6	149	1.000	×	×	×	×	
6		混凝土及建筑4		0.625	0.269	0.536	7	7	136	1.000	×	×	×	×	
7		草地3		0.478	0.582	0.636	8	8	52	1.000	×	×	×	×	
8		水泥和沥青铺砌1		0.873	0.688	0.936	9	9	30	1.000	×	×	×	×	
9		水泥和沥青铺砌2		1.000	0.832	1.000	10	10	10	1.000	×	×	×	×	
10		林地2		0.184	0.494	0.214	11	11	299	1.000	×	×	×	×	
11		混凝土及建筑5		0.472	0.332	0.438	12	12	56	1.000	×	×	×	×	
12		混凝土及建筑6		0.938	0.329	0.735	13	13	45	1.000	×	×	×	×	
13		草地2		0.406	0.686	0.464	3	14	186	1.000	×	×	×	×	

图 4　遥感影像分类模板

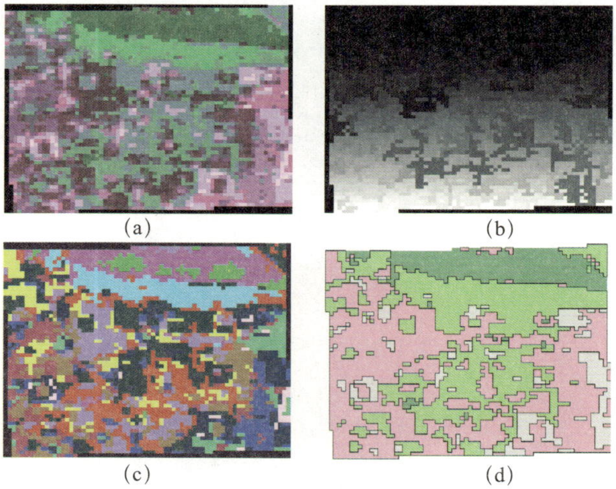
(a)　(b)　(c)　(d)

图 5　（a）分类结果栅格数据；（b）聚类分析；（c）消除图斑；（d）分类结果矢量图层

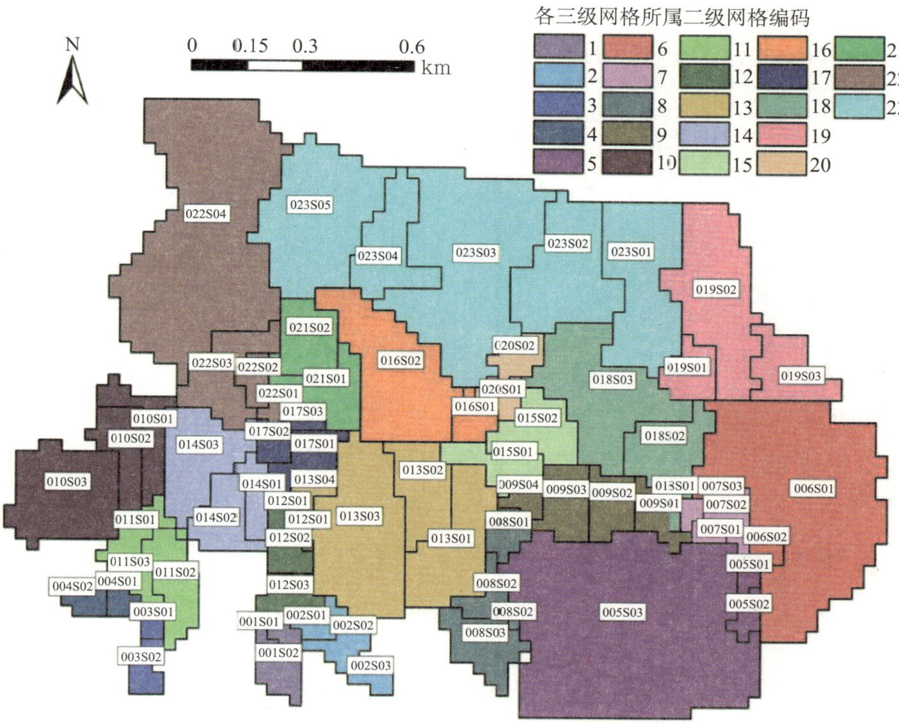

图 6　研究区三级雨水网格划分与编码

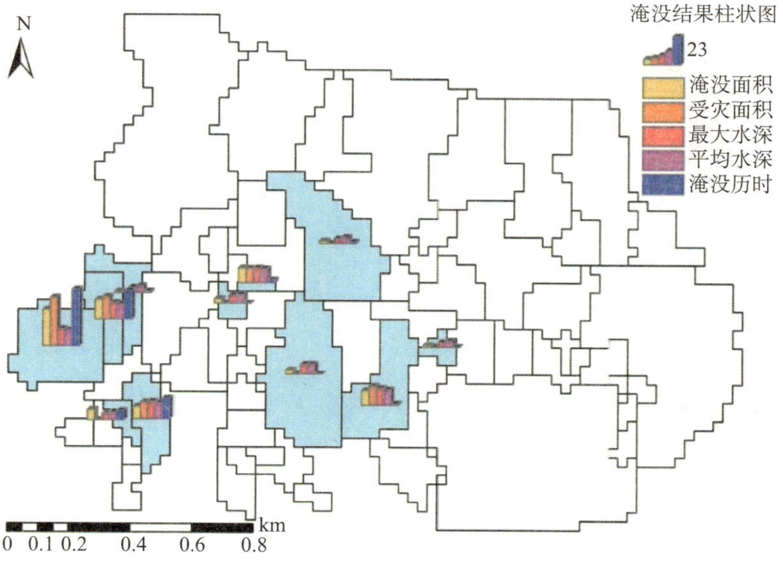

图 7　研究区内涝积水空间分布（1 年）

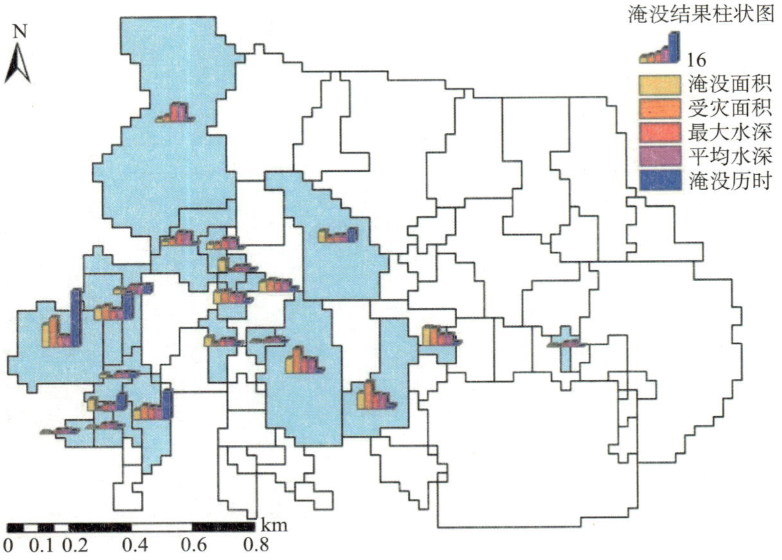

图 8　研究区内涝积水空间分布（5 年）

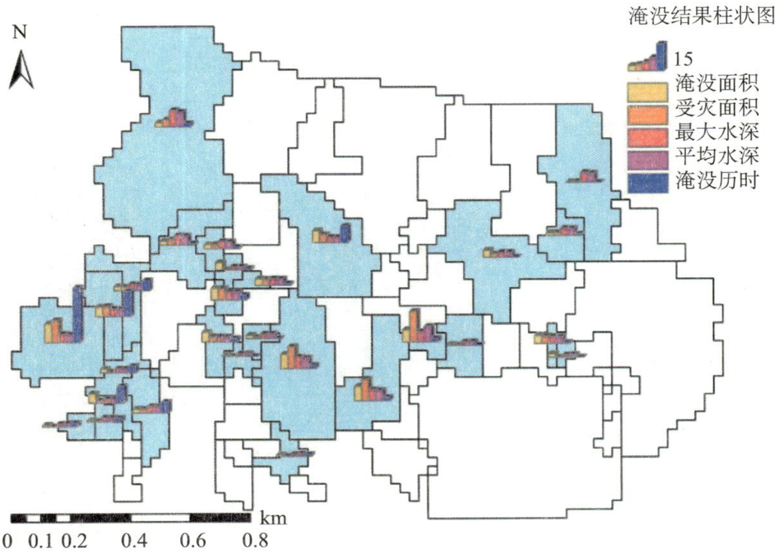

图 9　研究区暴雨积水空间分布（10 年）

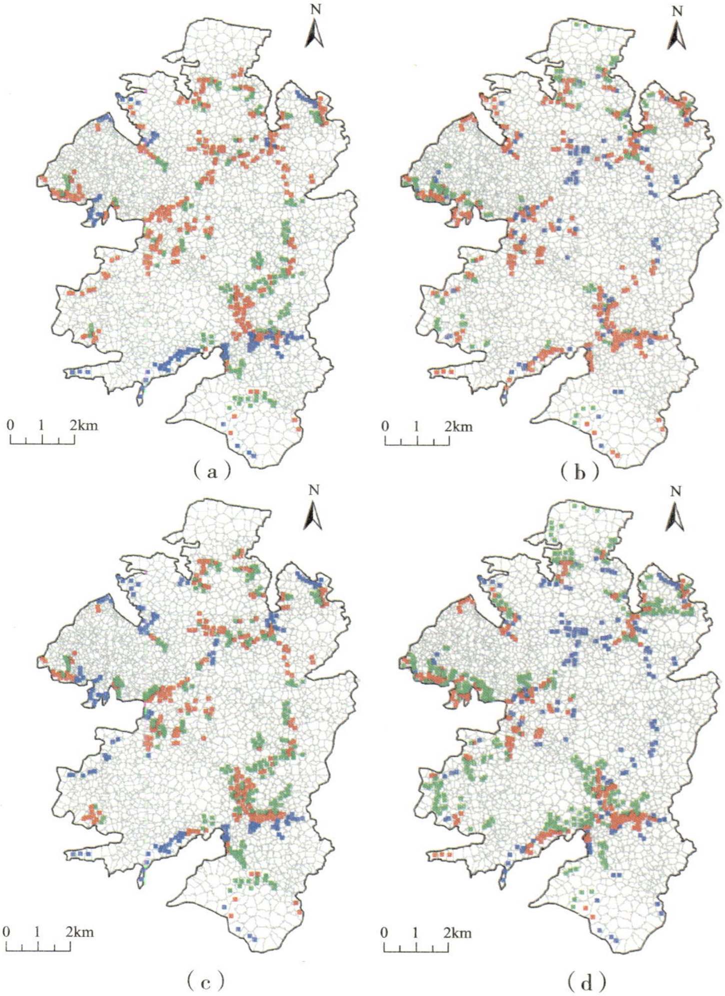

图 10　不同分辨率 DEM 数据输入下各内涝数值模拟方法计算结果

[（a）30m 内涝数值模拟模型；（b）30m 快速洪水蔓延模型；（c）90m 内涝数值模拟模型；（d）90m 快速洪水蔓延模型]